DIANGONG DIANZI JISHU

电工电子技术

主　编　邹明亮

副主编　闫淑梅　刘铁祥

编　者　晏　政　闫淑梅

　　　　刘铁祥　邹明亮

主　审　方　晖

西北工业大学出版社

图书在版编目（CIP）数据

电工电子技术/邹明亮主编. —西安：西北工业大学出版社，2016.2(2017.8 重印)
ISBN 978 - 7 - 5612 - 4767 - 9

Ⅰ.①电…　Ⅱ.①邹…　Ⅲ.①电工技术—教材②电子技术—教材　Ⅳ.①TM②TN

中国版本图书馆 CIP 数据核字(2016)第 038949 号

出版发行：西北工业大学出版社
通信地址：西安市友谊西路 127 号　　邮编：710072
电　　话：(029)88493844　88491757
网　　址：http://www.nwpup.com
印刷者：兴平市博闻印务有限公司
开　　本：787 mm×1 092 mm　　1/16
印　　张：15.25
字　　数：365 千字
版　　次：2016 年 2 月第 1 版　　2017 年 8 月第 2 次印刷
定　　价：39.00 元

前　言

　　高等职业教育以培养应用型技术人才为目标。为培养出既懂理论又通技术的高技能人才,近年来,职业教育界不断进行教学理念的研究和教学方法的改革。为加快职业技术改革的步伐,项目化教学应运而生。笔者通过 10 多年的教学实践,编写了这本适用于多个专业的高职高专的项目化教材。本书具有以下特色:

　　(1)本书轻原理分析,重基本概念,重应用技能。在内容的编排上,以"实用为主、够用为度"为总体编写思路,力求基本理论完整、信息量大、实用面广。

　　(2)内容上综合了传统学科的理论知识和实践知识,有效实现了理论和实验的紧密结合,促进知识与技能同步增长,有利于理论和实践一体化教学。

　　(3)注重学生能力的培养。教材编写注意将学生能力的要求贯穿于整个教学之中,通过"技能点""相关知识"和"任务实施"等多种途径帮助学生建立完整的知识体系,培养学生深入思考问题和解决问题的能力。

　　本书由长沙环境保护职业技术学院邹明亮主编。全书分为理论篇和实训篇。其中理论篇中项目一至项目四由邹明亮编写,项目五至项目八由闫淑梅编写。实训篇中项目九至项目十九由刘铁祥、晏政编写,其余由闫淑梅编写。方晖负责全书审稿。

　　尽管编写过程中我们力求完善,但因学识水平和经验的限制,此书还有很多不足,恳请各位读者批评指正。

编　者

2015 年 9 月

目 录

理 论 篇

项目一　直流电路 ··· 1

    任务一　电路模型和理想电路元件 ··· 1

    任务二　电路的基本物理量 ··· 3

    任务三　简单电阻电路分析 ··· 9

    任务四　电压源与电流源 ··· 13

    任务五　基尔霍夫定律 ··· 17

    任务六　用支路电流法分析复杂直流电路 ··· 20

    任务七　结点电压法 ··· 21

    任务八　叠加定理 ··· 23

    项目一小结 ··· 24

    项目一习题与思考题 ··· 25

项目二　交流电路 ·· 28

    任务一　正弦交流电的基本概念 ··· 28

    任务二　正弦量的表示法 ··· 31

    任务三　单一参数电路元件的正弦交流电路 ······································· 35

    任务四　电阻、电感串联的正弦交流电路 ··· 40

    任务五　简单正弦交流电路分析 ··· 43

    任务六　正弦交流的功率和功率因数的提高 ······································· 45

    任务七　电路中的谐振 ··· 48

    项目二小结 ··· 51

    项目二习题与思考题 ··· 51

项目三　三相正弦交流电路 ·· 55

    任务一　三相电源 ··· 55

    任务二　三相负载的连接 ··· 58

    任务三　三相电功率 ··· 61

项目三小结 ·· 63

项目三习题与思考题 ··· 63

项目四　变压器和异步电动机 ·· 65

任务一　变压器的结构和工作原理 ··· 65

任务二　变压器的极性判断及特殊变压器 ······························ 69

任务三　三相异步电动机的结构和工作原理 ···························· 71

任务四　三相异步电动机的电磁转矩和机械特性 ····················· 75

任务五　三相异步电动机的启动、调速、制动及铭牌与选择 ······· 77

任务六　常用低压控制电器 ··· 83

任务七　异步电动机的控制电路 ·· 89

项目四习题与思考题 ··· 93

项目五　电力系统与安全用电 ·· 95

任务一　电力系统的基本知识 ·· 95

任务二　工厂供电概述 ·· 97

任务三　安全用电常识 ·· 99

任务四　节约用电 ·· 101

项目强化 ··· 103

项目五习题与思考题 ··· 104

项目六　二极管与整流滤波电路 ······································ 105

任务一　半导体二极管 ·· 105

任务二　单相整流电路 ·· 112

任务三　滤波电路 ·· 116

任务四　稳压电路 ·· 119

任务五　特殊二极管 ··· 122

项目强化 ··· 123

项目六习题与思考题 ··· 125

项目七　三极管及基本放大电路 ······································ 127

任务一　晶体管 ··· 127

任务二　基本放大电路 ·· 132

任务三　多级放大电路 ·· 140

任务四　功率放大电路 ·· 143

项目强化……………………………………………………………… 149

项目七习题与思考题……………………………………………… 150

项目八 集成运算放大器………………………………………… 154

任务一 集成电路的基本知识…………………………………… 154

任务二 集成运算放大器的应用基础…………………………… 155

任务三 集成运算放大器的应用………………………………… 158

项目强化……………………………………………………………… 164

项目八习题与思考题……………………………………………… 166

实 训 篇

项目九 常用电工工具的使用………………………………… 168

项目十 常用电工仪表的使用………………………………… 171

项目十一 接地电阻的测量…………………………………… 177

项目十二 常用导线连接训练………………………………… 179

项目十三 电烙铁拆装与锡焊技能训练……………………… 183

项目十四 示波器的使用……………………………………… 186

项目十五 室内配线…………………………………………… 193

项目十六 网线的制作………………………………………… 196

项目十七 三相鼠笼式异步电动机…………………………… 200

项目十八 异步电动机点动和自锁控制……………………… 204

项目十九 异步电动机正反转控制…………………………… 207

项目二十 常用电子元器件的识别与检测…………………… 210

任务一 电阻器的识别与检测…………………………………… 210

　　　任务二　　电容器的识别与检测 …………………………………………………… 212

　　　任务三　　半导体二极管的识别与检测 …………………………………………… 215

　　　任务四　　半导体三极管的识别与检测 …………………………………………… 216

　　　任务五　　集成电路的识别与检测 ………………………………………………… 218

项目二十一　　直流稳压电源的设计与制作 …………………………………………… 220

附录 ………………………………………………………………………………………… 227

　　　附录 A　　集成电路 ………………………………………………………………… 227

　　　附录 B　　常用集成电路引脚排列 ………………………………………………… 227

　　　附录 C　　常用二极管技术参数 …………………………………………………… 230

参考文献 …………………………………………………………………………………… 236

理 论 篇

项目一　直 流 电 路

本项目主要介绍电路的基本概念和定律,包括:电路的组成与作用,电路的基本物理量,电阻元件,直流电路分析方法(欧姆定律、基尔霍夫定律、支路电流法、节点电压法、叠加原理)、电阻的串、并联连接及其应用,电功率的电能概念及计算。

任务一　电路模型和理想电路元件

知识目标
- 电路的概念和基本组成。
- 了解电路模型的概念。

技能点
- 认识电路和电路中的元器件。

任务描述

实际电路中虽然元件种类繁多,但在电磁方面却有共同之处。有的元件主要消耗电能,如各种电灯、电烙铁、电炉等;有的元件主要储存磁场能量,如各种电感线圈;有的元件主要储存电场能量,如各种电容器;有的元件和设备主要供给电能,如电池和发电机。怎么样认识常见的理想电路元件及这些元件在电路中的特点就显得尤为重要。

任务分析

为了对电路进行分析计算,常把实际的元件加以近似化、理想化,在一定的条件下忽略其次要性质,用以表征其主要特征的"模型"来表示,即用理想化元件来表示。

相关知识

一、电路的组成及作用

1.电路的组成

电流的通路简称电路。它是为了某种需要,由各种电气设备和元件按照一定的连接方式形成的电流的通路。电路的结构形式和所能完成的任务是多种多样的,但从电路的本质来说,它主要由电源、负载和中间环节三部分组成。如图1-1所示。

（1）电源。电源是将其他形式的能量转换为电能的装置,它是电路中电能的提供者。例如,干电池和蓄电池把化学能转换成电能;光电池把太阳能转换成电能;发电机把机械能转换成电能。这些能够把其他能量转换成电能的装置都是电源。

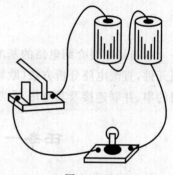

（2）负载。负载是把电能转换为其他形式能量的装置,它是电路中电能的使用者和消耗者。例如,电灯把电能转换为光能;电炉把电能转换为热能;电动机把电能转换为机械能。这些将电能转换为其他形式能量的装置都是负载。

图 1-1

（3）中间环节。中间环节是连接电源（或信号源）和负载的元件,用它们把电源（或信号源）与负载连接起来,起输送、分配电能或传递、处理信息的作用。它包括连接电路的导线、控制电路的开关以及保护电路的熔断器等。

2.电路的作用

电路具有两个主要功能:

（1）进行能量的转换、传输和分配。例如,电力系统中,发电厂把热能、水能或原子能转换成电能,再通过变压器、输电线路传输到各用户,各用户通过负载把电能又转换为光能、热能和机械能等使用。

（2）实现信号的传递和处理。通过电路可以把施加的信号（称为激励）转换成所需要的输出信号（称为响应）。例如,1台半导体收音机,其天线接收到的是一些很微弱的电信号,这些微弱的信号必须通过调谐环节选择到所需要的某个频率信号,再经过变频、检波、放大等环节,最后送到扬声器还原成原始信号（声音）。

二、电路模型

1.理想元件

实际电路都是由一些按照需要起不同作用的实际电路元件所组成的,如发电机、变压器、电动机、电池、晶体管以及各种电阻器和电容器等,因此,实际电路的结构按所实现的任务不同而多种多样。组成电路的元件也不尽相同,很难一一画出,为了方便研究电路的规律,需要将不重要的电路元件,与电学无关的性质忽略不计,同时突出元件最本质的电学特性来代表实际元件的主要功能,这种经过抽象的、只有本质特性的元件叫作理想元件。例如电炉,其消耗电能的电磁特性可用理想电阻元件来表现。

2.电路模型

在一定条件下,任何实际电气设备和元件都可以用理想元件代替,这样,任何实际电路都可以表示为理想元件的组合。用理想导线(电阻为零)将理想元件连接起来而形成的电路就称为电路模型。如图1-2所示。

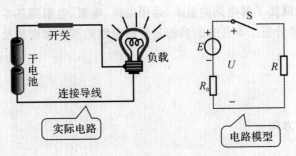

图1-2 实际电路与电路模型

电路图就是用统一规定的图形符号画出的电路模型图。几种常用的标准图形符号见表1-1。

表1-1 常用理想元件及符号

名　称	符　号	名　称	符　号
电阻	○──▭──○	电压表	○──Ⓥ──○
电池	⊥ ⊥	接地	⏚ ⏚
电灯	○──⊗──○	熔断器	○──▭──○
开关	○──╱ ○	电容	○──┤├──○
电流表	○──Ⓐ──○	电感	○──⌒⌒⌒──○

任务二　电路的基本物理量

知识目标

- 电路中各物理量的概念。
- 电压电流实际方向与参。考方向的联系与区别
- 电路的三种工作状态。

技能点

- 会测量电路中的基本物理量。
- 会运用全电路欧姆定律分析和计算电路中的电压、电流和电阻。

在日常生活中,我们需要对接触的电路进行分析计算。如图1-1所示的常见电路,当开关闭合时,灯泡发光,电路中电流是多少? 电路处于什么样的状态? 请根据电路基本知识解释

这一现象。

要解释这一现象,就要了解电路的组成,运用电压、电流、电阻等基本物理量对电路中各元件的工作状况进行定量分析。本任务的目的是分析电路的基本物理量及其关系。

一、电流和电压的方向

1.电流

电荷的定向移动形成电流。电流的大小是用单位时间内通过某一导体横截面的电荷量来度量的,称为电流强度,简称电流,用 i 表示。

设在极短的时间 $\mathrm{d}t$ 内通过导体横截面的微小电荷量为 $\mathrm{d}q$,则电流为

$$i = \frac{\mathrm{d}q}{\mathrm{d}t} \tag{1-1}$$

若电流的大小和方向随时间作周期性变化,则这种电流称为交流电流。交流电流用小写字母 i 表示;若电流的大小和方向都不随时间变化,即 $\frac{\mathrm{d}q}{\mathrm{d}t}$ = 常数,则这种电流称为恒定电流,即直流电流。直流电流用大写字母 I 表示。设在时间 t 内通过导体横截面的电荷量为 q,则电流 I 为

$$I = \frac{q}{t} \tag{1-2}$$

在国际单位制(SI)中,电荷的单位是库仑(C),时间的单位是秒(s),电流的单位是安培(A),简称安。电流的单位还有千安(kA)、毫安(mA)、微安(μA)等,它们的换算关系为

$$1 \text{ kA} = 10^3 \text{ A}, \quad 1 \text{ mA} = 10^{-3} \text{ A}, \quad 1 \mu\text{A} = 10^{-6} \text{ A}$$

电流不但有大小,而且有方向。习惯上,把正电荷定向运动的方向规定为电流的实际方向。对于比较复杂的直流电路往往不能确定电流的实际方向;对于交流电路,因其电流方向随时间变化,更难以判断。因此,为便于分析,引入了电流参考方向的概念。

电流的参考方向,也称假定正方向,可以任意选定,参考方向一经选定就不再改变,如果计算出来的电流值是正值,就说明电流的实际方向与参考方向相同,如图 1-3(a)所示;如果计算出来的电流值是负值,就说明电流的实际方向与参考方向相反,如图 1-3(b)所示。

电流参考方向的两种表示形式(见图 1-4):

(1)用箭头表示:箭头的指向为电流的参考方向。

(2)用双下标表示:如 i_{ab} 表示电流的参考方向为由 a 指向 b。

一个复杂的电路在未求解之前,各处电流的实际方向是未知的,必须在选定的参考方向下列写方程,再依据所求出方程解的正负值判断电流的实际方向。

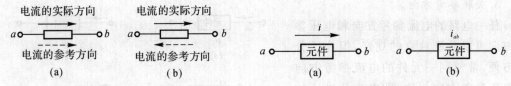

图 1-3　电流的参考方向与实际方向的关系　　　图 1-4　电流参考方向的两种表示法

2. 电压

电荷在电路中运动,必定受到力的作用,也就是说力对电荷做了功。为了衡量其做功的能力,引入"电压"这一物理量,并定义:电场力把单位正电荷从 A 点移动到 B 点时所做的功称为 A,B 两点间的电压,用 u_{ab} 表示。即

$$u_{ab} = \frac{\mathrm{d}W_{ab}}{\mathrm{d}q} \tag{1-3}$$

式中,$\mathrm{d}W_{ab}$ 表示电场力将 $\mathrm{d}q$ 的正电荷从 a 点移动到 b 点所做的功,单位为焦耳(J)。

大小和方向随时间做周期性变化的电压称为交流电压,用小写字母 u 表示;大小和方向都不随时间变化的电压称为直流电压,用大写字母 U 表示。

直流时,式(1-3)应写为

$$U_{ab} = \frac{W_{ab}}{Q} \tag{1-4}$$

在国际单位制(SI)中,电压单位为伏特,简称伏(V)。电压的单位还有千伏(kV)、毫伏(mV)、微伏(μV)等,它们的换算关系为

$$1 \text{ kV} = 10^3 \text{ V}, \quad 1 \text{ mV} = 10^{-3} \text{ V}, \quad 1 \text{ μV} = 10^{-6} \text{ V}$$

电压也有方向,习惯上将电压的实际方向规定为从高电位端指向低电位端,即电位降的方向。与电流相类似,在实际分析和计算中,电压的实际方向也常常难以确定,这时也要假定电压的参考方向。电路中两点间的电压可任意选定 1 个参考方向,且规定当电压的参考方向与实际方向一致时,电压为正值,如图 1-5(a)所示;相反时电压为负值,如图 1-5(b)所示。

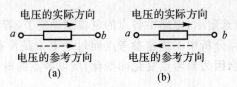

图 1-5　电压的参考方向与实际方向的关系

电压参考方向的 3 种表示形式(见图 1-6):

(1)用正(+)、负(-)极性表示,电压的参考方向从正极性端指向负极性端。

(2)用箭头表示。

(3)用双下标表示:如 u_{ab} 表示 a,b 之间的电压的参考方向为由 a 指向 b。

图 1-6　电压参考方向的 3 种表示法

3.关联参考方向

任一电路的电流参考方向和电压参考方向可以分别独立的规定,但为了分析方便,常使同一元件的电流参考方向与电压参考方向一致,即电流从电压的正极性端流入该元件,而从它的负极性端流出。这时,该元件的电流参考方向与电压参考方向是一致的,称为关联参考方向,如图1-7(a)所示。如果选定电流参考方向与电压参考方向不一致,称为非关联参考方向,如图1-7(b)所示。

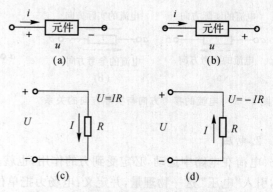

图1-7 关联参考方向与非关联参考方向

在关联参考方向下,欧姆定律可写为 $U = IR$;而在非关联方向下,欧姆定律可写为 $U = -IR$。

4.电位、电动势

(1)电位。电场力将单位正电荷由 a 点移至参考点所做的功,称为 a 点的电位,用 V_a 表示。若电场力将单位正电荷 dq 从电场中的 a 点移至参考点 O 所做的功为 dW_{ao},则 a 点的电位为

$$V_a = \frac{dW_{ao}}{dq} \tag{1-5}$$

可见,a 点的电位就是 a 点到参考点 O 的电压,$V_a = U_a$。参考点的电位规定为零,所以参考点也称为零电位点,即 $V_O = 0$,因此 $U_{aO} = V_a - V_O$,a 点的电位等于该点到参考点之间的电位差。电位的单位也是伏(V)。

电压与电位的关系为:a,b 两点间的电压等于这两点间的电位差,即

$$U_{ab} = V_a - V_b \tag{1-6}$$

原则上,参考点可以任意选取,但为了统一,工程上常选大地为参考点;机壳需要接地的设备,可以把机壳选作电位的参考点;有些电子设备,机壳不一定接地,但为了分析方便,可以把它们当中元件汇集的公共端或公共线选作参考点,也称为"地",在电路图中,参考点用符号"⊥"表示。

在同一电路中,参考点选定后,电路中各点的电位就确定了,若参考点改变,即各点的电位值也随之改变,因此,在电路分析中不指定参考点而讨论电位是没有意义的。但应注意,电路中任意两点之间的电压不会因为参考点变化而变化,所以各点的电位高低是相对的,而两点间的电压值是绝对的。

(2)电动势。在如图1-8所示电路中,正电荷在电场力作用下从高电位点(a 极板)经外电路向低电位点(b 极板)运动,为了在电路中保持连续的电流,就必须有一种非电场力将正电荷从低电位(b 极板)移动到高电位(a 极板)。在电源内部,就存在着这种非电场力,称为电源力。

电源力将单位正电荷从负极经电源内部移到正极所做的功,称为电动势,用 $e(E)$ 表示。其单位与电压相同,用伏(V)表示。

设在电源内部电源力把单位正电荷 dq 从低电位移到高电位所做的功为 dW_{ba},则电源电动势为

$$e = \frac{dW_{ba}}{dq} \tag{1-7}$$

电动势也有方向,电动势的实际方向与正电荷在电源内部移动的方向一致,是从低电位点指向高电位点,即电位升的方向,所以电动势与电压的实际方向相反。

电动势同样可以选择参考方向。如果 e 和 u 的参考方向选择相反,如图 $1-9$(a) 所示,则 $e = u$;如果 e 和 u 的参考方向选择相同,如图 $1-9$(b) 所示,则有 $e = -u$。

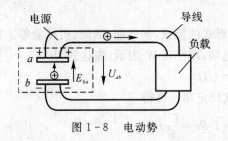

图 $1-8$　电动势

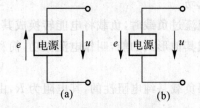

图 $1-9$　电动势和电压的参考方向

二、电路的 3 种工作状态

在实际工作中,电路在不同的工作条件下会处于不同的工作状态,具有不同的特点。充分了解电路的不同工作状态和特点对正确使用各种电气设备是十分必要的。电路的工作状态常有通路(有载)、短路、断路(空载)3 种。现在分别分析电路的三种工作状态。

1. 通路(有载)工作状态

在图 $1-10$ 所示电路中,当开关 S 闭合时,负载与电源形成闭合回路,有电流 I 通过负载电阻 R_L,电路处于通路(有载)工作状态。此时,电流的大小为

$$I = \frac{E}{R_L + R_0} \tag{1-8}$$

负载电阻两端的电压为

$$U = IR_L = E - IR_0 \tag{1-9}$$

2. 短路工作状态

在图 $1-11$ 所示电路中,当电源的两端 a 和 b 由于某种事故而直接相连时,电源被短路。此时,电流将不再流过负载 R_L,电路处于短路工作状态。

短路状态时,负载 R_L 上的电压 U 为零,电路中的电流称为短路电流,用 I_S 表示,大小为

$$I_S = \frac{E}{R_0} \tag{1-10}$$

由于电源内阻 R_0 很小,短路电流会很大,容易损坏电源和造成严重事故,所以应尽量避免。为了避免短路故障造成的损失,通常在电路中接入熔断器或自动空气开关在电路出现短路故障时快速切断电源,以避免重大损失。

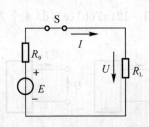

图 $1-10$　通路(有载)工作状态

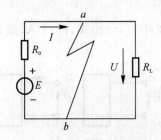

图 $1-11$　短路工作状态

思考

短路会产生什么后果？实际生活和生产中是如何防止短路的？

三、电功和电功率

1. 电功

电流流过负载时，负载将电能转换成其他形式的能量，如光能、热能、机械能等。我们把电能转换成其他形式的能，叫作电流做功，简称电功，用字母 W 表示，表达式为

$$W = UIt \tag{1-11}$$

如果负载是纯电阻性的，其电阻为 R，由欧姆定律可推得

$$W = UIt = I^2 Rt = \frac{U^2}{R}t \tag{1-12}$$

在国际单位制(SI)中 I 的单位是安培(A)，U 的单位是伏特(V)，t 的单位是秒(s)，电阻的单位是欧姆(Ω)，电功 W 的单位是焦耳(J)，简称焦。焦耳这个单位很小，用起来不方便，生活中常用"度"做电功的单位。"度"在工程技术中叫作千瓦时，符号是 kW·h。表示功率为 1 kW 的用电器工作 1 h，耗电量为 1 度电。1 度电为

$$1 \text{ kW} \cdot \text{h} = 3.6 \times 10^6 \text{ J}$$

2. 电功率

电流在单位时间内做的功叫电功率，用字母 P 表示，其数学表达式为

$$P = \frac{W}{t} \tag{1-13}$$

若电流和电压为关联参考方向，则电功率还可写成 $P = UI$；若电流和电压为非关联参考方向，则 $P = -UI$。

如果负载是纯电阻，可写成

$$P = I^2 R = \frac{U^2}{R} \tag{1-14}$$

功率的单位是焦耳／秒(J/s)，又称瓦特，简称瓦(W)，常用的还有千瓦(kW)，换算关系为

$$1 \text{ kW} = 10^3 \text{ W}$$

关联参考方向下，某元件的功率：

(1)$P > 0$，说明该元件消耗(吸收)功率为 P，为负载。

(2)$P < 0$，说明该元件消耗的功率为 $-P$，即发出功率为 P，为电源。

任务实施 1

已知图 1-12 中 $U = 220$ V，$I = 1$ A，试分析图 1-12(a)(b)(c)(d) 4 个方框中，哪些是电源，哪些是负载。

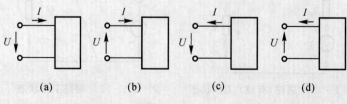

(a)　　　　(b)　　　　(c)　　　　(d)

图 1-12

解　图(a)和(d)中电压电流方向为关联参考:$P=UI>0$,是负载。

图(b)和(c)中电压电流方向为非关联参考:$P=-UI<0$,是电源。

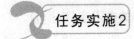

任务实施2

结合家庭中的电器功率及使用时间,估算家庭一月耗电量有多少度。

任务三 简单电阻电路分析

知识目标
- 电阻串联的特点。
- 电阻并联的特点。
- 混联电路的分析方法。

技能点
- 会计算简单直流电路的等效电阻。
- 会分析简单的串并联电路。
- 会分析计算混联电路。

任务描述

前面学习了一个电源向一个电阻供电的简单电路。但在实际的电路中,常用一个电源向多个电阻供电,这些电阻按一定的方法联系起来。电阻的接法不同,电阻上电压和电流的数值也不相同。图1-13所示电路是一种常见的混联电路,应该怎样分析元件的电压和电流呢?

任务分析

要分析电路的工作过程,就要了解电阻的连接方式,在工程技术中,电阻的实际连接方式是多种多样的,最常见的是电阻的串联、并联以及串并联的组合即电阻的混联。不同电路的计算方法也不相同。当有多个电阻接入电路时,首先要区分它们的连接关系,求出等效电阻,然后计算各电阻的电流。

相关知识

一、电阻元件

电流在导体中流动通常要受到阻碍,反映这种阻碍作用的物理量称为电阻。在电路图中,常用"电阻元件"来反映物质对电流的这种阻碍作用。电阻元件的图形符号如图1-14所示,文字符号用大写字母 R 表示,单位是欧姆(Ω)。

当导体中无电流通过时,导体对电流的阻碍作用仍然存在。不同的导体,电阻一般是不同

的。就长直导体而言,在一定温度下,电阻值的计算式为

$$R = \rho \frac{l}{S} \tag{1-15}$$

式中,R 为电阻(Ω);l 为导体长度(m);S 为导体横截面积(m^2);ρ 为导体的电阻率($\Omega \cdot m$)。

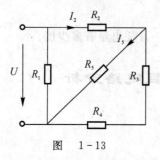

图 1-13

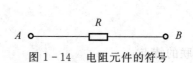

图 1-14 电阻元件的符号

电阻的常用单位还有千欧($k\Omega$)、兆欧($M\Omega$)等,它们的换算关系为

$$1 \text{ k}\Omega = 10^3 \text{ }\Omega, \quad 1 \text{ M}\Omega = 10^6 \text{ }\Omega$$

电阻的倒数称为电导,用大写字母 G 表示,单位为西门子(S),电导与电阻的关系为

$$G = \frac{1}{R} \tag{1-16}$$

实践证明,一段不含源的电阻电路中,流过电路的电流 I 与电路两端的电压 U 成正比,与电路的电阻 R 成反比,这称为一段电路的欧姆定律。

2. 全电路欧姆定律

全电路指含有电源的闭合电路(见图 1-15),E 为电源电动势,R_0 为电源内阻,R 为负载电阻,U 为电源端电压(或负载电阻两端的电压)。

全电路欧姆定律的内容是:电路中的电流 I 与电源电动势 E 成正比,与电路中所有电阻之和成反比,表达式为

$$I = \frac{E}{R + R_0} \tag{1-17}$$

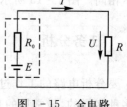

图 1-15 全电路

例 1-1 已知电源电动势 $E = 5$ V,内阻 $R_0 = 1$ Ω,负载电阻 $R = 4$ Ω,求电路中的电流和电源端电压。

解 设电路中电流和电压的参考方向如图 1-15 所示。根据全电路欧姆定律,有

$$I = \frac{E}{R + R_0} = \frac{5}{4 + 1} = 1 \text{ A}$$

$$U = IR = 1 \times 4 = 4 \text{ V} \quad 或 \quad U = E - IR_0 = 5 - 1 \times 1 = 4 \text{ V}$$

三、电阻的串联、并联及混联

1. 电阻的串联

如图 1-16(a)所示,将两个或两个以上的电阻首尾依次相连,组成一条无分支的电路,这种连接方式叫作电阻的串联。

电阻串联电路的特点:

(1)n 个电阻串联可等效为一个电阻,其值为串联电阻之和,即 $R = R_1 + R_2 + \cdots + R_n$。因

此,图 1 - 16(a) 电路可用图 1 - 16(b) 来等效替代。

（2）串联电路中,通过各电阻的电流相等,即 $I_1 = I_2 = I_3 = \cdots = I_n$。

（3）电路总电压等于各电阻两端电压的代数和,即 $U = U_1 + U_2 + \cdots + U_n$

（4）各串联电阻的电压只是总电压的一部分。串联电阻电路具备对总电压的分压作用,这一用途常称为分压电路。若有 n 个电阻串联,则第 k 个电阻上的电压 U_k 为

$$U_k = R_k I = \frac{R_k}{\sum\limits_{k=1}^{n} R_k} U \qquad (1-18)$$

若两个电阻串联,如图 1 - 17 所示,则

$$U_1 = \frac{R_1}{R_1 + R_2} U, \quad U_2 = \frac{R_2}{R_1 + R_2} U \qquad (1-19)$$

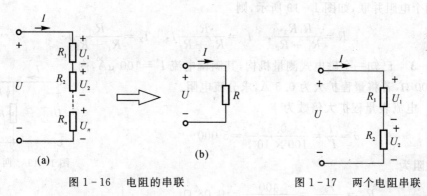

图 1 - 16　电阻的串联　　　　　图 1 - 17　两个电阻串联

例 1 - 2　有一电磁式测量机构,内阻 $r_0 = 200 \ \Omega$,其满偏电流 $I_C = 500 \ \mu A$,需要将其改装成量程为 100 V 的电压表,应串联一个多大的电阻?

解　测量机构的额定电压为

$$U_C = I_C r_0 = 500 \times 10^{-6} \times 200 = 0.1 \ \text{V}$$

串联分压电阻应承担的电压

$$U = 100 - 0.1 = 99.9 \ \text{V}$$

则应串联的分压电阻为

$$R' = \frac{99.9}{500 \times 10^{-6}} = 199 \ 800 \ \Omega$$

2. 电阻的并联

如图 1 - 18(a) 所示,将两个或两个以上的电阻的一端连在一起,另一端也连在一起,这种连接方式叫作电阻的并联。

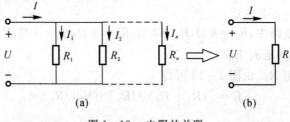

图 1 - 18　电阻的并联

电阻并联电路有下述特点。

(1)n个电阻并联可等效为一个电阻,其值的倒数为各并联电阻倒数之和,即 $\dfrac{1}{R} = \dfrac{1}{R_1} + \dfrac{1}{R_2} + \cdots + \dfrac{1}{R_n}$,或各并联电导之和,即 $G = G_1 + G_2 + \cdots + G_n$。

(2)并联电路中各电阻两端的电压相等,即 $U = U_1 = U_2 = \cdots = U_n$。

(3)总电流等于各并联支路电流之和,即 $I = I_1 + I_2 + \cdots + I_n$。

(4)各并联电阻的电流只是总电流的一部分,并联电阻电路具备对总电流的分流作用,这一用途常称为分流电路。

$$I_k = \frac{U}{R_k} = \frac{R}{R_k} I \tag{1-20}$$

若两个电阻并联,如图 1-19 所示,则

$$R = \frac{R_1 R_2}{R_1 + R_2}, \quad I_1 = \frac{R_2}{R_1 + R_2} I, \quad I_2 = \frac{R_1}{R_1 + R_2} I \tag{1-21}$$

例 1-3 已知一个磁电式测量机构,其满偏电流 $I' = 100\ \mu A$,内阻 $r_0 = 400\ \Omega$,若将量程扩大为 0.5 A,求分流电阻。

解 电流表量程扩大倍数为

$$n = \frac{I}{I'} = \frac{0.5}{100 \times 10^{-6}} = 5\ 000$$

则分流电阻为

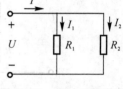

图 1-19 两个电阻并联

$$R_\text{S} = \frac{r_0}{n-1} = \frac{400}{5\ 000 - 1} = 0.08\ \Omega$$

3. 电阻的混联

既有电阻的串联,又有电阻的并联的电路叫作混联电路。计算混联电路的等效电阻时,一般采用电阻逐步合并的方法,关键在于认清总电流的输入端与输出端及公共连接端点,由此来分清各电阻的连接关系,再根据串、并联电路的基本性质,对电路进行等效简化,画出等效电路图,最后计算电路的总电阻。

计算混联电路的一般方法:

(1)判断各电阻的连接方式,利用电阻的串联和并联公式逐步化简电路,求出混联电路的总电阻。

(2)根据总电压和总电阻,根据欧姆定律求总电流。

(3)根据各电阻的连接方式和总电压、总电流求通过各电阻的电流。

任务实施

在图 1-13 所示电路中,$R_1 = 8\ \Omega$,$R_2 = 4\ \Omega$,$R_3 = 4\ \Omega$,$R_4 = 4\ \Omega$,$R_5 = 8\ \Omega$,求总电阻 R。若 $U = 8V$,求通过 R_5 的电流 I_5。

解 (1)求总电阻 R。由图 1-13 可得

$$R = [(R_3 + R_4)//R_5] + R_2//R_1$$

$$R_3 + R_4 = 8 \ \Omega$$
$$(R_3 + R_4)//R_5 = 4 \ \Omega$$
$$(R_3 + R_4)//R_5 + R_2 = 8 \ \Omega$$
$$R = 4 \ \Omega$$

（2）求电流 I_5。电流参考方向见图 1-13。

$$I_2 = \frac{U}{(R_3 + R_4)//R_5 + R_2} = 1 \ A$$

$$I_5 = I_2 \frac{R_5}{(R_3 + R_4) + R_5} = 1 \times \frac{8}{16} = 0.5 \ A$$

任务四　　电压源与电流源

知识目标
- 常用电源的特点。
- 电源的伏安特性。
- 电压源电流源等效互换。

技能点
- 常用电压源的简化。
- 常用电流源的简化。
- 会用电源的等效变换分析计算电路。

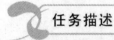

电源是电路的主要元件之一，是电路中电能的来源。电源种类较多，按其特性可分为两大类，即电压源（干电池、蓄电池和发电机）和电流源（光电源、串励直流发电机），有时还需要电压源和电流源的等效互换，应用电源等效变换的知识，还可以进行电路分析计算。

任务分析

每种电源都有它的特性，工作中常应用这些特性对电压源与电流源进行等效变换。在既有电流源又有电压源的电路中，通过电源的等效变换，将多个电源等效为一个电源，再进行分析计算就会变得简单。

一、电压源与电流源的串、并和混联

（1）电压源的串联如图 1-20 所示。计算公式为

$$u_s = u_{s1} + u_{s2} + u_{s3}$$

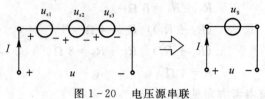

图 1-20　电压源串联

（2）电流源的串联如图 1-21 所示。只有电流源的电流相等时才成立。

$$i_s = i_{s1} = i_{s2}$$

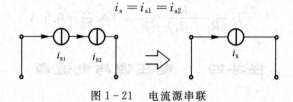

图 1-21　电流源串联

（3）电流源的并联如图 1-22 所示。计算公式为

$$I_s = I_{s1} + I_{s2}$$

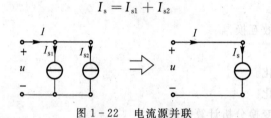

图 1-22　电流源并联

二、实际电源模型及相互转换

我们曾经讨论过的电压源、电流源是理想的，实际上是不存在的。那实际电源是什么样的呢？下面我们作具体讨论。

1. 实际电压源模型

实际电压源与理想电压源的区别在于有无内阻 R_s。我们可以用一个理想电压源串一个内阻 R_s 的形式来表示实际电压源模型。如图 1-23 所示。

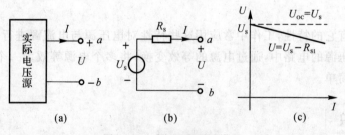

图 1-23　实际电压源模型

（a）实际电源；　（b）实际电压源模型；　（c）实际电压源模型的伏安关系

依照图中 U 和 I 的参考方向，则

$$U = U_s - IR_s \tag{1-22}$$

得到图1-24(c)所示实际电压源模型的伏安关系。该模型用U_s和R_s两个参数来表征。其中U_s为电源的开路U_{oc}。从式(1-22)可知,电源的内阻R_s越小,实际电压源就越接近理想电压源,即U越接近U_s。

2. 实际电流源模型

实际电流源与理想电流源的差别也在于有无内阻R_s,我们也可以用一个理想电流源并一个内阻R_s的形式来表示实际的电流源,即实际电流源模型。如图1-24所示。

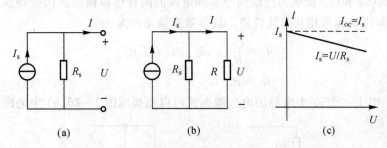

图1-24 实际电源源模型

(a)电流源模型; (b)与外电阻相接; (c)电流源模型的伏安特性

若实际的电流源与外电阻相接,则如图1-24(b)所示可得外电流为

$$I = I_s - \frac{U}{R_s} \qquad (1-23)$$

式中,I_s为电源产生的定值电流;$\frac{U}{R_s}$为内阻R_s上分走的电流。

由式(1-23)可得:实际电流源模型的伏安特性曲线,又知端电压U越高,则内阻分流越大,输出的电流越小。显然实际电流源的短路电流等于定值电流I_s。因此,实际电源可由它们短路电流$I_{sc} = I_s$以及内阻R_s这两个参数来表征。由此可知,实际电源的内阻越大,内部分流作用越小,实际电流源就越接近于理想电流源,即I接近I_s。

3. 实际电压源与实际电流源的互换

依据等效电路的概念,以上两种模型可以等效互换。对外电路来说,任何一个有内阻的电源都可以用电压源或电流源表示。因此只要实际电源对外电路的影响相同,我们就认为两种实际电源等效。对外电路的影响表现在外电压和外电流上。换句话说,两种模型要等效,它们的伏安特性就要完全相同。下面以实际电压源转换成实际电流源为例说明其等效原理。

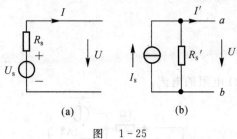

图 1-25

由KVL可得图1-25(a)所示外电路伏安特性为

$$U = U_s - IR_s \qquad (1-24)$$

将式(1-24)两端同除以内阻 R_s 可得

$$I = \frac{U_s}{R_s} - \frac{U}{R_s} \qquad (1-35)$$

由此伏安特性关系可得并连接构的电路如图 1-25(b) 所示,则

$$I = I_s - \frac{U}{R'_s}$$

故图 1-25(a) 和(b) 所示为反映同一实际电源的两种电源模型。伏安特性相同,所以实际电压源与实际电流源可相互等效转换。其等效变换条件为

$$I_s = \frac{U_s}{R_s} \quad 或 \quad U_s = I_s R_s \qquad (1-26)$$

$$R_s = R'_s$$

例 1-4　图 1-26(a) 中电源的电压源形式可以变换成图 1-26(b) 中电流源形式。

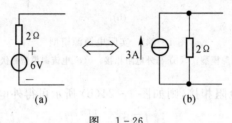

图　1-26

解　根据等效变换条件:

等效电流源电流:$I_s = \dfrac{6}{2} = 3$ A

等效电流源内阻:$R_s = 2\ \Omega$

同样根据等效变换条件,图 1-26(b) 中电源的电流源形式也可以变换成图 1-26(a) 中电压源形式。

在等效变换的过程中需注意以下几点:

(1) 理想电源不能变换。

(2) 注意参考方向。

(3) 串联时变为电压源,并联时变为电流源。

(4) 只对外等效,对内不等效。

任务实施

计算图 1-27(a) 中 2 Ω 电阻的电流。

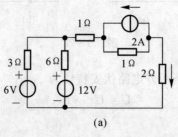

(a)

图　1-27

解 原图可变换为图(b)(c)(d)。

$$I = \frac{8-2}{2+2+2} = 1\ \text{A}$$

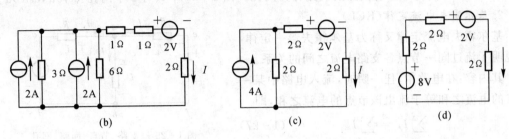

(b) (c) (d)

<h1 align="center">任务五　基尔霍夫定律</h1>

知识目标

· 复杂电路的基本术语。

· 基尔霍夫定律。

技能点

· 能识别电路中得支路、节点和网孔数。

· 能应用基尔霍夫电流定律对节点列电流方程。

· 能应用基尔霍夫电压定律对回路列电压方程。

在前面的电路中,介绍了能用串、并联关系进行简化电
阻电路的相关知识。但是在实际电路中,有很多是不能利用
上述办法化简的。如图1-28所示,各元件的连接既不是串
联,也不是并联,通常把这样的电路称为复杂电路。本任务
将介绍复杂电路的分析和计算方法。

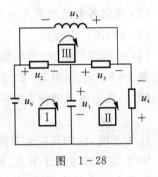

图 1-28

分析复杂电路的基本思路是对电路中的连接点和回路进行分析,找出规律,并进行分析计
算,基尔霍夫定律发现对节点可以列出电流方程,对回路可以列出电压方程,通过这些方程可
以对电路进行分析和计算。本任务重点学习基尔霍夫定律。

在分析电路时,除了最基本的欧姆定律外,还有一个应用非常广泛的定律,就是基尔霍夫
定律,该定律包括基尔霍夫电流定律(KCL)和基尔霍夫电压定律(KVL),为了便于学习,先介
绍几个名词。

1.名词介绍

(1)支路。电路中的每一分支叫1条支路。1条支路流过1个电流,流过支路的电流,称为
支路电流。含有电源的支路叫含源支路,不含电源的支路叫无源支路。图1-29中共有3条支
路:$aefb$,ab,$acdb$。

(2)节点。电路中3条或3条以上支路的连接点,称为节点。图1-29中共有2个节点:a,b。

（3）回路。电路中的任一闭合路径称为回路。图 1-29 中共有 3 个回路：$aefba$，$acdba$，$acdbfea$。

（4）网孔。内部不含有支路的回路称为网孔。图 1-29 中共有 2 个网孔：$aefba$，$acdba$。

2. 基尔霍夫电流定律（KCL）

基尔霍夫电流定律又称为基尔霍夫第一定律，它说明了流过同一节点各支路电流之间的关系。

其内容：在电路中，任一瞬时，流入电路中某一节点的电流之和等于流出该节点的电流之和，即

$$\sum I_入 = \sum I_出 \qquad (1-27)$$

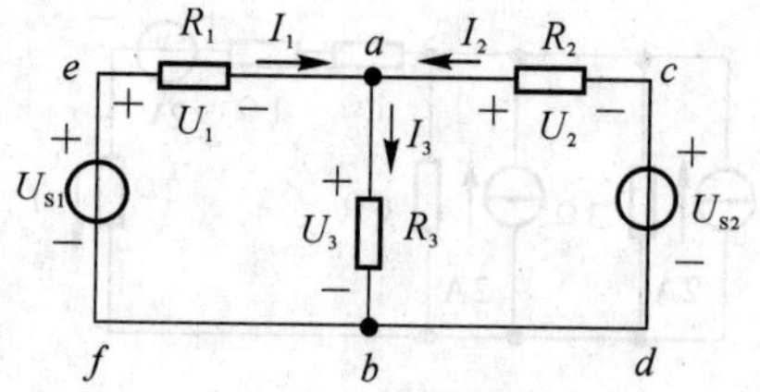

若规定流入节点的电流为正，则流出节点的电流为负，则基尔霍夫电流定律又可描述为：在任一瞬时，通过电路中任一节点电流的代数和恒等于零，即

$$\sum I = 0 \qquad (1-28)$$

图 1-29　支路、节点、回路、网孔

列 KCL 方程步骤：

（1）规定各电流的参考方向；

（2）列 KCL 方程；

（3）把电流的数值（包括数值中的正负号）代入方程求未知电流。

例 1-5　已知图 1-29 中 $I_1 = 6$ A，$I_2 = -1$ A，求 I_3。

解　根据电流的参考方向，对节点 a 列 KCL 方程，有

$$I_3 = I_1 + I_2 = 6 + (-1) = 5 \text{ A}$$

I_3 为正值，说明其实际方向与参考方向相同，即流出节点 a。

KCL 定律通常用于节点，但也可推广应用于电路中任意假定的闭合面。这个闭合面可称为广义节点。在任意瞬间，通过任一闭合面的电流的代数和也恒等于零。

如图 1-30 所示，根据 KCL 定律，有

$$I_A + I_B + I_C = 0$$

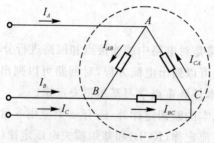

图 1-30　电路中的一个闭合面

3. 基尔霍夫电压定律（KVL）

基尔霍夫电压定律又称为基尔霍夫第二定律，它说明了同一回路中各支路电压之间的关系。

其内容：电路中，在任一时刻，沿任一回路绕行一周，回路中各部分电压的代数和恒等于零，即

$$\sum U = 0 \tag{1-29}$$

规定:电压参考方向与回路绕行方向相同时,该电压取正;电压参考方向与回路绕行方向相反时,该电压取负。

列 KVL 方程步骤:

(1) 规定电压的参考方向;

(2) 确定回路绕行方向;

(3) 列 KVL 方程;

(4) 把电压的数值(包括数值中的正负号)代入方程求未知电压,如果有电流,电流参考方向与回路绕行方向一致时取正,否则取负。

通过 KVL 定律,在有些情况下,可以方便地求出某些元件的电压。例如图 1-29 中,若已知电路中 $U_{s1} = 10$ V,$U_1 = 2$ V,则我们可以很容易求出 U_3。

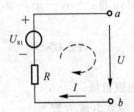

方法:根据如图 1-29 所示的参考方向,在回路 $abfea$ 中,取顺时针为回路绕行方向(或取逆时针方向为绕行方向),列 KVL 方程,有

$$-U_{s1} + U_1 + U_3 = 0$$
$$U_3 = U_{s1} - U_1 = 10 - 2 = 8 \text{ V}$$

图 1-31 假想的闭合回路

U_3 为正值,说明其实际方向与参考方向相同。

基尔霍夫电压定律不仅适用于真实存在的闭合回路,而且也适用于假想的闭合回路。

例如,对图 1-31 所示的假想回路,顺时针绕行一周,按图中电流、电压的参考方向可列出

$$U + IR - U_{s1} = 0$$
$$U = U_{s1} - IR$$

任务实施 1

在图 1-32 所示电路中,$U_{S1} = 12$ V,$U_{S2} = 6$ V,$R_1 = R_3 = 10$ Ω,$R_2 = R_4 = 5$ Ω,求回路中的电流。

解 设电流参考方向如图 1-32 所示,沿顺时针为回路绕行方向列 KVL 方程有

$$(R_1 + R_2 + R_3 + R_4)I + U_{S1} - U_{S2} = 0$$

$$I = \frac{U_{S2} - U_{S1}}{R_1 + R_2 + R_3 + R_4} = \frac{6 - 12}{10 + 5 + 10 + 5} = -0.2 \text{ A}$$

I 为负值,说明其实际方向与参考方向相反。

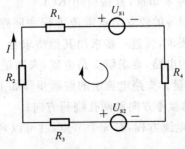

图 1-32

 **任务实施2**

图 1-28 中支路、节点、网孔数目各是多少？请将图中所标 3 个回路根据基尔霍夫电压定律分别列出回路电压方程。

解 图形的支路数目 6 条，节点 4 个，网孔 3 个。

根据 KVL 定律：

网孔 Ⅰ：$-u_s + u_2 + u_1 = 0$

网孔 Ⅱ：$u_1 + u_3 - u_4 = 0$

网孔 Ⅲ：$-u_5 - u_3 - u_2 = 0$

任务六   用支路电流法分析复杂直流电路

知识目标

· 独立电流方程。

· 独立电压方程。

技能点

· 能用支路电流法求复杂电路的电流。

 **任务描述**

前面我们学习了基尔霍夫电流定律和电压定律，这两个定律和欧姆定律结合在一起，是我们分析电路的基础。熟练运用这些定律，是我们必备的技能。

 **任务分析**

如图 1-33 所示的电路，在已知电源电压和负载电阻的情况下，想要求出各支路电流。我们可以用基尔霍夫两个定律，列出合适数目的方程，代数求解即可。

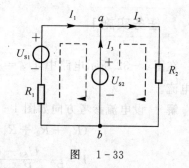

图   1-33

 **相关知识**

支路电流法是以支路电流为未知量，直接应用 KCL 和 KVL，列出与支路电流数目相等的独立节点电流方程和回路电压方程，然后联立解出各支路电流的一种方法。可以根据要求，再进一步求出其他待求量。

对于有 n 个节点、b 条支路的电路，要求解支路电流，未知量共有 b 个，只要列出 b 个独立的电路方程，便可以求解这 b 个变量。支路电流法的解题步骤如下：

(1) 任意标定各支路电流的参考方向和网孔绕行方向；

(2) 用 KCL 定律列出节点电流方程，有 n 个节点，就可以列出 $n-1$ 个独立电流方程；

(3) 用 KVL 定律列出 $L = b - (n-1)$ 个独立电压方程(一般按网孔选取);

(4) 代入已知数据求解方程组,确定各支路电流及方向;

(5) 根据电路要求,求出其他待求量。

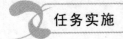

如图 1-33 所示,已知 $U_{S1} = 2$ V,$U_{S2} = 4$ V,$R_1 = 2$ Ω,$R_2 = 1$ Ω。用支路电流法求 I_1,I_2,I_3。

解 电流 I_1,I_2,I_3 的参考方向和回路绕行方向见图 1-33。利用 KCL,KVL 列方程,有

$$\begin{cases} I_1 + I_3 = I_2 \\ U_{S2} + I_1 R_1 - U_{S1} = 0 \\ I_2 R_2 - U_{S2} = 0 \end{cases}$$

代入数据,联立方程组,有

$$\begin{cases} I_1 + I_3 - I_2 = 0 \\ 4 + 2I_1 - 2 = 0 \\ I_2 - 4 = 0 \end{cases}$$

解方程组,得

$$I_1 = -1 \text{ A}, \quad I_2 = 4 \text{ A}, \quad I_3 = 5 \text{ A}$$

任务七 结点电压法

知识目标

· 结点电压的概念。

· 结点电压公式。

· 结点电压表示各支路电流。

技能点

· 能正确使用用结点电压公式。

· 能用结点电压求各支路电流。

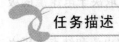

分析与计算电路要用欧姆定律和基尔霍夫定律,但根据实际情况,电路的结构形式是很多的,往往由于电路复杂,计算过程极为复杂。因此,要根据电路的结构特点寻找分析与计算的简便方法。

任务分析

如图 1-34 所示具有两个结点的电路,如果设法求出这两个结点间的电压 U_{ab},那么各支路的电流也就容易算出来了,这种先求出结点间的电压的方法称为结点电压法。

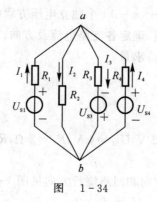

图　1－34

1. 结点电压公式的推导

首先根据 KVL 定律找出支路电流和结点电压 U_{ab} 的关系,有

$$I_1 = \frac{U_{s1} - U_{ab}}{R_1}, \quad I_2 = \frac{U_{ab}}{R_2}$$

$$I_4 = \frac{U_{s4} - U_{ab}}{R_4}, \quad I_3 = \frac{U_{s3} + U_{ab}}{R_3}$$

(1－30)

结点 a 的 KCL 方程为

$$I_1 - I_2 - I_3 + I_4 = 0$$

将式(1－30)代入上式整理可得

$$U_{ab} = \frac{\dfrac{U_{s1}}{R_1} - \dfrac{U_{s3}}{R_3} + \dfrac{U_{s4}}{R_4}}{\dfrac{1}{R_1} + \dfrac{1}{R_2} + \dfrac{1}{R_3} + \dfrac{1}{R_4}} = \frac{\sum \dfrac{U_s}{R}}{\sum \dfrac{1}{R}}$$

2. 电源正负的确定方法

电压源的极性与结点电压极性相同取正,否则取负。

3. 结点法的解题步骤

(1) 利用结点电压公式求出两个结点之间的电压(注意电压源的正负取决于电压源的极性);

(2) 取出一条支路,根据 KVL 定律,对不闭合回路列方程,找出此支路电流和结点电压之间的关系;

(3) 以同样的方式求出其他支路的电流。

4. 结点法的适用范围

有且仅有两个结点的电路。

任务实施

试用结点电压法求图 1－35 所示电路中的电流,已知 $R_1 = R_2 = R_3 = 1\ \Omega$, $U_{s1} = 3$ V, $U_{s2} = $

5 V。

解　利用结点电压公式可得

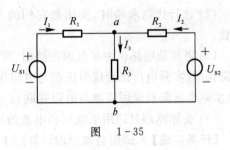

图 1－35

$$U_{ab} = \dfrac{\dfrac{U_{s1}}{R_1} + \dfrac{U_{s2}}{R_2}}{\dfrac{1}{R_1} + \dfrac{1}{R_2} + \dfrac{1}{R_3}} = \dfrac{\dfrac{3}{1} + \dfrac{5}{1}}{\dfrac{1}{1} + \dfrac{1}{1} + \dfrac{1}{1}} = 2.67 \text{ A}$$

$$I_1 = \dfrac{U_{s1} - U_{ab}}{R_1} = \dfrac{3 - 2.67}{1} = 0.33 \text{ A}$$

$$I_2 = \dfrac{U_{s2} - U_{ab}}{R_2} = \dfrac{5 - 2.67}{1} = 2.33 \text{ A}$$

$$I_3 = \dfrac{U_{ab}}{R_3} = 2.67 \text{ A}$$

任务八　叠加定理

知识目标

· 叠加定理。

· 理想电压源被短路，即电动势为零。

· 理想电流源被开路，即电流源无穷大。

技能点

· 叠加原理适用于分析线性电路中的电流和电压。

· 叠加时要注意原电路和分解成各单个激励电路中的参考方向。

　　在电路的学习中，常会遇到电路中各元气件的参数都已知，求各负载上的电流的问题。如图 1－36(a) 所示电路，各电动势和电阻值已知，试求各支路电流。

　　无论多复杂的电路，也都是由电源和负载组成。叠加定理是分析线性电路的最基本的方法之一，用于多个电源在负载上所产生的响应，它是线性电路的一个重要性质和基本特征。

相关知识

　　1.叠加定理

　　在线性电阻电路中，任一支路电流（或支路电压）都是电路中各个独立电源单独作用时在该支路产生的电流（或电压）之叠加（电压源除去时短接，电流源除去时开路，但所有电源的内阻保留不动）。

　　2.叠加定理适用范围

　　使用叠加定理时的注意事项：

（1）叠加原理只适用计算线性电路，不适用计算非线性电路。

（2）进行代数求和时，要注意它们的参考方向。参考方向相同时取正；参考方向相反时取负。

（3）将复杂电路化为单电源电路时，所谓的其余"电压源"不作用，就是在把该"恒压源"用短路代替（实际电压源看成恒压源与电阻串联）；"电流源"不作用就是把该"恒流源"用开路代替（实际电流源看成恒流源与电阻并联）。其内阻不变。

（4）叠加原理只适用于电压和电流的计算，不能用叠加原理计算电功率。

【任务实施】 试用叠加原理计算图 1-36 中 12 Ω 电阻上的电流 I_3。

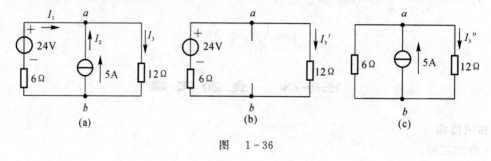

图 1-36

解 根据叠加原理可将图（a）等效为图（b）和图（c）的叠加。其中图（b）是电压源独立作用的电路；图（c）是电流源独立作用的电路。

对（b）图
$$I'_3 = \frac{24}{6+12} = \frac{4}{3} \text{ A}$$

对（c）图
$$I''_3 = \frac{6}{6+12} \times 5 = \frac{5}{3} \text{ A}$$

根据叠加原理得
$$I_3 = I'_3 + I''_3 = \frac{4}{3} + \frac{5}{3} = 3 \text{ A}$$

项目一小结

1. 基尔霍夫定律

分析复杂电路的基本定律，它阐明了电路中各部分电流和各部分电压间的相互关系，其内容包括：

（1）节点电流定律（KCL）：对电路中任意节点在任意时刻，$\sum I = 0$。注意推广到"广义节点"的应用。

（2）回路电压定律（KVL）：对电路中任意回路在任意时刻，$\sum U = 0$。注意推广到"广义回路"的应用。

2. 支路电流法

它是分析计算复杂电路最基本的方法，它以支路电流为未知量，依据基尔霍夫定律列出节点电流方程和回路电压方程，然后联立方程解求出各支路电流。

如果复杂电路有 b 条支路 n 各节点，则可以列写出 $(n-1)$ 个独立节点方程和 $b-(n-1)$ 个独立回路方程。

3.叠加定理

在线性电路中,各支路的电流(压)等于各个电源单独作用时,在该支路产生的电流(压)的代数和。

电压源不作用时用"短路"处理,即用短接线代替电压源。

电流源不作用时用"开(断)路"处理。

4.简单电阻电路分析

多个电阻的混联电路,可以通过一定的方法进行化简。

5.电源等效变换

(1)实际电源的两种模型:

电压源:对负载提供一定电压的电源。它是恒压源与电阻串联的组合。

电流源:对负载提供一定电流的电源。它是恒流源与电阻并联的组合。

(2)理想电源:

恒压源:电压源内阻为零,电源对负载提供一恒定不变的电压。

恒流源:电流源内阻为无穷大,电源对负载提供一恒定不变的电流。

(3)实际电源模型间等效变换:

$$I_s = \frac{U_s}{R_s} \quad 或 \quad U_s = I_s R_s$$

$$R_s = R'_s$$

(4)说明:等效仅对电源外部电路而言,对电源内部并不等效。

项目一习题与思考题

1-1　简述电路的组成及其作用。

1-2　在题1-2图中,已知$U_1 = 50$ V,$U_2 = -80$ V。试确定电压的实际方向。

1-3　如题1-3图所示,按给定电压、电流参考方向,求元件端电压U。

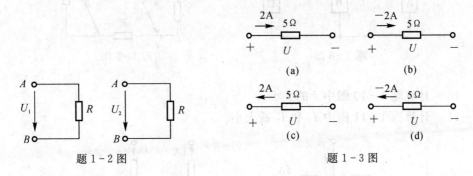

题1-2图　　　　　　　　　题1-3图

1-4　在题1-4图中,设电流的参考方向如图所示,若求得$I = -5$ A,试确定该电流的实际方向。

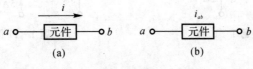

题1-4图

1-5 在某电路中,A,B,C 三点的电位分别为:$V_A = 4$ V,$V_B = 6$ V,$V_C = 0$ V,求 U_{BA} 为多少?

1-6 在题 1-6 图所示电路中,已知各支路电流、电阻和电动势,列出各支路电压 U 的表达式。

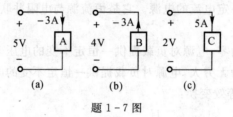

题 1-6 图

1-7 求题 1-7 图中各元件的功率,并判断它们分别是电源还是负载。

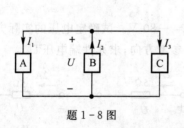

题 1-7 图

1-8 如题 1-8 所示电路,已知 $I_1 = -10$ A,$I_2 = -3$ A,$I_3 = 7$ A,$U = -3$ V。试判断它们分别是电源还是负载。

1-9 在题 1-9 图所示电路中,已知 $U_S = 50$ V,电源内阻 $r_0 = 0.1$ A,$R_1 = 0.6$ A,$R_2 = 0.3$ A,$R = 9$ Ω,求:(1)电路正常工作时的电流 I;(2)当电阻 R 短路时电路中的电流 I;(3)当电源两端短路时电路中的电流 I。

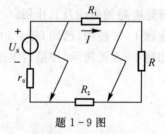

题 1-8 图　　　　题 1-9 图

1-10 计算题 1-10 图中 I 的大小。

1-11 计算题 1-11 图中 I_1 和 I_2 的大小。

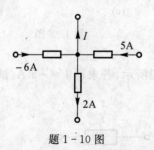
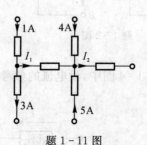

题 1-10 图　　　　题 1-11 图

1-12   求题 1-12 图所示电路等效电阻 R_{AB}。

1-13   求题 1-13 所示电路的等效电阻 R_{ab}。

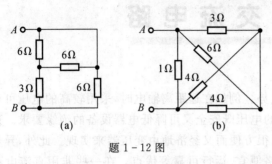

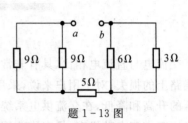

题 1-12 图   题 1-13 图

1-14   在题 1-14 图中,已知 $R_1=4\ \Omega, R_2=5\ \Omega, R_3=1\ \Omega, U=10\ V$。求:

(1) 电路的总电阻 R;(2) 总电流 I;(3)U_1, U_2, U_3。

1-15   如题 1-15 图所示电路,已知 $E_1=8\ V, E_2=18\ V, R_1=3\ \Omega, R_2=4\ \Omega, R_3=12\ \Omega$。

用支路电流法和结点电压法计算各支路电流。

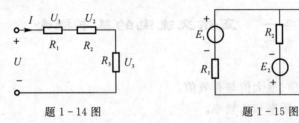

题 1-14 图   题 1-15 图

1-16   在题 1-16 图所示电路中,已知 $I_S=3\ A, R=4\ \Omega, U_S=5\ V$,求电流源端电压 U 和各元件的功率,并校验电路功率是否平衡。

1-17   在题 1-17 图所示电路中,求 U_{AB}, I_1, U_{AC}。

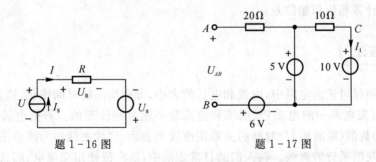

题 1-16 图   题 1-17 图

1-18   有一个标注"220 V,1 500 W"的电炉,其电阻为多少?若接在 220 V 的电源上,工作 5 h,消耗多少电能?

1-19   试问 2 度电可以供标有"220 V,40 W"的灯泡正常发光多长时间?

1-20   一台抽水用的电动机功率为 3 kW,每天运行 6 h,问一个月(按 30 天算)消耗多少电能?

项目二　交流电路

交流电与直流电相比,具有非常多的优势。例如在远距离输电时,采用较高的电压可以减少线路上的损失;对于用户来说,采用较低的电压既安全又可降低电器设备的绝缘要求。这种电压的升高和降低,在交流供电系统中可以很方便而又经济地由变压器来实现。此外,异步电动机比起直流电动机来,具有构造简单、价格便宜、运行可靠等优点。在一些非用直流电不可的场合,如工业上的电解和电镀等,也可利用整流设备,将交流电转化为直流电。交流电的种种优势,使之成为应用广泛的一种供电方式。所有的交流电中,尤以正弦电源供电的交流用电设备性能好、效率高,因而电力供电网供应的都是正弦交流电。学习正弦交流电的基本知识和分析方法,对学习电工学是十分重要的。

任务一　正弦交流电的基本概念

知识点
- 正弦交流电的瞬时值、最大值与有效值。
- 正弦交流电的周期、频率和角频率。
- 正弦交流电的相位、初相位与相位差。

技能点
- 会计算交流电的瞬时值、最大值与有效值。
- 会分析正弦量的三要素。
- 会分析计算相位和相位差。

 任务描述

在第一个项目讨论的电路中,电流和电压的大小、方向均不随时间变化,这样的电流、电压称为直流电,直流电路中的电动势、电压和电流是不随时间改变的。若把电流(或电动势、电压)第一瞬时的数值(瞬时值)与时间的关系用曲线来表示,这种曲线称为波形图。直流电的波形是一条与时间轴平行的直线。在人们的日常生活中,还广泛使用交流电,那么交流电具有哪些特点?如何描述它呢?

任务分析

要分析交流电,首先明确正弦交流电的电流(或电动势、电压)是随时间按正弦规律变化的。在不加特殊说明时,今后所说的交流电都是指正弦交流电,有时也简称交流(ac 或 AC)。本项目的任务,就是借助正弦函数的知识,描述和分析正弦交流电的变化规律,找到它的特征要素。

相关知识

按正弦规律变化的电动势、电压、电流总称为正弦交流电。由正弦交流电激励的电路称为正弦交流电路。正弦交流电的特征表现在变化的快慢、大小及初始值三方面，它们分别可以由角频率（周期）、幅值及初相位来描述，所以说角频率（周期）、幅值及初相位是正弦交流电的三要素：

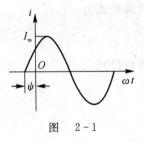

图 2-1

$$\left.\begin{array}{c} i = I_m \sin(\omega t + \psi_i) \\ u = U_m \sin(\omega t + \psi_u) \\ e = E_m \sin(\omega t + \psi_e) \end{array}\right\} \qquad (2-1)$$

式中，I_m，U_m，E_m 称为正弦交流电的幅值或最大值；ω 称为角频率；ψ_i，ψ_u，ψ_e 称为正弦交流电的初相位或初相角。

正弦量可以用波形图来表示，如图 2-1 所示。

一、正弦交流电的周期、频率和角频率

正弦量变化一周所需时间称为周期，用字母 T 表示，单位是秒（s）。每秒变化的次数称为频率，用字母 f 表示，单位为赫兹（Hz）。T 与 f 满足关系式

$$T = 1/f \qquad (2-2)$$

我国供电网提供的正弦交流电频率为 50 Hz（工频）。许多国家的工频是 50 Hz，但有些国家的工频为 60 Hz，例如美国和日本。工业上除广泛应用的工频交流电外，在其他领域还采用各种不同的频率。如有线通信频率：300 ~ 5 000 Hz；无线通信频率：30 kHz ~ 3×10^4 MHz；高频加热设备频率：200 kHz ~ 300 kHz。

单位时间内变化的弧度用 ω 表示，单位为 rad/s。T，f 和 ω 都能反映波形变化快慢，三者的关系为

$$\omega = 2\pi f = 2\pi/T \qquad (2-3)$$

例 2-1 已知工频正弦量为 50 Hz，试求其周期 T 和角频率。

解
$$T = \frac{1}{f} = \frac{1}{50} = 0.02 \text{ s}$$

$$\omega = 2\pi f = 2 \times 3.14 \times 50 \text{ rad/s}$$

即工频正弦量的周期为 0.02 s，角频率为 314 rad/s。

二、正弦交流电的瞬时值、最大值和有效值

正弦量在每一瞬间的数值称为瞬时值，用小写 i，u，和 e 表示。瞬时值中的最大值称为幅值，用带下标"m"的大写字母表示，例如 I_m，U_m，E_m 分别表示电流、电压、电动势的幅值。

有效值是根据正弦电流和直流电流的热效应相等来规定的。例如，在图 2-2 所示的两个等值电阻上，分别通以交流电流 i 和直流电流 I，如果在相同的时间 T 内所产生的热量是相等的话，那么我们把此时直流电流 I 的数值定义为此交流电 i 的有效值。有效值用大写字母表

示，I,U,E 分别表示电流、电压、电动势的有效值。根据有效值的定义，可推出交流电有效值的计算公式为

$$RI^2 T = \int_0^T Ri^2 \, \mathrm{d}t$$

则可以得到

$$I = \sqrt{\frac{1}{T}\int_0^T i^2 \, \mathrm{d}t}$$

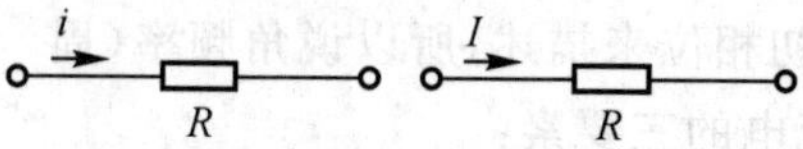

图 2-2

对于正弦交变电流 $i = I_\mathrm{m}\sin(\omega t + \psi_i)$，则有

$$I = \sqrt{\frac{1}{T}\int_0^T I_\mathrm{m}\sin^2(\omega t + \psi_i)\mathrm{d}t} = \sqrt{\frac{1}{T}\int_0^T \frac{1}{2}I_\mathrm{m}[1 - \cos2(\omega t + \psi_i)]\mathrm{d}t} = \frac{1}{\sqrt{2}}I_\mathrm{m}$$

这个结论同样适用于电压和电动势：

$$U = \frac{U_\mathrm{m}}{\sqrt{2}}, \quad E = \frac{E_\mathrm{m}}{\sqrt{2}} \tag{2-4}$$

由式(2-4)可知：正弦量的有效值等于幅值除以 $\sqrt{2}$。

三、正弦交流电的相位、初相位和相位差

正弦交流电随时间做周期性变化，在不同的时刻，具有不同的角度 $\omega t + \psi$，这个角度代表了正弦交流电的变化进程，称之为相位角。当 $t=0$ 时的相位角称为初相位或初相角，用 ψ 表示。它表示计时开始时刻的正弦量的相位角。因此，计时起点选得不同，正弦量的初相位不同，其初始期就不同。

在同一电路中，电压 u 和电流 i 的频率是相同的，但相位往往不相同，例如：

$$u = U_\mathrm{m}\sin(\omega t + \psi_u), \quad i = I_\mathrm{m}\sin(\omega t + \psi_i) \tag{2-5}$$

两个同频率正弦量的相位角之差，称为相位差，用 φ 表示。

则式(2-5)中两个正弦量的相位差可表示为

$$\varphi = (\omega t + \psi_u) - \sin(\omega t + \psi_i) = \psi_u - \psi_i \tag{2-6}$$

由式(2-6)可以看出虽然两个同频率正弦量的相位都会随时间变化，可它们在任意时刻的相位差是不变的。其值等于两个正弦量的初相位之差。相位差的物理意义在于表示两个同频率正弦量随时间变化步调上的先后。

相位差 φ 有以下几种情况：

(1)$\varphi = 0$，说明 u 与 i 相位相同，或者说 u 和 i 同相位，如图 2-3(a) 所示。

(2)$\varphi > 0°$，u 比 i 先经过零值和正的最大值位置，说明 u 在相位上超前 i 一个 φ 角，如图 2-3(b) 所示。

(3)$\varphi < 0°$，i 比 u 先经过零值和正的最大值位置，说明 u 在相位上比 i 滞后 φ 角，如图 2-3(c) 所示。

(4)$\varphi = \pm180°$，说明 u 和 i 相位相反，或者说 u 和 i 反相，如图 2-3(d) 所示。

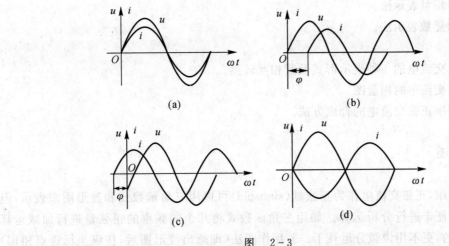

图　2-3

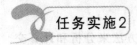

有一正弦交流电压瞬时表达式为 $u = 220\sqrt{2}\sin\omega t$ (V)，则此正弦交流电有效值为多少？

解　根据题意可知

$$U_m = 220\sqrt{2}\ \text{V}$$

根据式（2-4）易知

$$U = \frac{U_m}{\sqrt{2}} = 220\ \text{V}$$

我们平时所说的交流电的数值如 380 V 或 220 V 都是有效值。用交流电压表和交流电流表测出来的数值也是有效值。

任务实施 2

电路中某元件电压电流的瞬时表达式可分别为 $u = 220\sqrt{2}\sin(\omega t + 30°)$ V, $i = 6\sin(\omega t - 45°)$ A，则此元件电压电流相位关系如何？

解　已知 $\psi_u = 30°$，$\psi_i = -45°$，则

$$\varphi = \psi_u - \psi_i = 30° - (-45°) = 75°$$

即电压相位超前电流 75°。

任务二　正弦量的表示法

知识点

· 正弦量的三要素。

- 正弦量的相量表示法。
- 正弦量的复数表示法。

技能点

- 掌握正弦交流电的 4 种表示形式及其相互转换。
- 掌握正弦交流电的相量图。
- 掌握同频率正弦交流电的合成方法。

 任务描述

前面已经介绍,正弦交流电作为正弦量(sinusoid)可以用三角函数式和波形图来表示,但这种表示方法不便于进行分析运算。如用三角函数式将几个同频率的正弦量进行加减运算时,是相当复杂的,更不用说微分运算了。若用作图法(即画出波形图后,按纵坐标逐点相加)进行分析,虽然从图形上看起来直观、清晰,但作图不便,结果也不太准确,画图也较麻烦。因此为了便于分析正弦交流电,只需掌握正弦量的三要素,可以用正弦量的另外两种表示方法,现介绍如下。

 任务分析

一个正弦量具有幅值、角频率、初相位三个特征量(三要素),它用三角函数式或正弦波形来表示,但用这两种方法来计算正弦交流电的和或差时,运算过程烦琐,很不方便。因此,在电工技术中,常用相量法表示正弦量,相量表示法的基础是复数,就用复数表示正弦量。

 **相关知识**

一、利用相量表示正弦交流电

1. 相量图法

上面采用了三角函数形式和波形图来表示正弦交流电,但用这两种方法来分析和计算交流电路都很不方便。如果将正弦交流电用旋转矢量来表示,可使分析过程简单得多。

现在讨论正弦量的旋转矢量表示方法。

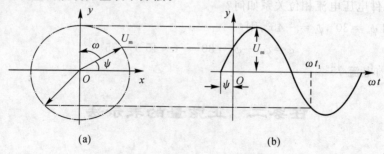

图 2-4

在图 2-4 中,图(a) 是在直角坐标系中画有"矢量 U",图(b) 是正弦电压 u 的波形图。图中两个横坐标对齐,"矢量 U"的长度与正弦量的最大值 U_m 相等,"矢量 U"对 x 轴的夹角与正弦量的初相 ψ 相等。现在"矢量 U"以图示的位置为起点,以角速度 ω 逆时针旋转,旋转中的"矢量 U"在 y 轴的投影是变化的。在任意选定的时间 t_1 内,"矢量 U"转过的角度为 ωt_1,与横轴的夹角变为 $(\omega t_1 + \psi)$,它在纵轴的投影等于 $U_m \sin(\omega t_1 + \psi)$,刚好等于正弦电压在 t_1 的瞬时值。总之,在任意时刻,以角速度 ω 旋转着的"矢量 U"在纵轴的投影,都与正弦波在该时刻的瞬时值保持一一相等的对应关系。像这样旋转着的矢量称为旋转矢量。它不仅能表示正弦量的瞬时值,也能表示正弦量的三要素,所以也是正弦量的一种表示方法。

在线性电路中,同一电路,所有正弦量都是同频率的。如果把同一电路的正弦量都用旋转矢量表示,并画在一张图中,由于这些旋转矢量旋转的速度和方向都相同,它们在任意瞬间的相对位置都是固定不变的,这样就没有必要考虑这些矢量是怎样旋转的,只要画出它们在任意一个时刻的位置就可以了,而这些时刻,尤以初始时刻最具有特征,于是规定:

在直角坐标上画一个矢量,它与横轴的夹角等于正弦量的初位相,它的长度等于这个正弦量的有效值,这个矢量称为相量。同时约定:

(1) 相量从起始位置开始以正弦量的角频率 ω 逆时针旋转,但在图中不必画出。

(2) 相量画在直角坐标中,为了简便,坐标轴可以省略不画。

(3) 相量用大写字母头上加一点表示,如 $\dot{U}$,$\dot{I}$。

相同频率的几个相量可以画在同一张图中,这种图称为相量图。不同频率的相量,不能画在同一张图中。

例 2-1 已知三个电压 $u_1 = 220\sqrt{2}\sin\omega t$ V,$u_2 = 220\sqrt{2} \times \sin(\omega t - 120°)$ V,$u_3 = 220\sqrt{2}\sin(\omega t + 120°)$ V,试画出它们的相量图。

解 按照相量图法的规定:3 个相量用 $\dot{U}_1$,$\dot{U}_2$,$\dot{U}_3$ 表示。

u_1 初相为零,$\dot{U}_1$ 画在水平位置;u_2 初相为 $-120°$,$\dot{U}_2$ 画在下倾 $120°$ 角度;u_3 初相为 $120°$,$\dot{U}_3$ 画在上倾 $120°$ 角度。3 个相量的长度都等于 220 V,按一定比例画出,如图 2-5 所示。

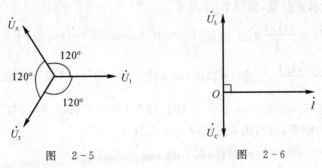

图 2-5　　　　　　　　图 2-6

例 2-2 已知相量图如图 2-6 所示,已知 $U_L = 200$ V,$U_C = 100$ V,$I = 3$ A,试写出各相量所代表的正弦量的瞬时表达式。

解 按相量图法的规定:

(1) $\dot{I}$ 的初位相为零,$\dot{U}_L$ 的初位相为 $90°$,$\dot{U}_C$ 的初相位为 $-90°$。

(2) 正弦量的有效值等于相量长度:

$$U_L = 200 \text{ V}, \quad U_C = 100 \text{ V}, \quad I = 3 \text{ A}$$

（3）三个正弦量角频率相同，用 ω 表示。

（4）根据正弦量的三要素写出瞬时表达式：

$$u_{\mathrm{L}} = 200\sqrt{2}\sin\,(\omega t + 90°)\ \mathrm{V}$$

$$u_{\mathrm{C}} = 100\sqrt{2}\sin\,(\omega t - 90°)\ \mathrm{V}$$

$$i = 3\sqrt{2}\sin\,\omega t\ \mathrm{A}$$

2. 相量式法

表示正弦量，还可以直接用复数表示。表示方法为取正弦量有效值为复数的模，初相为辐角。这种表示称为相量式法。

比如：$u_2 = 220\sqrt{2}\sin\,(\omega t - 120°)\ \mathrm{V}$ 可表示为

$$\dot{U}_2 = 220\ \underline{/-120°}\,\mathrm{V}$$

引入了正弦量的相量表示法后，正弦交流电路的计算变成了复数之间的运算。相量式法作加减运算，用复数的直角坐标形式，实部与实部加减，虚部与虚部加减；相量图法加减，相量的加减遵循平行四边形法则。而乘（除）一般用相量式法，用复数指数形式或极坐标形式，模与模相乘（除），辐角相加（减）。上式称为复数的极坐标形式，这种形式也可通过欧拉公式 $\angle\varphi = \mathrm{e}^{\mathrm{j}\varphi} = \cos\,\varphi + \mathrm{j}\sin\,\varphi$ 化为直角坐标形式。

需要注意的是，用复数表示正弦量是一种数学变换，相量法只是分析正弦交流电路的数学工具。相量不等于正弦量。只有同频率的正弦量才能进行相量运算。为简便起见，画相量图时，复平面的横轴和纵轴往往被忽略。

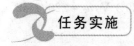
任务实施

设有两个正弦量 $i_1 = 141.4\sin\,(314t + 30°)$，$i_2 = 311.1\sin\,(314t - 60°)$，单位 A，试求 $i = i_1 + i_2$，并画出 i, i_1, i_2 的相量图。

解　用相量表示正弦量，如图 2-7 所示。

$$\dot{I}_1 = \frac{141.4}{\sqrt{2}}\ \underline{/30°} = 100(\cos\,30° + \mathrm{j}\sin\,30°) = 86.6 + \mathrm{j}50$$

$$\dot{I}_2 = \frac{311.1}{\sqrt{2}}\ \underline{/-60°} = 220(\cos\,60° - \mathrm{j}\sin\,60°) = 110 - \mathrm{j}190.5$$

$\dot{I} = \dot{I}_1 + \dot{I}_2 = (86.6 + 110) + \mathrm{j}(50 - 190.5) = 196.6 - \mathrm{j}140.5 = 241.65\ \underline{/-35.5°}$
根据复数运算的结果，可写出 i 的瞬时表达式为

$$i = 241.65\sqrt{2}\sin\,(\omega t - 35.5°)\ \mathrm{A}$$

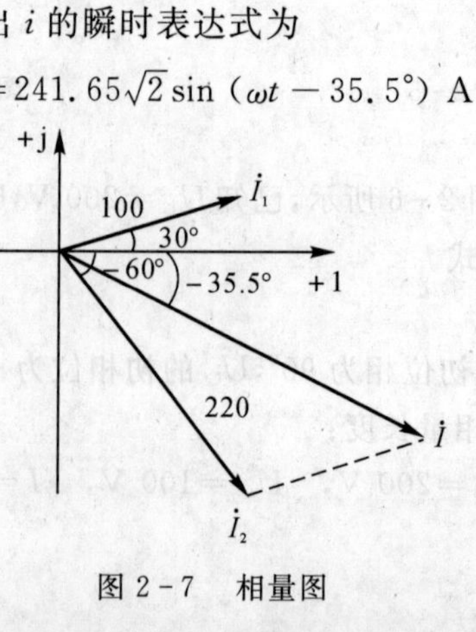

图 2-7　相量图

任务三　　单一参数电路元件的正弦交流电路

在直流电路中,由于在恒定电压作用下,电感相当于短路,电容相当于开路,所以只考虑了电阻这一参数。而在交流电路中,由于电压、电流都随时间按正弦规律变化,因此,在分析和计算交流电路时,电阻 R、电感 L 和电容 C 三个参数都必须同时考虑。为方便起见,先分别讨论只有某一个参数的电路,然后再研究较为复杂的电路。

知识点
- 矢量图。
- 电阻、电流和电压的关系。
- 纯电阻、电感、电容电路的功率。

技能点
- 会计算纯电阻、电感、电容电路中的电压和电流。
- 理解瞬时功率的含义。
- 会计算电路中的有功功率。

一、纯电阻电路

任务描述

日常生活常用的白炽灯、电烙铁、电熨斗、电炉等,为什么在使用时有的灯亮而有的灯暗,有的电熨斗温度高而有的电熨斗温度低? 这些由电灯、电熨斗等这类负载所组所的电路又有什么特点?

任务分析

要解释这一现象,就要了解白炽灯、电烙铁等这些负载消耗的电能和光能。这类消耗电能的负载叫作电阻性负载,在理想情况下,称为纯阻性负载。本教学情境就是分析计算纯电阻负载施加正弦交流电后,电路中电流和电压的关系及功率消耗情况。图 2-8 所示为一个仅有电阻参数的交流电路,电压和电流正方向如图中所示。

相关知识

负载为纯电阻元件的电路,称为纯电阻电路,如图 2-8 所示。在日常生活中接触到的白炽灯、电炉、热得快等都属于电阻性负载,它们与交流电源连接组成的就是纯电阻电路。

1. 电压和电流的关系

在电阻元件两端加上正弦交流电压: $u = U_m \sin \omega t$。

对于电阻来说,瞬时电压和瞬时电流之间符合欧姆定律。

若按图示参考方向,电路中的电流为

$$i = \frac{u}{R} = \frac{U_m}{R} \sin \omega t \qquad (2-7)$$

由式(2-7)可知电阻元件上电压和电流的量值关系:

(1) 频率相同,同为 ω。

(2) 初相相等,两者同相。

(3) 电压、电流有效值关系服从欧姆定律 $U = IR$。

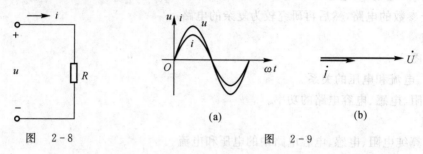

图 2-8   图 2-9

电阻的电压和电流关系还体现在波形图2-9(a)和相量图2-9(b)中,可见电压和电流出现最大值的时间相同,过零点的时间相同。不论计时起点如何选择,这个特点总是不变的。

纯电阻上电压、电流之间的关系还可以用相量形式表示为

$$\dot{U} = \dot{I}R \qquad (2-8)$$

2. 功率问题

(1) 瞬时功率。在任意时刻,电压的瞬时值 u 和电流的瞬时值 i 的乘积称为瞬时功率,用小写字母 p 表示,则

$$p = ui = U_m I_m \sin^2 \omega t \geqslant 0 \qquad (2-9)$$

这说明电阻只要有电流就消耗能量,将电能转化为热能,电阻是耗能元件,其瞬时功率的波形图如图所示。

(2) 平均功率。由于瞬时功率是随时间周期性变化的,因此电工技术上取它在一个周期内的平均值来表示交流电功率的大小,称之为平均功率,也称为有功功率。平均功率用大写字母 P 表示,则

$$P = \frac{1}{T}\int_0^T p\,dt = \frac{1}{T}\int_0^T U_m I_m \sin^2 \omega t\,dt = \frac{1}{T}\int_0^T \frac{1}{2}U_m I_m(1 - \cos 2\omega t)\,dt = \frac{1}{2}U_m I_m = UI$$

即纯电阻元件的平均功率为

$$P = UI = I^2 R = \frac{U^2}{R} \qquad (2-10)$$

 **任务实施**

纯电阻电路中 $R = 100\ \Omega$,$u = 220\sqrt{2}\sin(314t + 30°)$ V,求电流的瞬时表达式 i 及相量 $\dot{I}$ 和平均功率 P。

解   电源电压的有效值为

$$U = 220\ \text{V}$$

所以电流的有效值为

$$I = \frac{U}{R} = \frac{220}{100} = 2.2 \text{ A}$$

由于纯电阻电流和电压同相位,故电路中电流的瞬时表达式为

$$i = 2.2\sqrt{2} \sin (314t + 30°) \text{ A}$$

或

$$\dot{U} = 220\angle 0° \text{ V}$$

$$\dot{I} = \frac{\dot{U}}{R} = \frac{220\angle 30°}{100} = 2.2\angle 30° \text{ A}$$

故

$$i = 2.2\sqrt{2} \sin (314t + 30°) \text{ A}$$

电阻消耗的平均功率为

$$P = UI = 220 \times 2.2 = 484 \text{ W}$$

二、纯电感电路

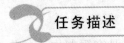 任务描述

大家都知道,日光灯在合上开关几秒钟灯管才发光,这是为什么呢?日光灯电路的一个重要组成部分是由多匝导线绕制而成的镇流器,日光灯的启动正是利用了镇流器的线圈特点。线圈具有什么性质?由线圈组成的电路又有什么特点?

任务分析

负载为纯电感元件的电路,称为纯电感电路,如图 2-10 中的电感线圈。若忽略其自身电阻,接通交流电源,则成为纯电感电路。

1. 电压和电流的关系

对于电感来说,电压和电流之间满足关系式

$$u = L \frac{\mathrm{d}i}{\mathrm{d}t}$$

设电感电路中流过的电流 $i = I_m \sin \omega t$,则

$$u = L \frac{\mathrm{d}i}{\mathrm{d}t} = L \frac{\mathrm{d}}{\mathrm{d}t}(I_m \sin \omega t) = \omega L I_m \cos \omega t = U_m \sin (\omega t + 90°) \qquad (2-11)$$

由此可知电感元件上电压和电流的量值关系:

(1) 电压、电流同频率。

(2) 相位关系为 u 超前 $i\,90°$。

(3) 电压、电流的有效值关系为 $U = I\omega L$。

电感电压 u 与电流 i 的波形图如图 2-11(a) 所示,相量图如图 2-11(b) 所示。

若令 $X_L = \omega L$,则有

$$\frac{U}{I} = X_L \qquad (2-12)$$

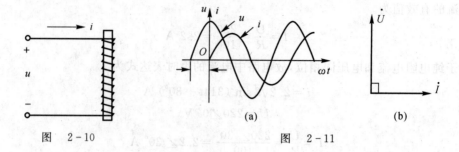

图　2-10　　　　　　　　　　　　　图　2-11

式(2-12)为电感元件的电压电流有效值关系。X_L 称为感抗,单位为 Ω。此公式只反映电感元件的电压电流的有效值之比,即它们数值大小关系,不反映它们的相位关系。

若既想反映电压电流的大小关系,又想反映相位关系,则需要用到相量式。若用相量式表示纯电感电压电流的关系,则

$$\left. \begin{aligned} \dot{I} &= I \underline{/0^\circ} \\ \dot{U} &= IX_L \underline{/90^\circ} = j\dot{I}X_L \end{aligned} \right\} \qquad (2-13)$$

式(2-13)同时表示了电压和电流的量值以及相位关系。

当电感的电压一定时,感抗越大,通过电感的电流越小。可见,感抗具有限制电流的作用。感抗的大小与电感 L 和频率 f 成正比,$X_L = \omega L = 2\pi f L$,当 L 一定时,频率 f 越高,X_L 越大;频率 f 越低,X_L 越小;当 f 减少为零即为直流时,$X_L = 0$,即电感对直流可视为短路。由此可见,电感具有"通直流,阻交流"和"通低频,阻高频"的作用。

2.功率问题

(1)瞬时功率为

$$p = ui = U_m I_m \sin \omega t \cos \omega t = \frac{1}{2} U_m I_m \sin 2\omega t = UI \sin 2\omega t$$

(2)平均功率为

$$P = \frac{1}{T} \int_0^T p \, dt = \frac{1}{T} \int_0^T UI \sin 2\omega t \, dt = 0 \qquad (2-14)$$

式(2-14)表明在正弦交流电路中电感元件和电源之间只是进行能量的交换。在一个周期内,电感元件从电源吸收的能量等于它归还给电源的能量,因此并不消耗能量。不同电感元件与外界交换能量的速率是不同的,为了能够计量,定义电感元件瞬时功率的最大值为电感元件的无功功率(也就是交换能量的最大速率),用符号 Q 表示,则

$$Q_L = UI = I^2 X_L = \frac{U^2}{X_L} \qquad (2-15)$$

无功功率与有功功率具有相同的量纲,但无功功率不是消耗电能的速率,而是交换能量的最大速率。为与有功功率相区别,无功功率的单位用 Var(乏)表示。

任务实施

已知单一电感元件电路中,$L = 100 \text{ mH}$,$i = 7\sqrt{2} \sin 314t \text{(A)}$,求 u 和无功功率。

解　方法一:

$$X_L = \omega L = 314 \times 100 \times 10^{-3} = 31.4 \ \Omega$$

$$U = IX_L = 7 \times 31.4 = 220 \ \text{V}$$

又因为电压超前电流 90°，故

$$u = 220\sqrt{2}\sin\,(314t + 90°) \ \text{A}$$

方法二：根据电流瞬时表达式，将其用相量表示为

$$\dot{I} = 7\ \underline{/0°}\ \text{A}$$

$$\dot{U} = \mathrm{j}\dot{I}X_L = \mathrm{j}7\ \underline{/0°} \times 31.4 = 220\ \underline{/90°}\ \text{V}$$

故

$$u = 220\sqrt{2}\sin\,(314t + 90°) \ \text{A}$$

无功功率为

$$Q = UI = 220 \times 7 = 1\,540 \ \text{Var}$$

三、纯电容电路

 相关知识

1. 电压电流关系

电容元件上瞬时电压和瞬时电流关系：$i = C\dfrac{\mathrm{d}u}{\mathrm{d}t}$

当电容 C 两端所加的电压为正弦量 $u = U_m\sin\,\omega t$ 时，如图 2-12 所示，则

$$i = C\frac{\mathrm{d}u}{\mathrm{d}t} = C\frac{\mathrm{d}}{\mathrm{d}t}(U_m\sin\,\omega t) = \omega CU_m\sin\,(\omega t + 90°) \qquad (2-16)$$

由此可知，电容上电压、电流的关系为：

(1) 电压电流频率相同。

(2) 电流的相位超前电压 90°。

(3) 电压电流的量值关系为 $\dfrac{U}{I} = \dfrac{1}{\omega C}$。

电容上电压、电流的波形图如图 2-13 所示，相量图如图 2-14 所示。

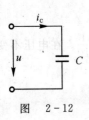

图 2-12

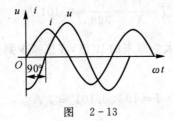

图 2-13

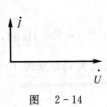

图 2-14

2. 容抗

若令 $X_C = \dfrac{1}{\omega C}$，则有

$$\frac{U}{I} = X_C \qquad (2-17)$$

式(2-17)只适用于正弦交流电压与电流的有效值。X_C 称为容抗，单位为 Ω。

当电容的电压一定时,容抗越大,通过电容的电流越小。可见,容抗也具有限制电流的作用。容抗的大小与电容 C 和频率 f 成反比。当 $f=0$ 时,$X_C \to \infty$,说明电容元件在直流中相当于断路;而 $f \to \infty$ 时,$X_C = 0$,说明电容元件在高频交流中,相当于短路。也就是说,电容元件具有"隔直通交"的特性。

若用相量表示电容上的电压、电流,则有

$$\dot{I} = I \underline{/90^\circ}$$
$$\dot{U} = IX_C \underline{/0^\circ} = -jIX_C \qquad\qquad (2-18)$$

3. 功率问题

(1) 瞬时功率为

$$p = ui = U_m I_m \sin \omega t \cos \omega t = \frac{1}{2} U_m I_m \sin 2\omega t = UI \sin 2\omega t$$

(2) 平均功率为

$$P = \frac{1}{T} \int_0^T p \, dt = \frac{1}{T} \int_0^T UI \sin 2\omega t \, dt = 0 \qquad\qquad (2-19)$$

式(2-19)表明在正弦交流电路中电容元件和电感一样,与电源之间只是进行能量的交换,而不消耗电能。所以理想电容也有无功功率,根据无功功率的定义,得

$$Q_C = -U_C I = -I^2 X_C \qquad\qquad (2-20)$$

使用式(2-20)时应注意,式中的 U 和 I 是电容元件上电压、电流的有效值。

 **任务实施**

把一个电容元件接到电路上,已知 $C = 8 \ \mu F$,$U = 40 \ V$,试求:

(1) $f = 50 \ Hz$ 时,容抗和电容电流;

(2) $f = 500 \ Hz$ 时,容抗和电容电流。

解 (1) 当 $f = 50 \ Hz$ 时,有

$$X_C = \frac{1}{\omega C} = \frac{1}{2\pi f C} = \frac{1}{2\pi \times 50 \times 8 \times 10^{-6}} = 398 \ \Omega$$

$$I = \frac{U}{X_C} = \frac{40}{398} = 0.101 \ A$$

(2) 当 $f = 500 \ Hz$ 时,频率增大为原来的 10 倍,容抗减少到原值的 $\frac{1}{10}$。在电压不变的情况下,电流增大到原来的 10 倍,即

$$I = 10 \times 0.101 \approx 1 \ A$$

任务四 电阻、电感串联的正弦交流电路

知识点

· 正弦交流电路中的各种复合负载及其在实际中的应用。

· RL 串联电路中的电压、阻抗及功率三角形以及它们之间的关系。

· 会计算 RL 串联电路中的电压、电流、阻抗及功率。

- 功率因数的计算。
- 掌握视在功率在实际中的含义

任务描述

日光灯、镇流器组成一个 RL 串联电路。日光灯电路接通时,用交流电压表分别测量灯管、镇流器两端电压 U_R,U_L,发现 $U_R + U_L \neq U$。

这是为什么呢? 运用前面所学过的单一参数电路的相关知识不难回答这一问题。

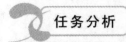

任务分析

前一项目所讨论的单纯负载正弦交流的电路只是一般正弦交流电路的特例。在实际中,大多数负载都是由电阻、电感和电容组合构成的。这种由两种或两种以上性质的负载通过一定的连接方式接入电路中的正弦交流电路被称为复合负载正弦交流电路,本项目将讨论这种电路;RL 串联正弦交流电路,主要用途是日光灯电路、负载为变压器和电动机的电路等;RC 串联正弦交流电路,主要用途是阻容耦合放大器、晶闸管电路中的 RC 移相器、RC 振荡器等;RLC 串联正弦交流电路的主要用途是串联谐振电路。

相关知识

交流电路与直流电路类似,瞬时值可直接用基尔霍夫电流和电压定律。但瞬时值计算过于复杂,一般不用瞬时值直接参与计算。通常做法是先将瞬时值转化为相量,则电压、电流转化成了相量,基尔霍夫定律也是成立的。但需要注意的是,有效值不能直接应用基尔霍夫定律。

在正弦稳态电路中,任意一个无源二端网络两点间的电压相量和流入的电流相量之比称为阻抗,即

$$Z = \frac{\dot{U}}{\dot{I}} \tag{2-21}$$

这是正弦交流电路中欧姆定律的相量形式。阻抗 Z 是个复数,也称为复阻抗。但它不代表正弦量,因此不是相量,所以大写字母 Z 上不能打点。

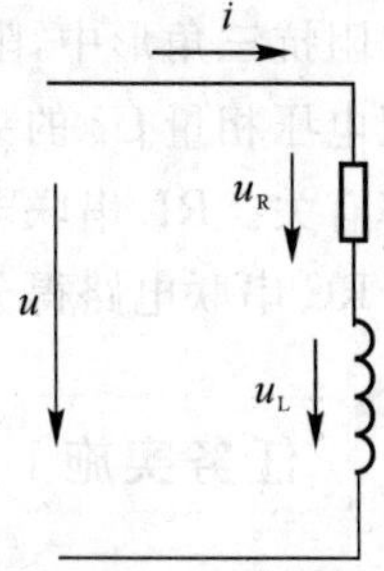

对于如图 2-15 所示电路,根据基尔霍夫电压定律,总电压和分电压关系可表示为

$$\dot{U} = \dot{U}_R + \dot{U}_L \tag{2-22}$$

图 2-15

因为串联,故两元件上流过相同的电流。根据前一节的学习我们知道,$\dot{U}_R = \dot{I}R$,$\dot{U}_L = j\dot{I}X_L$,所以这段电路的阻抗为

$$Z = \frac{\dot{U}}{\dot{I}} = R + jX_L \tag{2-23}$$

式(2-23)表明串联电路的总阻抗等于各个阻抗之和,与直流电路总电阻等于各部分电阻

之和相似。单一电阻的阻抗为 R，单一电感的阻抗为 jX_L，单一电容的阻抗为 jX_C。

由式（2-23）也可以得出，RL 串联电路总电压与总电流存在相位差，即

$$\varphi = \psi_u - \psi_i = \arctan \frac{X_L}{R} \tag{2-24}$$

RL 串联，电压之间的有效值关系，我们可以通过画相量图的方式直观得出。在分析电路时，往往要先确定一个参考正弦量。所谓的参考正弦量是指电路中所有正弦量的相位都以它为基准，为了分析方便，一般令参考相量的初位相为零。串联电路各元件上流过的电流相同，因此选电流 $\dot{I}$ 为参考正弦量较为合适。

而后画出电阻电压和电感电压的相量 $\dot{U}_R, \dot{U}_L$，如图 2-16（a）所示。

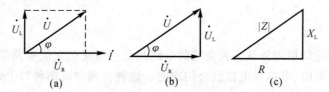

图 2-16 RL 串联电路相量图

在 RL 串联电路中，由于 $u = u_L + u_R$，因此可以在相量图上，利用矢量相加的平行四边形法则求出 $\dot{U}$，因为平行四边形对边长度相等且平行，因而可以把相量 $\dot{U}_L$ 平移到相量 $\dot{U}_R$ 的末端，构成由电压相量组成的三角形，如图 2-16（b）所示，称为电压三角形。电压三角形反映了各个正弦电压有效值及相位之间的关系。相量 $\dot{U}_R$ 的长度等于电阻电压有效值，$U_R = IR$；相量 $\dot{U}_L$ 的长度等于电感电压有效值，$U_L = IX_L$；总电压 u 的有效值等于相量 $\dot{U}$ 的长度。根据勾股定律，总电压与各分电压有效值关系为

$$U = \sqrt{U_R^2 + U_L^2} = I\sqrt{R^2 + X_L^2} \tag{2-25}$$

因为 $|Z| = \sqrt{R^2 + X_L^2}$，所以

$$U = I|Z| \tag{2-26}$$

阻抗三角形中，阻抗模 $|Z|$ 与电阻 R 之间的夹角 φ 称为阻抗角，它也是总电压相量 $\dot{U}$ 与电阻电压相量 $\dot{U}_R$ 的夹角，同时也是总电压与总电流的相位差角。阻抗 φ 的大小与电路参数和频率有关。RL 串联电路中，φ 的变化范围为 $0 < \varphi < 90°$。

RC 串联电路得分析方法与 RL 串联电路类似，在此不再赘述。

任务实施 1

在图 2-17 所示电路中，电压表 V_1 的示数是 3 V，电压表 V_2 的示数是 4 V，求电压表 V 的读数。

解 电压表的读数是有效值。

由式（2-22）可得电压表 V 的读数为

$$U = \sqrt{U_R^2 + U_L^2} = \sqrt{3^2 + 4^2} = 5 \text{ V}$$

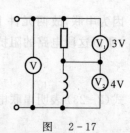

图 2-17

 **任务实施2**

在 RL 串联电路中,已知 $R=40\ \Omega$,$L=200\ \text{mH}$,正弦交流电源电路 $u=220\sqrt{2}\sin 314t\ (\text{V})$,求:

(1)电路中的电流值;

(2)电源电压与电流相位差 φ;

(3)电阻和电感各自的电压。

解 方法一:(1)
$$X_L=\omega L=314\times 200\times 10^{-3}=62.8\ \Omega$$
$$|Z|=\sqrt{R^2+X_L^2}=\sqrt{40^2+62.8^2}=74.5\ \Omega$$
$$I=\frac{U}{|Z|}=\frac{220}{74.5}=3\ \text{A}$$

(2)电压电流的相位差角也是电路的阻抗角,由阻抗三角形得
$$\varphi=\arctan\frac{X_L}{R}=\arctan\frac{62.8}{40}=57.5°$$

方法二:
$$\dot{U}=220\ \underline{/0°}\ \text{V}$$
$$\dot{I}=\dot{U}/Z=\frac{220\ \underline{/0°}}{40+\text{j}62.8}=\frac{220\ \underline{/0°}}{74.5\ \underline{/57.5°}}=3\ \underline{/-57.5°}$$
$$\varphi=\psi_u-\psi_i=0-(-57.5°)=57.5°$$

(3)由元件电压与电流关系得
$$U_R=IR=3\times 40=120\ \text{V}$$
$$U_L=IX_L=3\times 62.8=188\ \text{V}$$

任务五 简单正弦交流电路分析

知识点

· 基尔霍夫定律的相量形式。

· 阻抗串联电路的特点。

· 阻抗并联电路的特点。

技能点

· 基尔霍夫定律相量形式的计算。

· 掌握阻抗串联与并联的计算方法。

· 掌握一般交流电路的计算。

任务描述

正弦交流电路中,电路中元件的连接往往是比较复杂的,若电压电流都用相量表示,则可得出基尔霍夫定律相量形式,有了复阻 Z 概念后,将复阻抗 Z 作为交流电路的基本元件来讨论交流电路,就会方便许多。

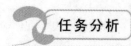 **任务分析**

在正弦交流电路中,由于电压电流的相量都遵循上述基本定律,因此在以复阻抗作为电路参数的电路图中,电压电流可用相量 $\dot{U}$,$\dot{I}$ 来标注。

分析直流电阻电路常用的方法和定理,如应用等效变换简化电路的方法、支路电流法、节点电压法、叠加原理等,都是应用欧姆定律和基尔霍夫定律导出的。在正弦交流电路中,有了相量形式的欧姆定律和基尔霍夫定律,同样可以导出上述各种分析方法和定理。因此在分析正弦交流电路时,可以直接引用分析直流电阻电路的公式或方程,只要把公式(或方程)中的电压电流都改用相量,而公式(或方程)中的电阻相应地改为复数阻抗。这样交流电路的计算就可以采用直流电路中的各种分析方法、原理、公式等。这里仅介绍分析简单电路常用的阻抗串并联的等效阻抗和分压、分流公式。

相关知识

1.复阻抗的串联

复阻抗的串、并联电路如图 2-18 所示。

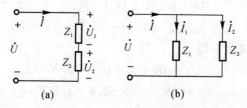

图 2-18 阻抗的串并联电路

图 2-18(a) 所示的是两个复阻抗串联的电路,根据 KVL,总电压为

$$\dot{U}=\dot{U}_1+\dot{U}_2=Z_1\dot{I}+Z_2\dot{I}=(Z_1+Z_2)\dot{U}=Z\dot{I} \qquad (2-27)$$

由此得电路的等效复阻抗为

$$Z=\frac{\dot{U}}{\dot{I}}=Z_1+Z_2 \qquad (2-28)$$

同理,对于 n 个复阻抗串联电路的等效复阻抗为

$$Z=Z_1+Z_2+Z_3+\cdots+Z_n=\sum_{k=1}^{k=n}Z_k \qquad (2-29)$$

2.复阻抗的并联

图 2-18(b) 所示的是两个复阻抗并联的电路,根据 KCL,总电流为

$$\dot{I}=\dot{I}_1+\dot{I}_2 \qquad (2-30)$$

由此得电路的等效阻抗为

$$Z=\frac{\dot{U}}{\dot{I}}=\frac{Z_1Z_2}{Z_1+Z_2} \qquad (2-31)$$

同理,对于 n 个复阻抗并联电路的等效阻抗为

$$\frac{1}{Z} = \frac{1}{Z_1} + \frac{1}{Z_2} + \frac{1}{Z_3} + \cdots + \frac{1}{Z_n} \tag{2-32}$$

3. 电压、电流的相位差角 φ

在正弦交流电路中总电压和总电流相位之差,由交流电路中阻抗的定义知,即为电路的总阻抗角。φ 的正负代表电路的不同性质。$\varphi > 0$,电压相位超前电流相位,表明电路呈现电感性。$\varphi < 0$,电流相位超前电压相位,表明电路呈现电容性。$\varphi = 0$,电压、电流同相位,表明电路呈现电阻性。

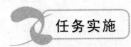

任务实施

如图 2-19 所示正弦交流电路,已知 $\dot{U} = \underline{/0^\circ}$ V,$Z_1 = 1 + j$ Ω,$Z_2 = 3 - j4$ Ω,求 $\dot{I}, \dot{U}_1, \dot{U}_2$,并画出相量图。

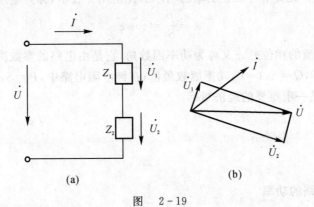

图 2-19

解

$$Z = Z_1 + Z_2 = 1 + j + 3 - j4 = 4 - j3 = 5 \underline{/36.9^\circ} \text{ Ω}$$

$$\dot{I} = \frac{\dot{U}}{Z} = \frac{100 \underline{/0^\circ}}{5 \underline{/36.9}} = 20 \underline{/36.9^\circ} \text{ A}$$

$$\dot{U}_1 = \dot{I}Z_1 = 20 \underline{/36.9^\circ} \times (1 + j1) = 28.3 \underline{/81.9^\circ} \text{ V}$$

$$\dot{U}_2 = \dot{I}Z_2 = 20 \underline{/36.9^\circ} \times (3 - j4) = 100 \underline{/16.2^\circ} \text{ V}$$

相量图如图 2-19(b) 所示。

任务六　　正弦交流的功率和功率因数的提高

知识点
· 正弦交流电路功率的计算。
· 提高功率因数的意义。
· 提高功率因数的方法。

技能点
· 正弦交流电路功率的计算。
· 理解提高功率因数的意义。
· 掌握提高功率因数的方法。

任务描述

企业所用交流设备多数为电感性负载,如电动机、变压器、感应加热炉、电磁铁等,而实际用电器的功率因数都在 0～1 之间,例如白炽灯的功率因数接近 1,日光灯在 0.5 左右,工农业生产中大量使用的异步电动机满载时可达 0.9 左右,而空载时会降到 0.2 左右,交流电焊机只有 0.3～0.4,交流电磁铁甚至低到 0.1。由于电力系统中接有大量的感性负载,线路的功率因数一般不高,为此需提高功率因数。

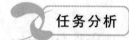

任务分析

在交流电路中,有功功率与视在功率的功率的比值用 λ 表示,称为电路的功率因数,即

$$\lambda = \frac{P}{S} = \cos \varphi$$

因此,电压与电流的相位差 φ 又称为功率因数角,它是由电路的参数决定的。在纯电容和纯电感电路中,$P=0$,$Q=S$,$\lambda=0$,功率因数最低;在纯电阻电路中,$P=S$,$Q=0$,$\lambda=1$,功率因数最高。功率因数是一项重要的经济指标。

相关知识

一、正弦交流电路的功率

正弦交流电路中总电压与电流总是存在相位差。若令电流的初相为零,则电压的初相为 φ。电压电流可分别表示为

$$i = \sqrt{2} I \sin \omega t$$

$$u = \sqrt{2} U \sin (\omega t + \varphi)$$

若采用图 2-16 所示的参考方向,则

(1)瞬时功率:

$$p = ui = \sqrt{2} U \sin (\omega t + \varphi) \times \sqrt{2} I \sin \omega t = UI[\cos \varphi - \cos (2\omega t + \varphi)]$$

(2)平均功率(也叫有功功率):

$$P = \frac{1}{T} \int_0^T p \, dt = \frac{1}{T} \int_0^T UI[\cos \varphi - \cos (2\omega t + \varphi)] dt = UI \cos \varphi \qquad (2-33)$$

由单一参数正弦交流电路可知:电容和电感是不消耗有功功率的。即在电路中,只有电阻元件是消耗能量的,因而电路的有功功率等于电阻元件所消耗的有功功率。当电路中含有多个电阻时,电路总的有功功率也等于每个电阻所消耗的有功功率之和。

(3)无功功率。无功功率是负载与外电路进行能量交换的最大速率,即

$$Q = UI \sin \varphi \qquad (2-34)$$

无功功率单位是 Var(乏)。同理,当电路含有多个电感和电容时,电路总的无功功率也等于所有电感元件和电容元件无功功率之和。

(4) 视在功率。正弦交流电路中除了有功功率和无功功率以外,还有视在功率。视在功率用 S 表示,它等于电路电压、电流有效值的乘积,即

$$S = UI \qquad (2-35)$$

视在功率的单位用伏安(V·A),用于区别有功功率和无功功率。视在功率反映了电路可能消耗或提供的最大有功功率。通常对于一台变压器来讲,其铭牌上所标的额定容量 S_N 就是额定视在功率,$S_N = U_N I_N$。

二、功率因素的提高

电路中有功功率与视在功率的比值 λ,称之为功率因数,有

$$\lambda = \frac{P}{S} = \cos\varphi \qquad (2-36)$$

φ 为功率因数角,也是电路中电压电流的相位差角,也是电路的阻抗角。可见功率因数与电路元件的性质有关。对于电阻性负载,其电压与电流的位相差为 $0°$,因此,电路的功率因数最大($\cos\varphi = 1$);而纯电感电路,电压与电流的位相差为 $\pi/2$,并且是电压超前电流;在纯电容电路中,电压与电流的位相差则为 $-\pi/2$,即电流超前电压。在后两种电路中,功率因数都为 0。对于一般性负载的电路,功率因数就介于 $0 \sim 1$ 之间。

一般来说,在二端网络中,提高用电器的功率因数有两方面的意义:一是可以减小输电线路上的功率损失;二是可以充分发挥电力设备(如发电机、变压器等)的潜力。因为用电器总是在一定电压 U 和一定有功功率 P 的条件下工作,由公式

$$I = \frac{P}{U\cos\varphi} \qquad (2-37)$$

可知,功率因数过低,就要用较大的电流来保障用电器正常工作,与此同时输电线路上输电电流增大,从而导致线路上焦耳热损耗增大。另外,在输电线路的电阻上及电源的内阻上的电压降,都与用电器中的电流成正比,增大电流必然增大在输电线路和电源内部的电压损失。因此,提高用电器的功率因数,可以减小输电电流,进而减小了输电线路上的功率损失。

提高功率因数,可以充分发挥电力设备的潜力,这也不难理解。因为任何电力设备,工作时总是在一定的额定电压和额定电流限度内。工作电压超过额定值,会威胁设备的绝缘性能;工作电流超过额定值,会使设备内部温度升得过高,从而降低了设备的使用寿命。

对于发电机来说,它的容量就是发电机可能输出的最大功率,它标志着发电机的发电潜力,至于发电机实际输出多大功率,就跟用电器的功率因数有关,用电器消耗的功率为

$$P = S_N \cos\varphi \qquad (2-38)$$

功率因数高,表示有功功率占额定视在功率的比例大,发电机输出的电能被充分地利用了。例如,发电机的容量若为 15 000 kV·A,当电力系统的功率因数由 0.6 提高到 0.8 时,就可以使发电机实际发电能力提高 3 000 kW,这不正是发挥了发电机的潜力吗?设备的利用也更合理。

功率因数用来衡量对电源的应用程度。按供电规则规定高压供电用户必须保证功率因数在 0.95 以上,其他用户保证在 0.9 以上,否则将被罚款。日光灯电路因为存在镇流器这样的感性元件,总电压总是超前总电流,日光灯电路的功率因数一般在 0.5 左右。为减少日光灯电路电压电流的相位差提高电路的功率因数,同时又要考虑不影响日光灯的正常工作,通常我们

会给日光灯电路并联上一个电容。因为电容的性质与电感相反,容性电路电流会超前电压。感性负载并上一个合适的电容能够提高整个电路的功率因数。

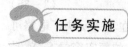

任务实施

如图 2-20 所示,电路接于 220 V 的工频电源上,已知电阻 $R = 300$ Ω,纯电感 $X_L = 400$ Ω,电容器电容为 $X_C = 1\ 100$ Ω。求:

(1) 未并联电容前,电路的总电流电路、有功功率、视在功率和功率因数。

(2) 用画相量图的方法比较并联前后电压电流相位差的变化。

解 (1) 并联电容前:

$$I = I_L = \frac{U}{|Z|} = \frac{U}{\sqrt{R^2 + X_L^2}} = \frac{220}{\sqrt{300^2 + 400^2}} = 0.44 \text{ A}$$

$$\varphi = \arctan \frac{X_L}{R} = \arctan \frac{4}{3} = 53°$$

功率因数:

$$\cos \varphi = \cos 53° = 0.6$$

$$P = UI\cos\varphi = 220 \times 0.44 \times \cos 53° = 58 \text{ W}$$

$$S = UI = 220 \times 0.44 = 96.8 \text{ V} \cdot \text{A}$$

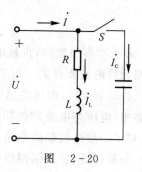

图 2-20

(2) 并联电容后。因为并联电路的端电压与两条支路都有联系,所以设总电压 $\dot{U}$ 为参考相量来画相量图比较方便。

由(1)可知,RL 支路电流 i_L 滞后总电压 u 53°,即图 2-21 中 $\varphi_L = 53°$

$$I_L = 0.44$$

对于电容支路:

$$I_C = \frac{U}{X_C} = \frac{220}{1\ 100} = 0.2 \text{ A}$$

电流 i_C 超前总电压 u 90°。

总电流 $i = i_L + i_C$,所以总电流相量 $\dot{I}$ 等于 $\dot{I}_L$ 和 $\dot{I}_C$ 之和。

由图 2-21 可以看出,并联电容后,总电压与总电流的相位差变小,即功率因数得到了提高;同时,总电流相量 $\dot{I}$ 的长度比 RL 支路电流 $\dot{I}_L$ 的长度明显要短,说明并联电容后,电路总电流的有效值下降。这对减少电路的损耗和提高电源的利用率具有积极意义。

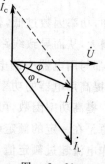

图 2-21

任务七 电路中的谐振

知识点

· 谐振条件。

· 谐振特征。

· 谐振曲线及通频带。

技能点
· 谐振频率的计算。
· 品质因数与谐振曲线的关系。
· 谐振的应用。

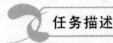

谐振一方面在工业生产中有广泛的应用,例如用于高频淬火、高频加热以及收音机、电视机中;另一方面,谐振时会在电路的某些元件中产生较大的电压或电流,致使元件受损,在这种情况下要注意避免工作在谐振状态。无论是利用它,还是避免它,都必须研究它,认识它。

那么什么是谐振呢?在具有电感和电容元件的电路中,电路两端的电压与其中的电流一般。如果我们调节电路的参数或电源的频率而使它们同相,这时电路中就发生谐振现象。研究谐振的目的就是要认识这种客观现象,并在生产上充分利用谐振的特征,同时又要预防它所产生的危害。按发生谐振的电路不同,谐振现象可分为串联谐振和并联谐振。本任务讨论串联谐振的条件和特征及品质因数与谐振曲线的关系。

相关知识

1. 串联谐振的产生

LRC 串联电路如图 2 - 22 所示。若交流电源电压为 U,角频率为 ω,各元件的阻抗分别为

$$Z_R = R, \quad Z_L = j\omega L, \quad Z_C = \frac{1}{j\omega C}$$

则串联电路的总阻抗为

$$Z = R + j\left(\omega L - \frac{1}{\omega C}\right)$$

要想总电压和总电流同相,则必须

$$\omega L = \frac{1}{\omega C}$$

所以谐振频率为

$$\omega_0 = \frac{1}{\sqrt{LC}}$$

或

$$f_0 = \frac{1}{2\pi\sqrt{LC}} \tag{2-39}$$

由此可知,串联电路的谐振频率是由电路自身参数 L,C 决定的,与外部条件无关,故又称电路的固有频率。当电源频率一定时,可以调节电路参数 L 或 C,使电路固有频率与电源频率一致而发生谐振;在电路参数一定时,可以改变电源频率使之与电路固有频率一致而发生谐振。

2．串联谐振的特点

(1) 谐振时 $\varphi = 0$，电流与电源电压同位相，此时电路阻抗为

$$|Z| = \sqrt{R^2 + (X_L - X_C)^2} = R \qquad (2-40)$$

其中 LC 串联部分相当于短路。故谐振时电路呈电阻性，阻抗最小。

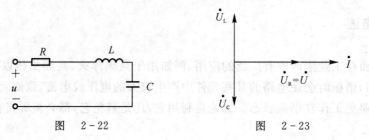

图 2-22　　　　　　　　　　　图 2-23

(2) 谐振电流最大，即

$$I = I_0 = \frac{U}{R} \qquad (2-41)$$

(3) 谐振时电感上电压（感抗电压）$U_{L_0} = \omega_0 L I_0$ 与电容上的电压（容抗电压）$U_{C_0} = \dfrac{I_0}{\omega_0 C}$，大小相等，方向相反（见图 2-23），二者互相抵消，这时电源上的全部电压都落在电阻上，即

$$U = U_R = I_0 R \qquad (2-42)$$

而感抗电压及容抗电压均为电源电压的 Q 倍，即

$$U_{L_0} = U_{C_0} = QU \qquad (2-43)$$

$$Q = \frac{U_L}{U} = \frac{\omega_0 L}{R} = \frac{1}{\omega_0 CR}，称为品质因数。$$

RLC 串联电路中 R 一般很小，因此一般 $Q \gg 1$，也就是说，电路在发生串联谐振时电感、电容两端的电压值比总电源电压大许多倍，故有电压谐振之称。这一现象一般在电力系统中要尽力避免，以防高电压损坏电气设备，但在无线电工程上却被广泛用作调谐电路。

3．串联谐振曲线

RLC 串联电路在电源电压 U 不变的情况下，I 随 ω 变化的曲线称为谐振曲线。如图 2-24(a) 所示。为了定量地衡量电路的选择性，通常取曲线上两半功率点（即在 $\dfrac{I}{I_0} = \dfrac{1}{\sqrt{2}}$ 处）间的频率宽度为"通频带宽度"，简称带宽如图 2-24(b) 所示，用来表明电路的频率选择性的优劣。

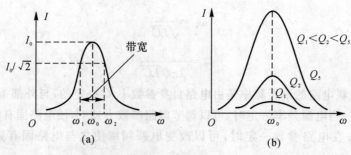

(a)　　　　　　　　　　　(b)

图　2-24

在 L,C 一定的情况下,R 越小,串联电路的 Q 值越大,谐振曲线就越尖锐,Q 值较高时,ω 稍偏离 ω_0,电抗就有很大增加,阻抗也随之很快增加,因而使电流从谐振时的最大值急剧地下降,所以 Q 值越高,曲线越尖锐,称电路的选择性越好。

项目二小结

【内容提要】

(1) 介绍了正弦交流电的三要素和相差的概念。

(2) 正弦量的相量表示方法。

(3) 列出了 3 个单一参数元件电路基本性质。

(4) 正弦交流电路的欧姆定律。

(5) 简单正弦交流电路分析。

(6) 正弦交流电路有功功率的计算方法。

(7) 功率因数的概念和提高的方法。

(8) 谐振发生的条件、谐振时电路的特点。

项目二习题与思考题

2-1 电流 $i = 10\sin\left(100\pi t - \dfrac{\pi}{3}\right)$,问它的三要素各为多少? 在交流电路中,有两个负载,已知它们的电压分别为 $u_1 = 60\sin\left(314t - \dfrac{\pi}{6}\right)$ V,$u_2 = 80\sin\left(314t + \dfrac{\pi}{3}\right)$ V,求总电压 u 的瞬时值表达式,并说明 u,u_1,u_2 三者的相位关系。

2-2 两个频率相同的正弦交流电流,它们的有效值是 $I_1 = 8$ A,$I_2 = 6$ A,求在下面各种情况下,合成电流的有效值。

(1)i_1 与 i_2 同相。

(2)i_1 与 i_2 反相。

(3)i_1 超前 i_2 90° 角度。

(4)i_1 滞后 i_2 60° 角度。

2-3 把下列正弦量的时间函数用相量表示。

(1)$u = 10\sqrt{2}\sin 314t$ (V)　　　　　　(2)$i = 5\sin(314t - 60°)$ (A)

2-4 已知工频正弦电压 u_{ab} 的最大值为 311 V,初相位为 -60°,其有效值为多少? 写出其瞬时值表达式。当 $t = 0.0025$ s 时,U_{ab} 的值为多少?

2-5 题 2-5 图所示正弦交流电路,已知 $u_1 = 220\sqrt{2}\sin 314t$ (V),$u_2 = 220\sqrt{2}\sin(314t - 120°)$ V,试用相量表示法求电压 u_a 和 u_b。

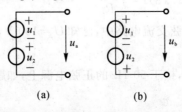

(a) 　　　　　　(b)

题 2-5 图

2-6 有一个 220 V,100 W 的电烙铁,接在 220 V,50 Hz 的电源上。要求:

(1) 绘出电路图,并计算电流的有效值。

(2) 计算电烙铁消耗的电功率。

(3) 画出电压、电流相量图。

2-7 把 $L=51$ mH 的线圈(线圈电阻极小,可忽略不计),接在 $u=220\sqrt{2}\sin(314t+60°)$ V 的交流电源上,试计算:

(1) X_L。

(2) 电路中的电流 i。

(3) 画出电压、电流相量图。

2-8 把 $C=140$ μF 的电容器,接在 $u=10\sqrt{2}\sin314t$ V 的交流电路中,试计算:

(1) X_C。

(2) 电路中的电流 i。

(3) 画出电压、电流相量图。

2-9 有一线圈,接在电压为 48 V 的直流电源上,测得电流为 8 A。然后再将这个线圈改接到电压为 120 V,50 Hz 的交流电源上,测得的电流为 12 A。试问线圈的电阻及电感各为多少?

2-10 题 2-10 图中,$U_1=40$ V,$U_2=30$ V,$i=10\sin314t$ (A),则 U 为多少? 写出其瞬时值表达式。

2-11 题 2-11 图所示正弦交流电路,已标明电流表 A_1 和 A_2 的读数,试用相量图求电流表 A 的读数。

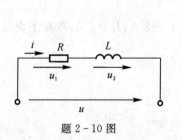

题 2-10 图

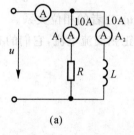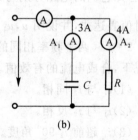

(a)   (b)

题 2-11 图

2-12 用下列各式表示 RC 串联电路中的电压、电流,哪些是对的? 哪些是错的?

(1) $i=\dfrac{u}{|Z|}$ (2) $I=\dfrac{U}{R+X_C}$ (3) $\dot{I}=\dfrac{R-\mathrm{j}\omega C}{R}$

(4) $I=\dfrac{U}{|Z|}$ (5) $U=U_R+U_C$ (6) $\dot{U}=\dot{U}_R+\dot{U}_C$

(7) $\dot{I}=-\mathrm{j}\dfrac{\omega C}{R}$ (8) $\dot{I}=\mathrm{j}\dfrac{\omega C}{R}$

2-13 题 2-13 图所示正弦交流电路中,已知 $U=100$ V,$U_R=60$ V,试用相量图求电压 U_L。

2-14 有一 RC 串联电路,接于 50 Hz 的正弦电源上,如题 2-14 图所示,$R=100$ Ω,$C=$

$\dfrac{10^4}{314}$ μF,电压相量 $\dot{U}=200\underline{/0^\circ}$ V,求复阻抗 Z、电流 $\dot{I}$、电压 $\dot{U}_C$,并画出电压电流相量图。

2-15 有一 RL 串联的电路,接于 50 Hz,100 V 的正弦电源上,测得电流 $I=2$ A,功率 $P=100$ W,试求电路参数 R 和 L。

2-16 题 2-16 图所示电路中,已知 $u=100\sin(314t+30^\circ)$ V,$i=22.36\sin(314t+19.7^\circ)$ A,$i_2=10\sin(314t+83.13^\circ)$ A,试求 i_1,Z_1,Z_2 并说明 Z_1,Z_2 的性质,绘出相量图。

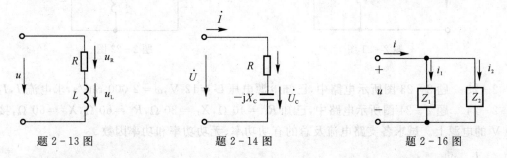

题 2-13 图   题 2-14 图   题 2-16 图

2-17 题 2-17 图所示电路中,$X_R=X_L=2R$,并已知电流表 A_1 的读数为 3 A,试问 A_2 和 A_3 的读数为多少?

2-18 有一 RLC 串联的交流电路,已知 $R=X_L=X_C=10$ Ω,$I=1$ A,试求电压 U,U_R,U_L,U_C 和电路总阻抗 $|Z|$。

2-19 电路如题 2-19 图所示,已知 $\omega=2$ rad/s,求电路的总阻抗 Z_{ab}。

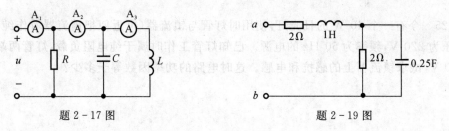

题 2-17 图   题 2-19 图

2-20 题 2-20 图所示电路,已知 $U=100$ V,$R_1=20$ Ω,$R_2=10$ Ω,$X_L=10\sqrt{3}$ Ω,试求:

(1)电流 I,并画出电压电流相量图;

(2)计算电路的功率 P 和功率因数 $\cos\varphi$。

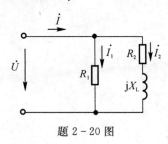

题 2-20 图

2-21 题 2-21 图所示正弦交流电路,已知 $X_C=50$ Ω,$X_L=100$ Ω,$R=100$ Ω,电流 $\dot{I}=2\underline{/0^\circ}$ A,求电阻上的电流 $\dot{I}_R$ 和总电压 $\dot{U}$。

2-22 题2-22图所示电路中，$u_S = 10\sin314t$ V，$R_1 = 20$ Ω，$R_2 = 10$ Ω，$L = 637$ mH，$C = 637$ μF，求电流 i_1，i_2 和电压 u_C。

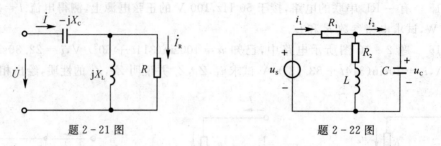

题2-21图   题2-22图

2-23 题2-23图所示电路中，已知电源电压 $U = 12$ V，$\omega = 2\,000$ rad/s，求电流 I，I_1。

2-24 题2-24图所示电路中，已知 $R_1 = 40$ Ω，$X_L = 30$ Ω，$R_2 = 60$ Ω，$X_C = 60$ Ω，接至 220 V 的电源上。试求各支路电流及总的有功功率、无功功率和功率因数。

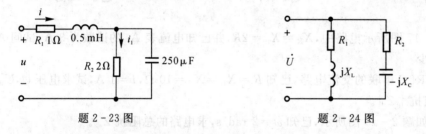

题2-23图   题2-24图

2-25 今有一个 40 W 的日光灯，使用时灯管与镇流器（可近似把镇流器看作纯电感）串联在电压为 220 V，频率为 50 Hz 的电源。已知灯管工作时属于纯电阻负载，灯管两端的电压等于 110 V，试求镇流器上的感抗和电感。这时电路的功率因数等于多少？

项目三 三相正弦交流电路

目前,世界上电能的生产、分配,大都采用三相制,是由频率相同、幅值相等、相位互差120°的三个正弦电动势作为电源的供电体系。三相供电在工业上广泛应用,具有很多优点。采用三相制传输电能,在输电距离、输送功率、电压等级、线路损失都相等的条件下,可节省输电导线(有色金属)、降低供电成本。三相交流发电机和三相电力变压器与同容量的单相供电设备相比,具有结构简单、体积小、价格低廉等优点;在生产中大量使用的三相异步电动机,其性能优于单相电动机。上述优点使三相制成为当前供电的主要形式。

任务一 三 相 电 源

知识点
- 三相对称电源的产生和相序。
- 三相电源的连接形式。
- 线电压与相电压之间的关系。

技能点
- 三相交流电动势的表示方法。
- 会进行三相交流电动势3种表示方法的互换。

任务描述

三相交流电源指能够提供3个频率相同而相位不同的电压或电流的电源,最常用的是三相交流发电机。三相发电机的各相电压的相位互差120°。

任务分析

在前几个项目中讨论了单相正弦交流电路,本项目介绍三相正弦交流电路。主要内容有对称三相电源的产生和对称三相电源的特点。

相关知识

1.三相电源的产生

三相电源是指由三个频率相同、最大位相同、相位互差120°的交流电压源按一定方式连接而成的对称电源。最常见的三相电源是三相交流发电机,图3-1所示为其原理图,其主要组成部分是定子(电枢)和转子(磁极)。

定子铁芯的内圆周表而有六个凹槽,用来放置三相绕组。每相绕组完全相同,其始端用 U_1,V_1,W_1 表示,对应的末端则用 U_2,V_2,W_2 表示。每个绕组的两端放在相应的凹槽内,要求绕组的始端之间或末端之间彼此相隔120°。

转子铁芯上绕有励磁绕组,用直流励磁。当励磁绕组通电时,转子绕组产生磁场,所以转子也叫磁极。定子与转子之间有一定的间隙,若其极面的形状和励磁线组的布置恰当,可使气隙中的磁感应强度按正弦规律分布。当转子磁场在空间按正弦规律分布、转子恒速旋转时,三相绕组中将分别感应出正弦电动势,它们的频率相同,振幅相等,相位上互差120°。我们称这样的电源为三相对称电源。

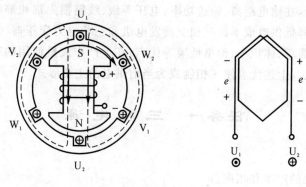

图　3-1

这样就使得三相绕组的首端和末端之间有了电压。规定三相电压的正方向从绕组的首端指向末端。三相电压的瞬时值可表示为

$$\left.\begin{aligned} u_1 &= U_m \sin \omega t \\ u_2 &= U_m \sin (\omega t - 120°) \\ u_3 &= U_m \sin (\omega t - 240°) = U_m \sin (\omega t + 120°) \end{aligned}\right\} \quad (3-1)$$

对应的相量为

$$\left.\begin{aligned} \dot{U}_1 &= U \underline{/0°} \\ \dot{U}_2 &= U \underline{/-120°} \\ \dot{U}_3 &= U \underline{/120°} \end{aligned}\right\} \quad (3-2)$$

三相电压的正弦曲线和相量图如图3-2所示

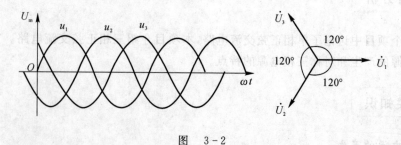

图　3-2

显然,在任何瞬时对称三相电源的电压瞬时值之和为零,它们的相量之和也为零。

即

$$
\left.\begin{array}{l}
u_1 + u_2 + u_3 = 0 \\
\dot{U}_1 + \dot{U}_2 + \dot{U}_3 = 0
\end{array}\right\} \tag{3-3}
$$

2. 三相电源的连接

发电机三相绕组一般接成星形(Y形)。所谓星形连接方式就是将三相绕组的末端(负极性端)U_2,V_2,W_2接到一起,该连接点称为中性点或零点,用 N 表示;而由三相绕组的始端(正级性端)U_1,V_1,W_1向外引出三条相线(也叫火线)。如图 3-3(a) 所示。

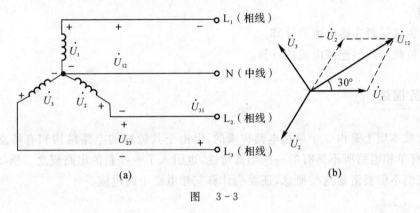

图　3-3

这种从电源引出四根线的供电方式称为三相四线制。在三相四线制中,相线与中线之间的电压 $\dot{U}_1$,$\dot{U}_2$,$\dot{U}_3$ 称为相电压,它们的有效值用 U_1,U_2,U_3 表示。规定相电压的正方向是从相线指向中线。任意两根相线之间的电压称为线电压 $\dot{U}_{12}$,$\dot{U}_{23}$,$\dot{U}_{31}$,有效值用 U_{12},U_{23},U_{31} 表示。从图 3-3(b) 中可得出

$$
U_{12} = \sqrt{3}\,U_1 \tag{3-4}
$$

$\dot{U}_{12}$ 的相位超前 $\dot{U}_1$ 30°。

同理可以得出其他相电压和线电压也有类似的关系:

$$
U_{23} = \sqrt{3}\,U_2, \quad U_{31} = \sqrt{3}\,U_3
$$

即

$$
U_L = \sqrt{3}\,U_P \tag{3-5}
$$

$\dot{U}_{23}$ 的相位超前 $\dot{U}_2$ 30°;$\dot{U}_{31}$ 的相位超前 $\dot{U}_3$ 30°。

即当 3 个相电压对称时,3 个线电压也是对称的。星形连接的三相电源,有时只引出 3 根相线,不引出零线,这种供电方式称作三相三线制。它只能提供线电压,主要在高压输电时采用。

任务实施

已知三相交流电源相电压为 220 V,求线电压。

解　线电压为

$$
U_L = \sqrt{3}\,U_P = \sqrt{3} \times 220 = 380 \text{ V}
$$

由此可见,日常所用的 220 V 电压是指相电压,即火线和中线之间的电压。380 V 电压是指火线和火线之间的电压,即线电压。所以,三相四线制供电方式可提供两种电压。

任务二　　三相负载的连接

知识点
· 三相负载星形连接计算。
· 三相负载三角形连接计算。
技能点
· 三相负载星形连接电流的计算。
· 三相负载三角形连接电流的计算。

　　三相负载本质上是由 3 个单相电路构成的,但由于其独特的电路结构和有特点的供电电源,使其具有单相电路所不具有的一些丰富特性,也引入了一些新的电路概念。例如:线电流、相电流。我们不但要清楚这些概念,还要会计算三相电路中的电流。

　　在前几个项目中讨论了单相正弦交流电路,本项目介绍三相正弦交流电路的计算。主要内容有:对称三相电路的概念,重点是对称三相电路中电压、电流的相值与线值的关系;不对称三相电路的概念。

1. 对称负载

　　三相负载可分为三相对称负载和三相不对称负载,如果各相负载的阻抗模和阻抗角完全相同,称为对称三相负载,即

$$|Z_1| = |Z_2| = |Z_3| = |Z|$$

$$\varphi_1 = \varphi_2 = \varphi_3 \tag{3-6}$$

例如三相电动机、三相电阻炉是三相对称负载,而通常照明电路是不对称负载。

　　在三相供电系统中,三相负载的接法有星形接法和三角形接法两种。与分析单相电路一样,分析三相电路应首先画出线路图,标好电压、电流的参考方向,然后应用电路基本定律找出电压和电流之间的关系,再求其他参数。

2. 三相负载的星形连接

　　三相负载星形连接的电路如图 3-4 所示,这种用 4 根导线把电源和负载连接起来的三相电路也叫三相四线制。相线 L_1,L_2,L_3 流过的电流称为线电流,分别用 $\dot{I}_{L1}$,$\dot{I}_{L2}$,$\dot{I}_{L3}$ 表示。线电流的有效值用 I_l 表示。流过每相负载的电流称为相电流,用 $\dot{I}_1$,$\dot{I}_2$,$\dot{I}_3$ 表示。相电流的有效值用 I_p 表示。

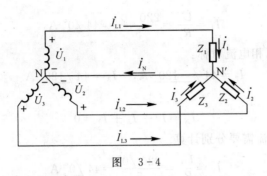

图 3-4

由图 3-4 可知,三相四线制每相负载与电源构成一个单独回路,任何一相负载的工作不受其他两相的影响,其特点是:各相负载承受的电压为对称电源的相电压;线电流 I_1 等于负载相电流 I_p。

$$\dot{I}_{L1} = \dot{I}_1 = \frac{\dot{U}_1}{Z_1}$$

$$\dot{I}_{L1} = \dot{I}_1 = \frac{\dot{U}_2}{Z_2} \tag{3-7}$$

$$\dot{I}_{L3} = \dot{I}_3 = \frac{\dot{U}_3}{Z_3}$$

计算时应注意,用 $\dot{U}_1$,$\dot{U}_2$,$\dot{U}_3$ 有效值相同,位相相差 120°。

对负载中性点应用基尔霍夫电流定律可得

$$\dot{I}_N = \dot{I}_1 + \dot{I}_2 + \dot{I}_3 \tag{3-8}$$

若负载对称,则 $\dot{I}_1$,$\dot{I}_2$,$\dot{I}_3$ 的有效值相等,位相相差 120°。这种情况只需计算其中一相电流即可,其他两相可根据位相相差 120° 直接写出。

根据基尔霍夫电流定律可得出三相对称负载星形接法时有

$$\dot{I}_N = \dot{I}_1 + \dot{I}_2 + \dot{I}_3 = 0 \tag{3-9}$$

既然三相对称负载星形接法时中线电流为零,就可以把中线去掉构成三相三相制。去掉中线后计算方法不变。

但要注意的是,当负载不对称时,中线绝对不能去掉。中线的作用是在负载不对称的情况下保持负载相电压对称,使各相负载正常工作。如果负载不对称,取消了中线,星形连接的三相负载的电压不再对称。这样会产生很多不良后果。使有些相电压高、有些相电压低,使得用电器的实际电压处于不正常状态。所以负载不对称,断开中线是要避免的。为了防止中线断开,规定中线上不允许接入熔断器和闸刀开关。有时还采用机械强度较高的导线作为中性线。

任务实施1

一星形连接的三相电路,电源电压对称。设电源线电压 $u_{12} = 380\sqrt{2}\sin(314t + 30°)$ V,负载为电灯组,若 $R_1 = R_2 = R_3 = 5\ \Omega$,求线电流及中性线电流。若 $R_1 = 5\ \Omega$,$R_2 = 10\ \Omega$,$R_3 = 20\ \Omega$,求线电流及中性线电流 I_N。

解 已知 $\dot{U}_{12} = 380\ \underline{/30°}$ V,$\dot{U}_1 = 220\ \underline{/0°}$ V

(1)
$$\dot{I}_1 = \frac{\dot{U}_1}{R_1} = \frac{220\ \underline{/0°}}{5} = 44\ \underline{/0°}\ \text{A}$$

三相负载对称,所以相电流对称:
$$\dot{I}_2 = 44\ \underline{/-120°}\ \text{A}, \quad \dot{I}_3 = 44\ \underline{/120°}\ \text{A}$$

中线电流为
$$\dot{I}_N = \dot{I}_1 + \dot{I}_2 + \dot{I}_3 = 0$$

(2)负载不对称,电流需要分别计算。
$$\dot{I}_1 = \frac{\dot{U}_1}{R_1} = \frac{220\ \underline{/0°}}{5} = 44\ \underline{/0°}\ \text{A}$$

$$\dot{I}_2 = \frac{\dot{U}_2}{R_2} = \frac{220\ \underline{/-120°}}{10} = 22\ \underline{/-120°}\ \text{A}$$

$$\dot{I}_3 = \frac{\dot{U}_3}{R_3} = \frac{220\ \underline{/120°}}{20} = 11\ \underline{/120°}\ \text{A}$$

$$\dot{I}_N = \dot{I}_1 + \dot{I}_2 + \dot{I}_3 = 44\ \underline{/0°} + 22\ \underline{/-120°} + 11\ \underline{/120°} = 29\ \underline{/-19°}\ \text{A}$$

3.三相负载的三角形连接

三相负载也可以接成如图 3-5 所示的三角形连接。这时,加在每相负载上的电压是对称电源的线电压。由于各相负载的电压是固定的,故各相负载的工作情况不会相互影响,各相的电流可以按单相电路的方法进行计算。该接法通常用于三相对称负载,如正常运行时三个绕组接成三角形的三相电动机。

在分析计算三角形连接电路时,若电压、电流的参考方向如图 3-5 所示,可得相电流计算公式为
$$\dot{I}_1 = \frac{\dot{U}_{12}}{Z_1}, \quad \dot{I}_2 = \frac{\dot{U}_{23}}{Z_2}, \quad \dot{I}_3 = \frac{\dot{U}_{31}}{Z_3} \tag{3-10}$$

根据基尔霍夫电流定律,可得
$$\begin{aligned} \dot{I}_{L1} &= \dot{I}_1 - \dot{I}_3 \\ \dot{I}_{L2} &= \dot{I}_2 - \dot{I}_1 \\ \dot{I}_{L3} &= \dot{I}_3 - \dot{I}_2 \end{aligned} \tag{3-11}$$

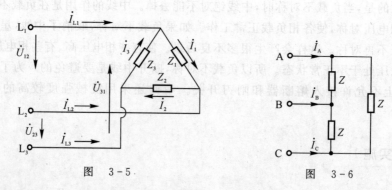

图 3-5   图 3-6

如果各相负载对称,那么相电流和线电流也一定对称,即
$$I_1 = I_2 = I_3 = I_p$$
$$I_{L1} = I_{L2} = I_{L3} = \sqrt{3}\,I_p$$

三个线电流的相位滞后于各自对应的相电流30°。

如图3-6所示,已知 $Z_1 = Z_2 = Z_3 = 10 \underline{/30°} \, \Omega$,电源电压为380 V,求各相电流和线电流;若 $Z_2 = 5 \angle 30° \, \Omega$,其余条件不变,求各相电流及线电流。

解 在三相电路问题中,如不加说明,电压都是指线电压,且为有效值。设
$$\dot{U}_{12} = 380 \underline{/0°} \, \text{V}$$

(1)
$$\dot{I}_1 = \frac{\dot{U}_{12}}{Z_1} = \frac{380 \underline{/0°}}{10 \underline{/30°}} = 38 \underline{/-30°} \, \text{A}$$

因为是对称负载,所以相电流对称,$\dot{I}_2$,$\dot{I}_3$ 依次为
$$\dot{I}_2 = 38 \underline{/-150°} \, \text{A}, \quad \dot{I}_3 = 38 \underline{/90°} \, \text{A}$$

负载对称时线电流大小是相电流的 $\sqrt{3}$ 倍,且滞后相应的相电压30°,故
$$\dot{I}_{L1} = \sqrt{3} \dot{I}_1 \underline{/-30°} = 65.82 \underline{/-60°} \, \text{A}$$
$$\dot{I}_{L2} = 65.82 \underline{/-180°} \, \text{A}$$
$$\dot{I}_{L3} = 65.82 \underline{/60°} \, \text{A}$$

(2)由于仅有 Z_2 变化,其余条件不变,则有
$$\dot{I}_2 = \frac{\dot{U}_{23}}{Z_2} = \frac{380 \underline{/-120°}}{5 \underline{/30°}} = 76 \underline{/-150°} \, \text{A}$$

$\dot{I}_1$,$\dot{I}_3$ 不变,即
$$\dot{I}_1 = 38 \underline{/-30°} \, \text{A}, \quad \dot{I}_3 = 38 \underline{/90°} \, \text{A}$$

$\dot{I}_2$ 的变化会引起 $\dot{I}_{L2}$,$\dot{I}_{L3}$ 变化,则
$$\dot{I}_{L2} = \dot{I}_2 - \dot{I}_1 = 76 \underline{/-150°} - 38 \underline{/-30°} = 100.54 \underline{/-169.11°} \, \text{A}$$
$$\dot{I}_{L3} = \dot{I}_3 - \dot{I}_2 = 38 \underline{/90°} - 76 \angle -150° = 100.54 \underline{/49.11°} \, \text{A}$$
$$\dot{I}_{L1} \text{ 保持 } 65.82 \underline{/-60°} \, \text{A}。$$

任务三　三相电功率

知识点
- 不对称三相负载计算。
- 对称三相负载的计算。

技能点
- 对称三相负载星形连接功率的计算。
- 对称三相负载三角形连接功率的计算。

功率是三相负载的一项重要参数,如何在视在功率不变的前提下提高有功功率,是生产实践中必须考虑的问题。现如今能源问题是我国现在最重要的问题,关注三相负载功率问题,实

际是关系用电器的耗能问题。

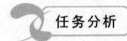 **任务分析**

本项目主要阐述了三相负载消耗总功率的计算方法,并重点介绍对称三相负载总功率的计算。通过本任务的学习,应熟练掌握三相对称负载功率的求法。

 **相关知识**

1. 一般三相负载的功率

三相负载的有功功率等于单相有功功率之和,即

$$P = P_1 + P_2 + P_3 \tag{3-12}$$

2. 对称三相负载的功率

如果负载对称,则各相取用的有功功率相等,三相功率可表示为

$$P = 3U_P I_P \cos \varphi \tag{3-13}$$

式中,U_P 和 I_P 分别是单相负载的电压和电流的有效值。φ 是每相负载电压电流的位相差,取决于负载的阻抗,其大小与阻抗角相等。

在三相对称的星形接法中,有

$$U_P = \frac{U_I}{\sqrt{3}}, \quad I_P = I_I$$

在三相对称的三角形接法中,有

$$U_P = U_I, \quad I_P = \frac{I_I}{\sqrt{3}}$$

故对称三相负载的总有功功率可写为

$$P = \sqrt{3} U_I I_I \cos \varphi$$

同理:

$$Q = \sqrt{3} U_I I_I \sin \varphi \tag{3-14}$$

$$S = \sqrt{3} U_I I_I$$

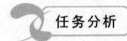 **任务实施**

有一三相电动机,每相的等效电阻 $R = 29\ \Omega$,等效感抗 $X_L = 21.8\ \Omega$,试求下列两种情况下电动机的相电流、线电流以及从电源输入的功率,并比较所得的结果:

(1)绕组联成星形连接于 $U_L = 380$ V 的三相电源上;

(2)绕组联成三角形连接于 $U_L = 220$ V 的三相电源上。

解 (1)

$$I_P = \frac{U_P}{|Z|} = \frac{220}{\sqrt{29^2 + 21.8^2}} = 6.1 \text{ A}$$

$$P = \sqrt{3} U_L I_L \cos \varphi = \sqrt{3} \times 380 \times 6.1 \times \frac{29}{\sqrt{29^2 + 21.8^2}} = 3.2 \text{ kW}$$

(2)
$$I_\text{P} = \frac{U_\text{P}}{|Z|} = \frac{220}{\sqrt{29^2 + 21.8^2}} = 6.1 \text{ A}$$

$$I_\text{L} = \sqrt{3}\, I_\text{P} = 10.5 \text{ A}$$

$$P = \sqrt{3}\, U_\text{L} I_\text{L} \cos \varphi = \sqrt{3} \times 220 \times 10.5 \times 0.8 = 3.2 \text{ kW}$$

比较此任务(1)(2)的结果可知,两种情况下相电压、相电流、功率相同,只有一点不同,那就是三角形连接时,线电流是星形连接的 $\sqrt{3}$ 倍。对于某些电动机有 220/380 V 两种额定电压,则当电压为 380 V 时,电动机绕组应接为星形;当电压为 220 V 时,电动机绕组应接为三角形。

对于正常状态应接为三角形的三相负载,若将其误接为星形,则实际功率只有正常状态的 1/3。

项目三小结

(1) 三相电源。三相电源的产生,三相电源的输电方式,线电压和相电压的概念以及相互之间的关系。

(2) 三相电路的连接。负载星形连接电流的计算;负载三角形连接电流的计算。

(3) 三相负载的功率。对称三相负载的功率计算。

项目三习题与思考题

3-1　1台三相交流电动机,定子绕组星形连接于 $U_\text{L} = 380$ V 的对称三相电源上,其线电流 $I_\text{L} = 2.2$ A,$\cos\varphi = 0.8$,试求每相绕组的阻抗 Z。

3-2　已知对称三相交流电路,每相负载的电阻为 $R = 8$ Ω,感抗为 $X_\text{L} = 6$ Ω。

(1) 设电源电压为 $U_\text{L} = 380$ V,求负载星形连接时的相电流、相电压和线电流,并画相量图;

(2) 设电源电压为 $U_\text{L} = 220$ V,求负载三角形连接时的相电流、相电压和线电流,并画相量图;

(3) 设电源电压为 $U_\text{L} = 380$ V,求负载三角形连接时的相电流、相电压和线电流,并画相量图。

3-3　已知电路如下图所示。电源电压 $U_\text{L} = 380$ V,每相负载的阻抗为 $R = X_\text{L} = X_\text{C} = 10$ Ω。

(1) 该三相负载能否称为对称负载?为什么?

(2) 计算中线电流和各相电流,画出相量图;

(3) 求三相总功率。

3-4　电路为题图 3-4 所示的三相四线制电路,三相负载连接成星形,已知电源线电压为 380 V,负载电阻 $R_\text{a} = 11$ Ω,$R_\text{b} = R_\text{c} = 22$ Ω,试求:

(1) 负载的各相电压、相电流、线电流和三相总功率;

(2) 中线断开,A 相又短路时的各相电流和线电流;

（3）中线断开，A 相断开时的各线电流和相电流。

3-5　三相对称负载三角形连接，其线电流为 $I_L = 5.5$ A，有功功率为 $P = 7\,760$ W，功率因数 $\cos\varphi = 0.8$，求电源的线电压 U_L、电路的无功功率 Q 和每相阻抗 Z。

3-6　电路如题 3-6 所示，已知 $Z = 12 + j16\ \Omega$，$I_L = 32.9$ A，求 U_L。

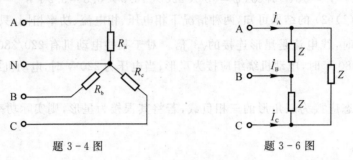

题 3-4 图　　　　　　　　　题 3-6 图

3-7　对称三相负载星形连接，已知每相阻抗为 $Z = 31 + j22\ \Omega$，电源线电压为 380 V，求三相交流电路的有功功率、无功功率、视在功率和功率因数。

3-8　在线电压为 380 V 的三相电源上，接有两组电阻性对称负载，如题图 3-8 所示。试求线路上的总线电流 I 和所有负载的有功功率。

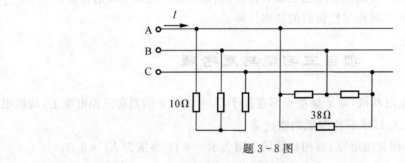

题 3-8 图

3-9　对称三相电阻炉作三角形连接，每相电阻为 38 Ω，接于线电压为 380 V 的对称三相电源上，试求负载相电流 I_P、线电流 I_L 和三相有功功率 P，并绘出各电压电流的相量图。

3-10　对称三相电源，线电压 $U_L = 380$ V，对称三相感性负载作三角形连接，若测得线电流 $I_L = 17.3$ A，三相功率 $P = 9.12$ kW，求每相负载的电阻和感抗。

3-11　对称三相电源，线电压 $U_L = 380$ V，对称三相感性负载作星形连接，若测得线电流 $I_L = 17.3$ A，三相功率 $P = 9.12$ kW，求每相负载的电阻和感抗。

3-12　三相异步电动机的 3 个阻抗相同的绕组连接成三角形，接于线电压 $U_L = 380$ V 的对称三相电源上，若每相阻抗 $Z = 8 + j6\ \Omega$，试求此电动机工作时的相电流 I_P、线电流 I_L 和三相电功率 P。

项目四　变压器和异步电动机

任务一　变压器的结构和工作原理

知识点
- 变压器的工作原理。
- 变压器的有载运行。
- 变压器的额定值。

技能点
- 会计算变压器的变压比。
- 会计算变压器的交流比。
- 熟练掌握阻抗变换的分析和计算。
- 变压器好坏的判定。

任务描述

在电力系统中，变压器主要用来变换电压。发电厂发出的交流电压，在输送之前，要用变压器将其升高到输电电压(如 220 kV，330 kV 等)，以减小线路损耗，节约输电导线；用户从电网得到高压后，必须先用变压器把电压降到负载所需的低电压(如 380 V，220 V)，以保证用电的安全。在电子线路中，变压器除用来变换电压外，还用来传递信号、变换阻抗。变压器还有其他方面的一些特殊用途。

任务分析

虽然变压器的种类很多，但其基本结构和工作原理是相同的。本任务的目的，就是分析变压器的基本结构和工作原理，具体分析它是如何变换电压、电流和阻抗的。

相关知识

一、变压器的结构

变压器主要由铁芯和绕组两部分组成。铁芯一般用导磁性能好的磁性材料制成，其作用是构成闭合的磁路，以增强磁感应强度，减小变压器体积和铁芯损耗，一般用厚度为 0.2～0.5 mm 的硅钢片组成。常用铁芯的形式有心式和壳式，如图 4-1 所示，目前一般采用心式铁芯。

绕组采用高强度漆包线绕成,是变压器的电路部分,要求各部分之间相互绝缘。为了便于分析,把与电源相连的绕组称为一次绕组,与负载相连的绕组称为二次绕组。

除了铁芯和绕组外,较大容量的变压器还有冷却系统、保护装置以及绝缘套管等。大容量变压器通常是三相变压器。

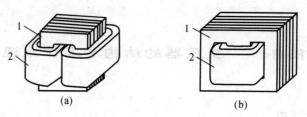

图 4-1

(a)心式变压器; (b)壳式变压器

二、变压器的工作原理

变压器是基于电磁感应原理而工作的。工作时,绕组是"电"的通路,而铁心则是"磁"的通路。一次侧输入电能后,因其交变电流在铁心内产生交变的磁场(即由电能变成磁场能);由于磁链,二次绕组的磁力线在不断地交替变化,所以感应出二次电动势,当外电路接通时,则产生了感应电流,向外输出电能,即由磁场能又转变成电能,这种"电—磁—电"的转换过程是建立在电磁感应原理基础上而实现的,这种能量转换过程也就是变压器的工作过程。下面再由理论分析及公式推导来进一步加以说明。

单相变压器的工作原理图如图 4-2 所示。闭合的铁心上绕有两个互相绝缘的绕组。其中接入电源的一侧叫一次绕组(原绕组),输出电能的一侧叫二次绕组(副绕组)。当交流电源电压 $\dot{U}_1$ 加到一次绕组时,就有交流电流 $\dot{I}_1$ 通过该绕组并在铁心中产生交变磁通 Φ。这个交变磁通不仅穿过一次绕组,同时也穿过二次绕组,两个

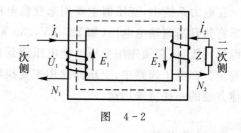

图 4-2

绕组中将分别产生感应电势 $\dot{E}_1$ 和 $\dot{E}_2$。这时若二次绕组与外电路的负载接通,便会有电流 $\dot{I}_2$ 流入负载 Z;即二次绕组就有电能输出。

因线圈的感应电动势与线圈的匝数成正比,在交变磁通 Φ 作用下,原副绕组的电动势之比 $\dfrac{E_1}{E_2}=\dfrac{N_1}{N_2}$,若忽略线圈的电阻和漏感电动势,则 $E_1=U_1$,$E_2=U_2$,所以有

$$\frac{U_1}{U_2}=\frac{N_1}{N_2}=K \qquad\qquad (4-1)$$

K 称为变压器的变换比,亦即原、副绕组的匝数比。若 $K>1$,则为降压变压器;若 $K<1$,则为升压变压器。

根据能量守恒定律可得

$$\frac{I_1}{I_2}=\frac{N_2}{N_1}=\frac{1}{K} \qquad\qquad (4-2)$$

即原副绕组的电流之比等于匝数的反比。

三、阻抗变换

在电子设备中,往往要求负载能获得最大输出功率。负载若要获得最大功率,必须满足负载电阻与电源电阻相等的条件,称为阻抗匹配。但在一般情况下,负载电阻是一定的,不能随意改变。而利用变压器可以进行阻抗变换,适当选择变压器的匝数比,把它接在电源与负载之间,就可实现阻抗匹配,使负载获得最大的输出功率。

如图4-3所示,从变压器原绕组两端点看进去的阻抗为

$$R_1 = \frac{U_1}{I_1}$$

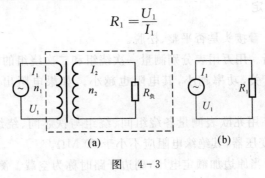

图　4-3

从变压器副绕组两端点看进去的阻抗为

$$R_负 = \frac{U_2}{I_2}$$

$$K = \frac{U_1}{U_2} = \frac{I_2}{I_1}$$

因为

$$\frac{R_1}{R_2} = \frac{U_1}{I_1} \times \frac{I_2}{U_2} = K^2$$

所以

$$R_1 = K^2 R_负 \qquad\qquad (4-3)$$

这表明:变比为K的变压器,可以把其副绕组的负载阻抗,变换成为对电源来说扩大到K^2倍的等效阻抗。

四、变压器的额定值

为了正确、合理地使用变压器,应当知道其额定值,这是保证变压器有一定的使用寿命和正常工作所必须的。变压器正常运行时的状态和条件,称为变压器的额定工作情况,表征变压器额定工作情况下的电压、电流值和功率,称为变压器的额定值,标在变压器的铭牌上。

下面介绍变压器的主要额定值。

1. 额定电压U_{1N}和U_{2N}

一次额定电压U_{1N}是指根据所用的绝缘材料及其允许温升所规定的加在一次绕组上的正常工作时电压有效值。二次额定电压是指一次绕组上加额定电压时二次绕组输出电压的有效值。三相变压器U_{1N}和U_{2N}均指线电压。

2. 额定电流I_{1N}和I_{2N}

一次、二次额定电流I_{1N}和I_{2N}是指根据绝缘材料所允许的温度而规定的一次、二次绕组中允许长期通过的最大电流有效值。三相变压器中,I_{1N}和I_{2N}均指线电流。

3. 额定容量 S_N

额定容量 S_N 是指变压器二次额定电压和额定电流的乘积，即二次的额定视在功率，单位为伏安（V·A）或千伏安（kV·A），额定容量反映了变压器传递功率的能力。

单相变压器为 $$S_N = U_{2N} I_{2N}$$

三相变压器为 $$S_N = \sqrt{3} U_{2N} I_{2N} \tag{4-4}$$

4. 额定频率 f_N

额定频率 f_N 是指变压器应接入的电源频率。我国规定标准工频频率为 50 Hz。

四、变压器好坏的判定

（1）外观质量检查。看接头是否平整、松脱。

（2）检查绕组的通断。用万用表分别测量一次绕组和二次绕组的电阻。一般变压器绕组的电阻较小，且与功率有关，功率越小，其电阻也越小。如果电阻出现无穷大，则一定存在断路。

（3）测量绝缘电阻。用兆欧表测量各绕组间、绕组与铁芯间、绕组与屏蔽层间的绝缘电阻。对于 400 V 以下的变压器，其绝缘电阻应不小于 90 MΩ。

（4）空载电压测试。当原边加额定电压，副边开路时称为空载。测试各绕组的空载电压，允许误差为 ±5%。

（5）空载电流测试。测量空载时原边的电流值，空载电流一般为额定电流的 8% 左右。空载电流越大，表明变压器损耗越大。若变压器空载电流超过额定电流的 20%，则变压器不可使用。

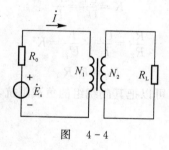

图 4-4

任务实施

如图 4-4 所示，某电阻为 8 Ω 的扬声器，接于输出变压器的副边，输出变压器的原边接电动势 $E_s = 10$ V，内阻 $R_0 = 200$ Ω 的信号源。设输出变压器为理想变压器，其原副绕组的匝数为 500，100。试求：

（1）扬声器的等效电阻；

（2）信号源的输出功率。

解　（1）8 Ω 电阻接变压器等效电阻 R' 为

$$R' = K^2 R_L = \left(\frac{500}{100}\right)^2 \times 8 = 200 \ \Omega$$

（2）信号源输出的功率为

$$P = I_1^2 R' = R' \times \left(\frac{E_s}{R_0 + R'}\right)_2 = 125 \text{ mV}$$

任务二　　变压器的极性判断及特殊变压器

知识点

· 变压器的分类。

· 变压器同名端的判定。

技能点

· 会判断变压器的同名端。

· 会正确使用几种特殊变压器。

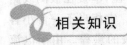相关知识

一、同名端的判定

同名端：在变压器的原、副绕组中，根据右手螺旋定则瞬时极性相同的端，用"＊"等来表示。若两绕组串联，提高电压；并联时提高电流，若接错，易烧毁变压器。

同名两种判别方法：

1）绕向明确：当从同名端同时加流入方向的电流时，原、副边电流产生的磁通方向一致。

2）绕向不明确：实验方法，如图 4-5 所示。设 $U_{12} = 220 \text{ V}$，$U_{34} = 40 \text{ V}$，把 1,3 相连测 U_{24}，若 $U_{24} = 220 - 40 = 180 \text{ V}$，则则 1,3 是同名端。若 $U_{24} = 220 + 40 = 260 \text{ V}$ 则则 1,3 不是同名端。

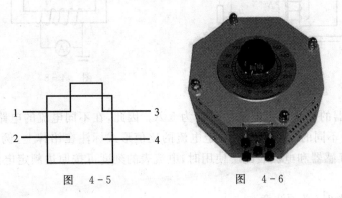

图 4-5　　　　　　　　图 4-6

二、特殊变压器

1. 自耦变压器

这种变压器的特点是二次绕组是一次绕组的一部分。因此，一次、二次绕组之间不仅有磁场的联系，而且还有电的联系。

自耦变压器分可调式和固定抽点式两种。图 4-6 所示为常用的一种可调式自耦变压器，

其工作原理与双绕组变压器相同,图 4 - 7 所示为它的原理电路。分接点可做成能用手柄操作且能自由滑动的触点,从而可平滑地调节二次电压,所以这种变压器又称自耦调压器。若一次绕组匝数为 N_1,二次绕组匝数为 N_2,则原副绕组的电压、电流关系依然满足

$$\frac{U_1}{U_2} = \frac{I_2}{I_1} = K$$

自耦变压器的优点是省材料、效率高、体积小、成本低。但自耦变压器低压电路和高压电路有直接的电路联系,不够安全,因此不适用于变比很大的电力变压器和12 V,36 V的安全灯变压器。

2.仪用互感器

用于测量的变压器称为仪用互感器,简称互感器。采用互感器的目的是扩大测量仪的量程,使测量仪表与大电流或高电压电路隔离。

互感器按用途可分为电流互感器和电压互感器两种。

(1)电流互感器。电流互感器的原边导线较粗,匝数很小,只有1~3匝,串接在被测线路上;副边匝数较多,接在电流表上或电度表的电流线圈上,如图 4 - 8 所示。它相当于一台小容量的升压变压器,可将特大电流变为小电流,以便测量,从而扩大了电流表的量程。由于电流表或电流线圈的内阻抗很小,所以,电流互感器工作时相当于变压器在短路运行状态。但由于原边匝数很少,阻抗极小,电压降也极小,而且原边电流就是被测电流,因此,原边电流并不受副边状态的影响。电流互感器的变流比 $\frac{I_2}{I_1} = K$,被测电流 $I_1 = \frac{I_2}{K}$。

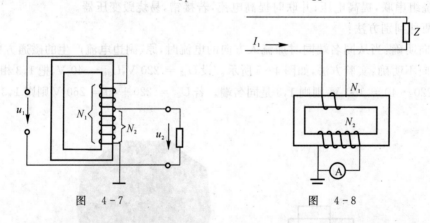

图　4 - 7　　　　　　　　　　　图　4 - 8

通常电流互感器的副边额定电流均设计为5 A。因此,在不同电流的电路中所用的电流互感器,其变流比是不同的。变流比用额定电流的比值形式标注在铭牌上,例如,50/5,75/5,100/5 等。当电流互感器和电流表配套使用时,电流表的刻度可按原边额定电流值标出,以便直接读数。

使用电流互感器时,必须注意:

1)副边绝对不允许开路,否则,副边会感应出很高的电压,容易击穿绝缘,损坏设备,危及人身安全。为了避免拆卸电流表时发生副边开路现象,一般在电流表两端并联一个开关,拆卸之前闭合开关,更换仪表后再打开开关。

2)铁芯和副边的一端必须可靠接地,防止原、副绕组之间的绝缘损坏时,原边的高电压传到副边,危及人身安全。

（2）电压互感器。电压互感器的原边匝数较多，与被测高压线路并联；副边匝数较少，接在电压表上或功率表的电压线圈上，如图4-9所示。它相当于一台小容量的降压变压器，可将高电压变为低电压，以便测量。其变压比 $\dfrac{U_1}{U_2} = \dfrac{N_1}{N_2} = K$，被测电压 $U_1 = KU_2$。

通常，电压互感器的副边额定电压均设计为同一标准值 100 V。因此，在不同电压等级的电路中所用的电压互感器，其变压比是不同的。变压比用额定电压的比值形式标注在铭牌上，例如，6 000/100，10 000/100 等。当电压互感器和电压表配套使用时，电压表的刻度可按电压互感器高压侧的电压标出，这样就可不必经过中间运算而直接读数。

使用电压互感器时，必须注意以下几点：

1）副边不能短路，否则会产生很大的短路电流，烧坏互感器。

2）铁芯和副边的一端必须可靠接地，防止高、低压绕组间的绝缘损坏时，副边和测量仪表出现高电压，危及工作人员的安全。

副边并接的电压线圈不能太多，以免超过电压互感器的额定容量，引起互感器绕组发热，并降低互感器的准确度。

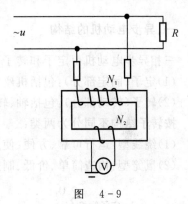

图　4-9

任务三　三相异步电动机的结构和工作原理

知识点

· 三相异步电动机的结构。

· 三相异步电动机的工作原理。

· 旋转磁场的产生、电机转动原理以及转差率。

技能点

· 掌握交流异步电动机的转速、转向与定子电流相序的关系。

· 会计算旋转磁场的转速以及转差率的大小。

· 会分析旋转磁场掌握电动机的转动原理。

任务描述

三相异步电动机（Three phase asynchronous motor）又称为感应电动机，是目前国民经济生活中使用最广泛的一种电动机，有关统计资料表明，在电力拖动系统中，交流异步电动机大约占 85% 的比例。

任务分析

三相异步电动机之所以被广泛应用，主要是由于它与其他各种电动机相比较，具有构造简单、价格便宜、运行可靠、坚固耐用等优点,因此它是所有电动机中应用最多、最广的 1 种。本任务的目的,就是分析了解三相异步电动机的结构;掌握交流异步电动机的转速与磁极对数、转向与定子电流相序的关系;理解三相异步电动机的工作原理;理解旋转磁场的产生、异步电动机的转动原理以及转差率的意义。

 相关知识

一、异步电动机的结构

三相异步电动机由定子和转子两个部分构成。图 4-10 所示为三相异步电动机的结构。
(1)定子(固定部分):包括机座、圆筒形铁芯、三相定子绕组。
(2)转子(转动部分):包括轴、转子铁芯、三相转子绕组。
按转子结构不同分为两类:
(1)绕线型:运行可靠、方便、使用广泛。
(2)鼠笼型:构造简单、价低、制造快。

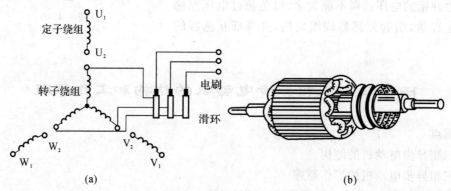

图 4-10 绕线式异步电动机结构
(a)结构示意图; (b)绕线式转子形状

绕线式异步电动机转子绕组是三相对称绕组,对称放在铁心外表面的槽中,3 个尾端连成一点,3 个首端接到转轴上 3 个相互绝缘的铜环上,用电刷与外电路相连。电机正常工作时,三相绕组短路,但是在启动和调速时可以串电阻或电抗改变其性能。

鼠笼式异步电动机转子表面槽中放裸导体,导体的两端分别焊在两个端环上。

二、三相异步电动机的转动原理

1. 旋转磁场的产生

图 4-11 表示最简单的三相定子绕组 AX,BY,CZ,它们在空间按互差 120° 的规律对称排列,并接成星形与三相电源 U,V,W 相联。则三相定子绕组便通过三相对称电流:随着电流在定子绕组中通过,在三相定子绕组中就会产生旋转磁场(见图 4-12)。

$$\left.\begin{aligned}i_{U} &= I_{m}\sin \omega t \\ i_{V} &= I_{m}\sin (\omega t - 120°) \\ i_{W} &= I_{m}\sin (\omega t + 120°)\end{aligned}\right\} \qquad (4-5)$$

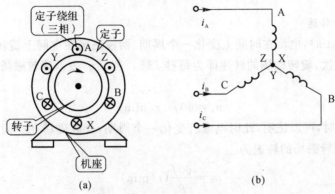

图 4-11   绕组结构示意图与接线图

当 $\omega t = 0°$ 时,$i_A = 0$,AX 绕组中无电流;i_B 为负,BY 绕组中的电流从 Y 流入 B 流出;i_C 为正,CZ 绕组中的电流从 C 流入 Z 流出;由右手螺旋定则可得合成磁场的方向如图 4-12(a) 所示。

当 $\omega t = 120°$ 时,$i_B = 0$,BY 绕组中无电流;i_A 为正,AX 绕组中的电流从 A 流入 X 流出;i_C 为负,CZ 绕组中的电流从 Z 流入 C 流出;由右手螺旋定则可得合成磁场的方向如图 4-12(b) 所示。

当 $\omega t = 240°$ 时,$i_C = 0$,CZ 绕组中无电流;i_A 为负,AX 绕组中的电流从 X 流入 A 流出;i_B 为正,BY 绕组中的电流从 B 流入 Y 流出;由右手螺旋定则可得合成磁场的方向如图 4-12(c) 所示。

可见,当定子绕组中的电流变化 1 个周期时,合成磁场也按电流的相序方向在空间旋转一周。随着定子绕组中的三相电流不断地作周期性变化,产生的合成磁场也不断地旋转,因此称为旋转磁场。

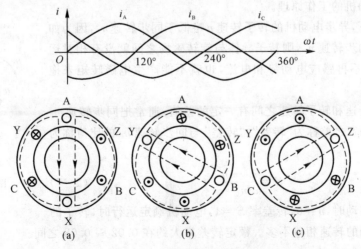

图 4-12   旋转磁场的形成

(a)$\omega t = 0°$;   (b)$\omega t = 120°$;   (c)$\omega t = 240°$

2. 旋转磁场的方向

从图 4-12 可以看出,当三相电流的相序为 A—B—C 时,旋转磁场的方向与电流的相序是一致的。如果把三根电源线任意对调两根(如 B,C 对调),即三相电源的相序改变,则旋转磁场也改变了转向。

3. 旋转磁场的转速

当极对数 $p=1$ 时,电流在时间上变化一个周期,两极磁场在空间上旋转一圈。若电流的频率为每秒变化 f 次,旋转磁场的转速即为每秒 f 转。若以 n_0 表示旋转磁场的每分钟转速,则可得

$$n_0 = 60f \ (\text{r/min})$$

极对数 $p=2$ 时,可以证明,此时电流若变化一个周期,合成磁场在空间只旋转 $180°$(半圈),一般情况由旋转磁场的转速为

$$n_0 = \frac{60f}{p}(\text{r/min}) \tag{4-6}$$

旋转磁场的转速 n_0 也称为同步转速。

极时数与同步转速对照表见表 4-1。

表 4-1　极对数与同步转速对照表

极对数 p	1	2	3	4	…
同步转速 n_0	3 000	1 500	1 000	750	…

4. 转动原理

当异步电动机定子三相绕组接流过三相对称电流时,在气隙中建立一个旋转磁场,该磁场以同步转速 n_0 旋转,当极对数为 1 时,此旋转磁场可以看成是由一对等效旋转磁极所产生,如图 4-13 所示。设旋转磁场逆时针方向旋转,它的磁力线将切割转子导体而感应电动势,用右手定则判定,由于转子绕组是短路的,转子导体中便有电流流过。由电磁力定律可知,转子载流导体在磁场中受到电磁力 f 的作用,其方向可用左手定则确定。从图 4-13 可以看出,转子导体受到的电磁力将形成一个逆时针方向的电磁转矩,使转子沿旋转磁场方向旋转起来,这就是三相异步电动机的工作原理。

一般情况下,异步电动机的转子转速 n 略低于同步转速 n_0,因为如果转速 n 等于同步转速 n_0,则转子导体与旋转磁场之间就没有相对运动,转子导体中不再感应电动势和电流,也就不能产生电磁转矩来拖动转子旋转。

由于同步转速和转子转速之间有一定的差值,通常把同步转速 n_0 与转子转速 n 二者之差称为"转差","转差"与同步转速 n_0 的比值称为转差率 S,即

$$S = \frac{n_0 - n}{n_0} \tag{4-7}$$

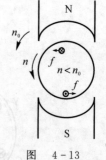

图　4-13

电动机刚启动时,$n=0$,转差率 $S=1$,电动机额定运行时,转子的转速与旋转磁场的转速相差不多。额定转差率大约在 $0.02 \sim 0.08$ 之间。

任务四 三相异步电动机的电磁转矩和机械特性

知识点

- 电磁转矩。
- 异步电机的机械特性。
- 电磁转矩与电源电压的关系。

技能点

- 会分析异步电机的稳定运行。
- 会计算转矩与功率的关系。
- 掌握过载能力和启动能力在电机中的计算。

任务描述

为了全面地了解三相异步电机的工作情况,要弄清一个重要的物理量——电磁转矩(Electromagnetic torque);在三相异步电动机的运行特性之中,尤其以机械特性(Torque-speed characteristic)最为重要。

任务分析

在异步电机中,电磁转矩 T 是一个重要的物理量,没有电磁转矩电机就不能运转,机构特性曲线是分析异步电动机运行特性的重要依据。本任务的目的,就是分析电磁转矩是转子转速的关系曲线,转矩与功率的关系、电磁转矩与电源电压的关系;通过特性和机械特性曲线理解电机的三个重要转矩。

相关知识

一、电磁转矩(简称转矩)

在异步电机中,电磁转矩 T 是一个重要的物理量。异步电动机的转矩 T 是由旋转磁场的每极磁通与转子电流 I_2 相互作用而产生的。电磁转矩的大小与转子绕组中的电流 I_2 及旋转磁场的强弱有关。

经理论证明,它们的关系是

$$T = K_T \Phi I_2 \cos \varphi_2 \tag{4-8}$$

式中,K_T 为与电机结构有关的常数;Φ 为旋转磁场每个极的磁通量;I_2 为转子绕组电流的有效值;φ_2 为转子电流滞后于转子电势的相位角。

值得重视的是,这一公式对使用者来说,直接运用有困难。因为它没有明显反应出电磁转矩与电源电压 U_1、转子转速 n 以及转子电路参数之间的关系。若考虑电源电压及电机的一些参数与电磁转矩的关系,则经过推导,电磁转矩可改写为

$$T = K'_T \frac{sR_2 U_1^2}{R_2^2 + (sX_{20})^2} \qquad (4-9)$$

式中，K'_T为常数；U_1为定子绕组的相电压；S为转差率；R_2为转子每相绕组的电阻；X_{20}为转子静止时每相绕组的感抗。

由式(4-9)可知，转矩 T 还与定子每相电压 U_1 的二次方成比例，所以当电源电压有所变动时，对转矩的影响很大。此外，转矩 T 还受转子电阻 R_2 的影响。图4-14所示为异步电动机的转矩特性曲线。

二、机械特性曲线

在一定的电源电压 U_1 和转子电阻 R_2 下，电动机的转矩 T 与转差率 n 之间的关系曲线 $T = f(s)$ 或转速与转矩的关系曲线 $n = f(T)$，称为电动机的机械特性曲线，它可根据式(4-9)得出，如图4-14所示。

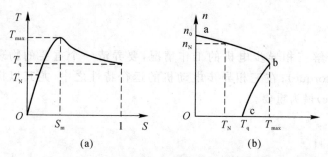

图 4-14   三相异步电动机的机械特性曲线

在机械特性曲线上我们要讨论以下三个转矩。

1. **额 定 转 矩 T_N**

额定转矩 T_N 是异步电动机带额定负载时，转轴上的输出转矩。

$$T_N = 9\,550 \frac{P_2}{n} \qquad (4-10)$$

式中，P_2 是电动机轴上输出的机械功率，其单位是 kW；n 的单位是 r/min；T_N 的单位是 N·m。

当忽略电动机本身机械摩擦转矩 T_0 时，阻转矩近似为负载转矩 T_L，电动机作等速旋转时，电磁转矩 T 必与阻转矩 T_L 相等，即 $T = T_L$。额定负载时，则有 $T_N = T_L$。

2. **最 大 转 矩 T_m**

T_m 又称为临界转矩，是电动机可能产生的最大电磁转矩。它反映了电动机的过载能力。

最大转矩的转差率为 S_m，此时的 S_m 叫作临界转差率，如图4-14(a)所示。

最大转矩 T_m 与额定转矩 T_N 之比称为电动机的过载系数（即 $\lambda = T_m/T_N$）。一般三相异步的过载系数在 $1.8 \sim 2.2$ 之间。

在选用电动机时，必须考虑可能出现的最大负载转矩，而后根据所选电动机的过载系数算出电动机的最大转矩，它必须大于最大负载转矩。否则，就是重选电动机。

3. **启 动 转 矩 T_{st}**

T_{st} 为电动机启动初始瞬间的转矩，即 $n=0$，$s=1$ 时的转矩。

为确保电动机能够带额定负载启动，必须满足 $T_{st} > T_N$，一般的三相绕线式异步电动机有

$T_{st}/T_N = 1 \sim 2.2$,普通鼠笼式电动机这个比值在 $0.8 \sim 1.5$ 之间。

三、电动机的负载能力自适应分析

电动机在工作时,它所产生的电磁转矩 T 的大小能够在一定的范围内自动调整以适应负载的变化,这种特性称为自适应负载能力。

$T_L \uparrow \Rightarrow n \downarrow \Rightarrow S \uparrow \Rightarrow I_2 \uparrow \Rightarrow T \uparrow$ 直至新的平衡。此过程中,$I_2 \uparrow$ 时,$I_1 \uparrow \Rightarrow$ 电源提供的功率自动增加。

四、电源电压与转子电阻对机械特性的影响

电源电压与转子电阻对机械特性的影响如图 4-15 所示。

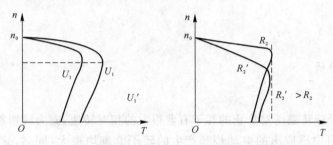

图 4-15 电源电压与转子电阻对机械特性的影响

其中 $U_1 > U'_1$,$R'_2 > R_2$。

从机械特性可以得出如下结论:

1)T_m 与 U_1^2 的成正比,而 S_m 与 U_1 无关。

2)S_m 与 R'_2 成正比,而 T_m 与 R'_2 无关。(r'_2 为转子回路电阻)

3)T_{st} 与 U_1^2 的成正比。

4)在一定范围内增大 R'_2 时,T_{st} 增大。

任务五 三相异步电动机的启动、调速、制动及铭牌与选择

知识点

· 电动机的启动调速。

· 异步电动机的制动。

· 电动机铭牌数据的意义。

技能点

· 掌握电动机的启动性能和三种调速方法。

· 掌握异步电动机的制动方法。

· 熟悉电动机使用的环境条件、工作方式和选择。

任务描述

电动机从接通电源开始启动到转速稳定的过程,称为启动过程。在同一负载下,用人为的

方法调节电动机的转速,以满足生产过程的需要,这一过程称为电动机的调速过程。电动机在断开电源以后,由于惯性会继续转动一段时间后停止转动。在生产实践中,为了缩短辅助工时,提高工作效率,保证安全,有些生产机械要求电动机能准确、迅速停车,需要用强制的方法迫使电动机迅速停车,这就称为制动。电动机的选择是电力拖动基础的重要内容。

要解释这一工作过程,就要了解电机的工作过程及特点,本任务的目的就是分析电机的启动、调速和制动。将要对电动机的铭牌数据、技术数据和电动机的选择原则作简单介绍。

一、启动特性分析

1. 启动电流 I_{st}

刚启动时,由于旋转磁场对静止的转子有着很大的相对转速,磁力线切割转子导体的速度很快,这时转子绕组中感应出的电动势和产生的转子电流均很大,同时,定子电流必然也很大。一般中小型鼠笼式电动机定子的启动电流可达额定电流的 $5 \sim 7$ 倍。

注意:在实际操作时应尽可能不让电动机频繁启动。如在切削加工时,一般只是用摩擦离合器或电磁离合器将主轴与电机轴脱开,而不将电动机停下来。

2. 启动转矩 T_{st}

电动机启动时,转子电流 I_2 虽然很大,但转子的功率因数 $\cos \varphi_2$ 很低,由公式 $T = K_T \Phi I_2 \cos \varphi_2$ 可知,电动机的启动转矩 T 较小,任务二介绍过,通常 $T_{st}/T_N = 1 \sim 2.2$。

启动转矩小可造成以下问题:① 会延长启动时间。② 不能在满载下启动。因此应设法提高启动转矩。但启动转矩如果过大,会使传动机构受到冲击而损坏,所以一般机床的主电动机都是空载启动(启动后再切削),对启动转矩没有什么要求。

综上所述,异步电机的主要缺点是启动电流大而启动转矩小。因此,我们必须采取适当的启动方法,以减小启动电流并保证有足够的启动转矩。

二. 鼠笼式异步电动机的启动方法

1. 直接启动

直接启动又称为全压启动,就是利用闸刀开关或接触器将电动机的定子绕组直接加到额定电压下启动。这种方法只用于小容量的电动机或电动机容量远小于供电变压器容量的场合。

2. 降压启动

在启动时降低加在定子绕组上的电压,以减小启动电流,待转速上升到接近额定转速时,再恢复到全压运行。此方法适于大中型鼠笼式异步电动机的轻载或空载启动。

(1)星形-三角形(Y-△)换接启动。启动时,将三相定子绕组接成星形,待转速上升到接近额定转速时,再换成三角形。这样,在启动时就把定子每相绕组上的电压降到正常工作电压

的 $1/\sqrt{3}$，使得启动电流降为直接启动的 $1/3$。

此方法只能用于正常工作时定子绕组为三角形连接的电动机。

这种换接启动可采用星三角启动器来实现。星三角启动器体积小、成本低、寿命长、动作可靠。

（2）自耦降压启动。采用自耦变压器降压启动，电动机的启动电流及启动转矩与其端电压的二次方成比例降低。用自耦变压器变压启动，启动电流和启动转矩均降为直接启动的 $1/K^2$。如启动电压降至额定电压的 65%，其启动电流为全压启动电流的 42%，启动转矩为全压启动转矩的 42%。

自耦变压器降压启动的优点是可以直接人工操作控制，也可以用交流接触器自动控制，经久耐用，维护成本低，适合所有的空载、轻载启动异步电动机使用，在生产实践中得到广泛应用。其缺点是人工操作要配置比较贵的自耦变压器箱（自耦补偿器箱），自动控制要配置自耦变压器、交流接触器等启动设备和元件。

启动电流小，启动转矩较大，只允许连续启动 $2 \sim 3$ 次，设备价格较高，但性能较好，使用用较广。正常运行作星形连接或容量较大的鼠笼式异步电动机，常用自耦降压启动。

三、三相异步电动机的调速

调速就是在同一负载下能得到不同的转速，以满足生产过程的要求。

因为
$$S = \frac{n_0 - n}{n}$$

所以
$$n = (1-S)n_0 = (1-S)\frac{60f}{p}$$

可见，可通过 3 个途径进行调速：改变电源频率 f，改变磁极对数 p，改变转差率 S。前两者是鼠笼式电动机的调速方法，后者是绕线式电动机的调速方法。

（1）变频调速。此方法可获得平滑且范围较大的调速效果，且具有硬的机械特性；但须有专门的变频装置——由可控硅整流器和可控硅逆变器组成，设备复杂，成本较高，应用范围不广。

（2）变极调速。此方法不能实现无极调速，但它简单方便，常用于金属切割机床或其他生产机械上。

（3）转子电路串电阻调速。在绕线式异步电动机的转子电路中，串入一个三相调速变阻器进行调速。

此方法能平滑地调节绕线式电动机的转速，且设备简单、投资少；但变阻器增加了损耗，故常用于短时调速或调速范围不太大的场合。

以上可知，异步电动机的各种调速方法都不太理想，所以异步电动机常用于要求转速比较稳定或调速性能要求不高的场合。

四、三相异步电动机的制动

制动是给电动机一个与转动方向相反的转矩，促使它在断开电源后很快地减速或停转。对电动机制动，也就是要求它的转矩与转子的转动方向相反，这时的转矩称为制动转矩。

常见的电气制动方法有：

(1)反接制动。当电动机快速转动而需停转时,改变电源相序,使转子受一个与原转动方向相反的转矩而迅速停转。

注意,当转子转速接近零时,应及时切断电源,以免电机反转。

为了限制电流,对功率较大的电动机进行制动时必须在定子电路(鼠笼式)或转子电路(绕线式)中接入电阻。

这种方法比较简单,制动力强,效果较好,但制动过程中的冲击也强烈,易损坏传动器件,且能量消耗较大,频繁反接制动会使电机过热。对有些中型车床和铣床的主轴的制动采用这种方法。

(2)能耗制动。电动机脱离三相电源的同时,给定子绕组接入一直流电源,使直流电流通入定子绕组。于是在电动机中便产生一方向恒定的磁场,使转子受一与转子转动方向相反的 F 力的作用,于是产生制动转矩,实现制动。

直流电流的大小一般为电动机额定电流的 $0.5\sim1$ 倍。

由于这种方法是用消耗转子的动能(转换为电能)来进行制动的,所以称为能耗制动。这种制动能量消耗小,制动准确而平稳,无冲击,但需要直流电流。在有些机床中采用这种制动方法。

(3)发电反馈制动。当转子的转速 n 超过旋转磁场的转速 n_0 时,这时的转矩也是制动的。如:当起重机快速下放重物时,重物拖动转子,使其转速 $n > n_0$,重物受到制动而等速下降。

五、三相异步电动机的铭牌数据

每台电动机的机座上都装有一块铭牌。铭牌上标注有该电动机的主要性能和技术数据。如图 4-16 所示。

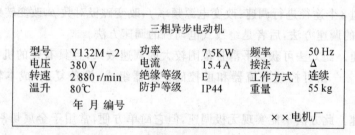

三相异步电动机					
型号	Y132M-2	功率	7.5KW	频率	50 Hz
电压	380 V	电流	15.4 A	接法	Δ
转速	2 880 r/min	绝缘等级	E	工作方式	连续
温升	80℃	防护等级	IP44	重量	55 kg
年 月 编号					××电机厂

图 4-16

1. 型号

为不同用途和不同工作环境的需要,电机制造厂把电动机制成各种系列,每个系列的不同电动机用不同的型号表示。如:Y 代表异步电动机,YR 表示绕线式异步电动机,YB 代表隔爆型异步电动机,YZ 为起重冶金用异步电动机。如图 4-17 所示。

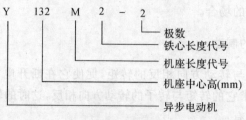

Y 132 M 2 - 2
极数
铁心长度代号
机座长度代号
机座中心高(mm)
异步电动机

图 4-17

2.接法

接法指电动机三相定子绕组的连接方式。

一般鼠笼式电动机的接线盒中有六根引出线,标有 U_1,V_1,W_1,U_2,V_2,W_2,其中:

U_1,V_1,W_1 是每一相绕组的始端;

U_2,V_2,W_2 是每一相绕组的末端。

三相异步电动机的连接方法有两种:星形(Y)连接和三角形(△)连接。如铭牌未标明接法,通常三相异步电动机功率在 4kW 以下者接成星形;在 4kW(不含)以上者,接成三角形。

3.电压

铭牌上所标的电压值是指电动机在额定运行时定子绕组上应加的线电压值。一般规定电动机的电压不应高于或低于额定值的 5%。

必须注意:在低于额定电压下运行时,最大转矩 T_{max} 和启动转矩 T_{st} 会显著地降低,这对电动机的运行是不利的。

三相异步电动机的额定电压有 380 V,3 000 V 及 6 000 V 等多种。

4.电流

铭牌上所标的电流值是指电动机在额定运行时定子绕组的最大线电流允许值。

当电动机空载时,转子转速接近于旋转磁场的转速,两者之间相对转速很小,所以转子电流近似为零,这时定子电流几乎全为建立旋转磁场的励磁电流。当输出功率增大时,转子电流和定子电流都随着相应增大。

5.功率与效率

铭牌上所标的功率值是指电动机在规定的环境温度下,在额定运行时电极轴上输出的机械功率值。输出功率与输入功率不等,其差值等于电动机本身的损耗功率,包括铜损、铁损及机械损耗等。

所谓效率 η 就是输出功率与输入功率的比值。一般鼠笼式电动机在额定运行时的效率约为 72%~93%。

6.功率因数

因为电动机是电感性负载,定子相电流比相电压滞后一个 φ 角,$\cos\varphi$ 就是电动机的功率因数。三相异步电动机的功率因数较低,在额定负载时约为 0.7~0.9,而在轻载和空载时更低,空载时只有 0.2~0.3。

选择电动机时应注意其容量,防止"大马拉小车",并力求缩短空载时间。

7.转速

电动机额定运行时的转子转速,单位为 r/min。

不同的磁极数对应有不同的转速等级。最常用的是四个级的($n_0=1\ 500$ r/min)。

8.绝缘等级

绝缘等级是按电动机绕组所用的绝缘材料在使用时容许的极限温度来分级的。

所谓极限温度是指电机绝缘结构中最热点的最高容许温度,见表 4-2。

表 4-2

绝缘等级	环境温度 40℃时的容许温升	极限允许温度
A	65℃	105℃
E	80℃	120℃
B	90℃	130℃

六、三相异步电动机的选择

正确选择电动机的功率、种类、形式是极为重要的。

1.功率的选择

电动机的功率根据负载的情况选择合适的功率,选大了虽然能保证正常运行,但是不经济,电动机的效率和功率因数都不高;选小了就不能保证电动机和生产机械的正常运行,不能充分发挥生产机械的效能,并使电动机由于过载而过早地损坏。

(1)连续运行电动机功率的选择。对连续运行的电动机,先算出生产机械的功率,所选电动机的额定功率等于或稍大于生产机械的功率即可。

(2)短时运行电动机功率的选择。如果没有合适的专为短时运行设计的电动机,可选用连续运行的电动机。由于发热惯性,在短时运行时可以容许过载。工作时间愈短,则过载可以愈大。但电动机的过载是受到限制的。通常是根据过载系数 λ 来选择短时运行电动机的功率。电动机的额定功率可以是生产机械所要求的功率的 $1/\lambda$。

2.种类和形式的选择

(1)种类的选择.选择电动机的种类是从交流或直流、机械特性、调速与启动性能、维护及价格等方面来考虑的。

1)交、直流电动机的选择。如没有特殊要求,一般都应采用交流电动机。

2)鼠笼式与绕线式的选择。三相鼠笼式异步电动机结构简单,坚固耐用,工作可靠,价格低廉,维护方便,但调速困难,功率因数较低,启动性能较差。因此在要求机械特性较硬而无特殊调速要求的一般生产机械的拖动应尽可能采用鼠笼式电动机。

因此只有在不方便采用鼠笼式异步电动机时才采用绕线式电动机。

(2)结构形式的选择。电动机常制成以下几种结构形式:

1)开启式。在构造上无特殊防护装置,用于干燥无灰尘的场所。通风非常良好。

2)防护式。在机壳或端盖下面有通风罩,以防止铁屑等杂物掉入。也有将外壳做成挡板状,以防止在一定角度内有雨水滴溅入其中。

3)封闭式。它的外壳严密封闭,靠自身风扇或外部风扇冷却,并在外壳带有散热片。在灰尘多、潮湿或含有酸性气体的场所,可采用它。

4)防爆式。整个电机严密封闭,用于有爆炸性气体的场所。

(3)安装结构形式的选择:①机座带底脚,端盖无凸缘(B_3);②机座不带底脚,端盖有凸缘(B_5);③机座带底脚,端盖有凸缘(B_{35})。

(4)电压和转速的选择:

1)电压的选择。电动机电压等级的选择,要根据电动机类型、功率以及使用地点的电源电压来决定。Y 系列鼠笼式电动机的额定电压只有 380 V 一个等级。只有大功率异步电动机才采用 3 000 V 和 6 000 V。

2)转速的选择。电动机的额定转速是根据生产机械的要求而选定的。但通常转速不低于 500 r/min。因为当功率一定时,电动机的转速愈低,则其尺寸愈大,价格愈贵,且效率也较低。因此就不如购买一台高速电动机再另配减速器来得合算。

任务实施

已知某三相异步电动机额定功率 $P_N = 4$ kW,额定转速为 $n_N = 1\ 440$ r/min,试求额定转矩、启动转矩、最大转矩(过载能力 2.2,启动能力 1.8)。若电动机满载运行,定子绕组上的电压下降 20% 时,电动机能否继续旋转? 能否在此状态下满载启动? 若 $U_N = 380$ V,$\cos\varphi = 0.82$,$I_{st}/I_N = 7$,$\eta = 0.84$,求额定电流、启动电流。

解 额定转矩为

$$T_N = 9\ 550 \frac{P_N}{n_N} = 9550 \times \frac{4}{1440} = 26.5\ \text{N·m}$$

启动转矩为

$$T_{st} = 1.8 T_N = 1.8 \times 26.5 = 47.8\ \text{N·m}$$

最大转矩为

$$T_{max} = 2.2 T_N = 2.2 \times 26.5 = 58.4\ \text{N·m}$$

当电压降低 20% 时,根据 T 与 U_1^2 成正比,对应的启动转矩、最大转矩分别为

$$T'_{st} = 0.8^2 T_{st} = 30.6\ \text{N·m}$$

$$T'_{max} = 0.8^2 T_{max} = 0.64 \times 58.4 = 37.4\ \text{N·m}$$

满载运行时,因为 $T_L = T_N = 26.5\ \text{N·m} < T'_m$,所以降压启动后能在新的平衡点以新的转速稳定运行。

满载启动时,因为 $T_L = T_N = 26.5\ \text{N·m} < T'_{st}$,所以降压后可满载启动。

因为效率为

$$\eta = \frac{P_N}{\sqrt{3} U_N I_N \cos\varphi} = \frac{4 \times 10^3}{\sqrt{3} \times 380 \times 26.5 \times 0.82} = 0.84$$

所以求得

$$I_N = 8.8\ \text{A}$$

故

$$I_{st} = 7 I_N = 7 \times 8.8 = 61.6\ \text{A}$$

任务六　常用低压控制电器

知识点
- 常用控制电器的工作原理和电路符号。
- 控制基本环节的工作原理。

技能点
- 熟悉常用控制电器的命名方法。

· 了解常用几种低压控制电器。

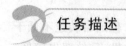

在现代工农业生产中所使用的生产机械大多是由电动来拖动的。因此,电动拖动装置是现代生产机械中的一个重要组成部分,它由电动机、传动机构和控制电动机的电气设备等环节所组成。为了满足生产过程和加工工艺的要求,必须用一定的控制设备组合成控制电路,对电动机进行控制。

对异步电动机的控制,当前国内广泛采用由继电器、接触器、按钮等有触点电器组成的控制电路,称为继电接触器控制电路。其优点是操作简单、价格低廉、维修方便;其缺点是体积较大、触点多、易出故障。近年来,随着科学技术的飞跃发展和自动化生产的需要,在较复杂的电动拖动控制系统中,已大量采用电子程序控制、数字控制和计算机控制系统。

1. 闸刀开关

由动触点和静触头组成,俗称胶盖瓷底闸刀开关。用于 500 V 以下的不频繁的接通和断开的小电流电路。在使用带有熔丝的闸刀开关时,电源线接在闸刀的上端,负载接在闸刀的下端,以保证拉开闸刀后,刀片和熔丝不带电。如图 4-18 所示。

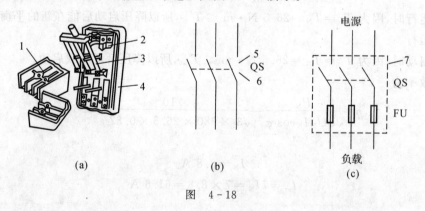

图 4-18

用途:接通或者切断电源,用于低压系统,有单相、双相、三相等几种。

选择:根据额定电流、电压。

2. 铁壳开关

它是把闸刀开关和熔断器放在铁壳内部。这种开关具有速断装置和灭弧装置,保证在切断电源时,能迅速断开触点保证安全。铁壳开关也用在不频繁的接通和断开 500 V 以下的电路,60 A 以上的开关还可用在不超过 15 kW(380 V)的三相异步电动机不频繁操作的全压启动。如图 4-19 所示。

3.转换开关

转换开关也称为组合开关。有单极、双极和三极三种。三极组合开关有 3 层,每层有一对静触点和一对动触点,以控制一相线路的通断。旋转手柄可向左或向右转动 90°,使三层的动、静触点同时接通或断开。组合开关能用来接通或断开小电流电路,也可作为电源引入线上的隔离开关,也可用来控制 1kW 以下的小型异步电动机的启动或停止。如图 4 - 20 所示。

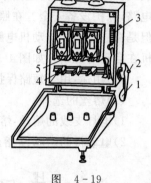

图　4 - 19

(1)用途:用于机床电气控制,也可用于直接启动和停止小容量笼型电动机或电动机正、反转。局部照明电路也常用它来控制。按额定持续电流有单、双、三、四极,他们的额定持续电流有 10 A,25 A,60 A,和 100 A 等几种。

(2)选择:根据额定电流选用。

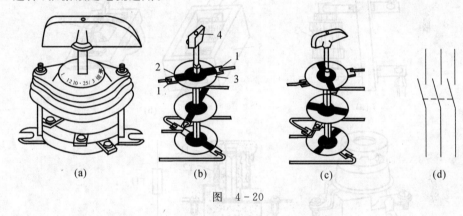

图　4 - 20

4.按钮

用来接通或断开小电流的控制电路。按下按钮帽,上面一对接触的触点(称为常闭触点)断开,用来切断一条控制电路,下面一对原断开的触点(称为常开触点)闭合,用来接通另外一条控制电路。如图 4 - 21 所示。

(1)用途:用于接通或断开控制电路,从而控制电动机或其他电气设备的运行。

(2)选择:根据额定电流选用。

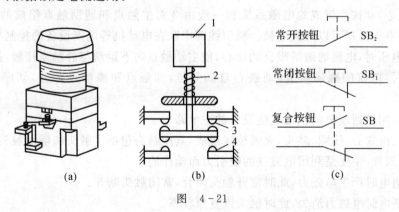

图　4 - 21

5.熔断器

熔断器是原来短路保护的电器,熔体是由低熔点的合金制成。常用的有管式、瓷插式和螺旋式。正常工作时,电路中的电流不会使熔丝熔断,一旦短路或严重过载,熔丝即被熔断,切断电路,保护设备安全。在照明和一般电路中,熔体的额定电流略大于被保护设备的额定电流,但是在三相异步电动机电路中,熔体的电流应高于电动机额定电流的 1.5~2.5 倍,避免电动机在启动时烧断。如图 4-22 所示。

(1)用途:用于短路保护电器,有普通熔断器和快速熔断器。

(2)熔丝的选择:

1)电灯支线的熔丝:熔丝额定电流≥支线上所有电灯的工作电流。

2)电动机的熔丝:I 熔丝$\geq I_{st}/2.5$,其中 I_{st} 为电动机的启动电流。

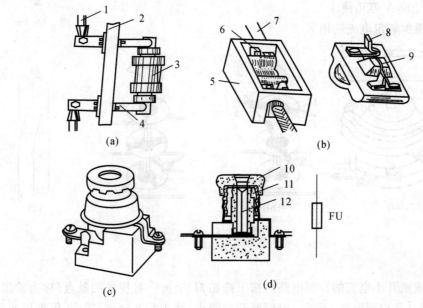

图 4-22

6.交流接触器

它是一种远距离操作的自动电器,可以频繁接通或断开交流电路。交流接触器主要由吸引线圈、静铁心、动铁心组成的电磁系统和一般由 3 对主触点和辅助触点组成的触点系统构成,主触点上有灭弧罩可以熄灭电弧。吸引线圈串联在电动机等电器设备的控制电路中,当线圈接上额定电压时,电流的磁场吸合动铁心,使主动触点向下运动与静触点接触,接通主电路。当线圈断开时,电流的磁场消失,动铁心自动复位,动触点和静触点分开,切断电路。如图 4-23所示。

(1)用途:用于通断电动机或其他设备的主电路。

(2)结构:由铁心、线圈、触头、灭弧装置组成,其中触头包括主触头和辅助触头。

(3)工作原理:主要是利用电磁铁的吸引力而动作的。

1)线圈通电时产生电磁力,此时常开触头闭合,常闭触头断开。

2)线圈断电时电磁力消失,此时触头恢复原状态。

（4）选择：根据额定电流、线圈电压及触点数量选用。

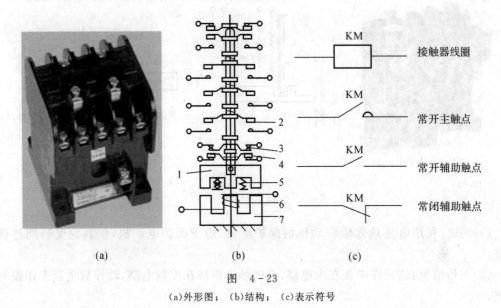

图 4-23

(a)外形图； (b)结构； (c)表示符号

7.中间继电器

中间继电器是利用电磁铁作用力工作。用来将信号同时传递给多个控制元件和辅助电路，还有扩大节点容量的作用。如图4-24所示。

（1）用途：用于传送信号、同时控制多个电路，结构同交流接触器一样。

（2）选择：根据电压等级和触点数量选用。

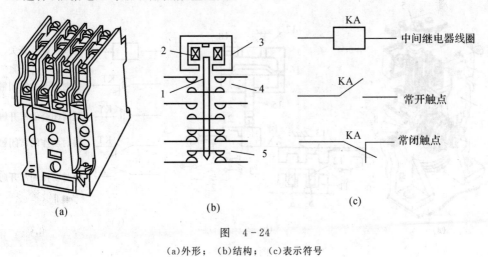

图 4-24

(a)外形； (b)结构； (c)表示符号

8.热继电器

它是根据电流的热效应原理工作的。其发热元件是一段电阻很小的电阻丝，紧贴在由两种不同膨胀系数的金属片上。当电机过载时，双金属片受热弯曲，推动绝缘牵引导板，顶向动触点的铜片，同时将闭合的动、静触点分开，使交流接触器断电，主触点断开，切断主电路。待双金属片冷却后，按下复位按钮，使断开的动静触点重新闭合。如图4-25所示。

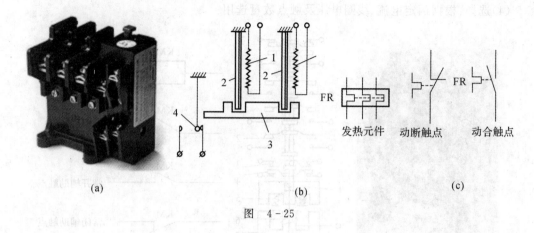

图 4-25

（1）用途：利用电流热效应而动作的保护电器，用于保护电动机，使其免受长期过载的危害。

（2）工作情况：热元件串接在主电路，常闭触点串接在控制电路，动作后重新工作按复位按钮。

（3）选择：整定电流等于电机的额定电流。

9. 时间继电器

时间继电器起控制动作时间的作用，把电信号输入后经过一定的延时才动作。有空气阻尼式、电磁阻尼式、电子式等。在电动机的继电器接触控制中，常用的是通电延时型空气阻尼式，利用空气阻尼作用工作的。如图 4-26 所示。

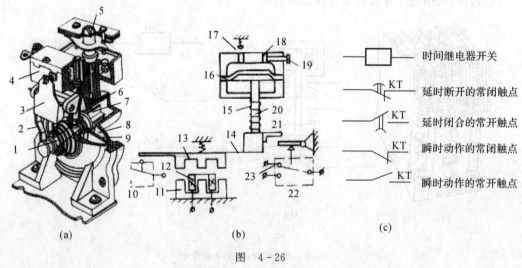

图 4-26
(a)部分结构图； (b)结构示意图； (c)表示符号

10. 行程开关

行程开关又称为限位开关。

行程开关结构与按钮类似，但其动作要由机械撞击。当行程开关的推杆被压下时，微动开关内的常闭触点断开，常开触点闭合，当推杆返回时，各触点复原。用作电路的限位保护、行程控制、自动切换等。如图 4 - 27 所示。

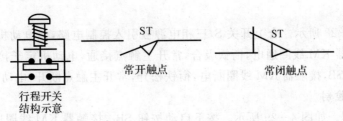

图 4 - 27　行程开关结构示意图和电路符号

任务七　异步电动机的控制电路

知识点
- 常用控制电器的工作原理和电路符号。
- 控制基本环节的工作原理。
- 电动机运行的行程控制方法。

技能点
- 熟悉常用控制电器的命名方法。
- 会分析电动机点动、连续、多处和正反控制。
- 了解行程开关的工作原理和控制方法。

任务描述

在现代工农业生产中所使用的生产机械大多是由电动来拖动的。因此,电动拖动装置是现代生产机械中的一个重要组成部分。它由电动机、传动机构和控制电动机的电气设备等环节所组成。为了满足生产过程和加工工艺的要求,必须用一定的控制设备组合成控制电路,对电动机进行控制。如控制电动机的启动、停止、正反转、制动、行程、运行时间和工作顺序等。

任务分析

对异步电动机的控制,当前国内广泛采用由继电器、接触器、按钮等有触点电器组成的控制电路,称为继电接触器控制电路。其优点是操作简单、价格低廉、维修方便;缺点是体积较大、触点多、易出故障。近年来,随着科学技术的飞跃发展和自动化生产的需要,在较复杂的电动拖动控制系统中,已大量采用电子程序控制、数字控制和计算机控制系统。

相关知识

一、直接启动控制电路

直接启动即启动时把电动机直接接入电网,加上额定电压。一般来说,电动机的容量不大于直接供电变压器容量的 20%～30%时,都可以直接启动。

1.点动控制

电路如图 4－28 所示。合上开关 S,三相电源被引入控制电路,但电动机还不能启动。按下按钮 SB,接触器 KM 线圈通电,衔铁吸合,常开主触点接通,电动机定子接入三相电源启动运转。松开按钮 SB,接触器 KM 线圈断电,衔铁松开,常开主触点断开,电动机因断电而停转。

2.直接启动控制

(1)启动过程。如图 4－29 所示。按下启动按钮 SB$_1$,接触器 KM 线圈通电,与 SB$_1$ 并联的 KM 的辅助常开触点闭合,以保证松开按钮 SB$_1$ 后 KM 线圈持续通电,串联在电动机回路中的 KM 的主触点持续闭合,电动机连续运转,从而实现连续运转控制。

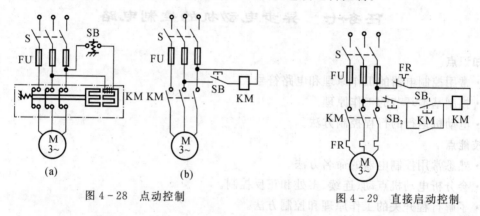

图 4－28　点动控制　　　　　　　　　　　　图 4－29　直接启动控制

(2)停止过程。按下停止按钮 SB$_2$,接触器 KM 线圈断电,与 SB$_1$ 并联的 KM 的辅助常开触点断开,以保证松开按钮 SB$_2$ 后 KM 线圈持续失电,串联在电动机回路中的 KM 的主触点持续断开,电动机停转。

与 SB$_1$ 并联的 KM 的辅助常开触点的这种作用称为自锁。

图 4－29 所示控制电路还可实现短路保护、过载保护和失压保护。起短路保护的是串接在主电路中的熔断器 FU。一旦电路发生短路故障,熔体立即熔断,电动机立即停转。起过载保护的是热继电器 FR。当过载时,热继电器的发热元件发热,将其常闭触点断开,使接触器 KM 线圈断电,串联在电动机回路中的 KM 的主触点断开,电动机停转。同时 KM 辅助触点也断开,解除自锁。故障排除后若要重新启动,需按下 FR 的复位按钮,使 FR 的常闭触点复位(闭合)即可。起失压(或欠压)保护的是接触器 KM 本身。当电源暂时断电或电压严重下降时,接触器 KM 线圈的电磁吸力不足,衔铁自行释放,使主、辅触点自行复位,切断电源,电动机停转,同时解除自锁。

二、正反转控制

1.简单的正反转控制

(1)正向启动过程。如图 4－30 所示,按下启动按钮 SB$_1$,接触器 KM$_1$ 线圈通电,与 SB$_1$ 并联的 KM$_1$ 的辅助常开触点闭合,以保证 KM$_1$ 线圈持续通电,串联在电动机回路中的 KM$_1$ 的主触点持续闭合,电动机连续正向运转。

(2)停止过程。按下停止按钮 SB$_3$,接触器 KM$_1$ 线圈断电,与 SB$_1$ 并联的 KM$_1$ 的辅助触点断开,以保证 KM_1 线圈持续失电,串联在电动机回路中的 KM_1 的主触点持续断开,切断电动机定子电源,电动机停转。

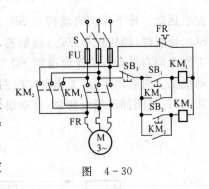

反向启动过程。按下启动按钮 SB_2,接触器 KM_2 线圈通电,与 SB_2 并联的 KM_2 的辅助常开触点闭合,以保证线圈持续通电,串联在电动机回路中的 KM_2 的主触点持续闭合,电动机连续反向运转。

这种正反转控制具有明显缺陷,当 SB_1 和 SB_2 先后被按下时,KM_1 和 KM_2 线圈同时接通,会造成主电路短路。我们常使用下面两种具有互锁的电路。

图　4-30

2. 电气互锁电路

如图 4-31 所示,将接触器 KM_1 的辅助常闭触点串入 KM_2 的线圈回路中,从而保证在 KM_1 线圈通电时 KM_2 线圈回路总是断开的;将接触器 KM_2 的辅助常闭触点串入 KM_1 的线圈回路中,从而保证在 KM_2 线圈通电时 KM_1 线圈回路总是断开的。这样接触器的辅助常闭触点 KM_1 和 KM_2 保证了两个接触器线圈不能同时通电,这种控制方式称为互锁或者联锁,这两个辅助常开触点称为互锁或者联锁触点。

其缺点:电路在具体操作时,若电动机处于正转状态要反转时必须先按停止按钮 SB_3,使互锁触点 KM_1 闭合后按下反转启动按钮 SB_2 才能使电动机反转;若电动机处于反转状态要正转时必须先按停止按钮 SB_3,使互锁触点 KM_2 闭合后按下正转起动按钮 SB_1 才能使电动机正转。

3. 同时具有电气互锁和机械互锁的正反转控制电路

如图 4-32 所示,采用复式按钮,将 SB_1 按钮的常闭触点串接在 KM_2 的线圈电路中;将 SB_2 的常闭触点串接在 KM_1 的线圈电路中;这样,无论何时,只要按下反转启动按钮,在 KM_2 线圈通电之前就首先使 KM_1 断电,从而保证 KM_1 和 KM_2 不同时通电;从反转到正转的情况也是一样。这种由机械按钮实现的互锁也叫机械或按钮互锁。

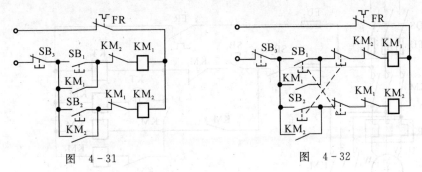

图　4-31　　　　　　　　　　图　4-32

三、异步电机的行程控制

在生产中由于工艺和安全的要求,常常要对某些运动机械的行程和位置进行控制,这称为行程控制或限位控制。行程控制是通过行程开关来实现的。

图 4-33 所示为某生产机械控制示意图。此机械在电动机的驱动下在 1,2 两个位置之间

左右运动。按下正向启动按钮 SB_1，电动机正向启动运行，带动工作台向左运动。当运行到 SQ_2 位置时，挡块压下 SQ_2，接触器 KM_1 断电释放，KM_2 通电吸合，电动机反向启动运行，使工作台向右运动。工作台退到 SQ_1 位置时，挡块压下 SQ_1，KM_2 断电释放，KM_1 通电吸合，电动机又正向启动运行，工作台又向左运动，如此一直循环下去，直到需要停止时按下 SB_3，KM_1 和 KM_2 线圈同时断电释放，电动机脱离电源停止转动。

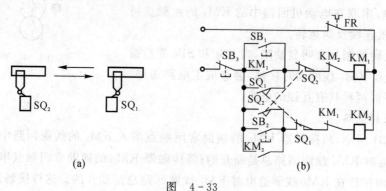

图　4-33

(a)往返运动图；　(b)自动往返控制电路

四、三相异步电动机的 Y-Δ 换接启动

如图 4-34 所示，其工作原理：按下 SB_1，KM_1 线圈通电，常闭互锁触点 KM_1 断开，KM_1 主触点闭合（Y 连接），常开触点 KM1 闭合，KM 线圈通电，KM 主触点闭合，Y 启动，自锁触点 KM 闭合。按下 SB_1 的同时，KT 线圈通电，延时后 KT 常闭触点断开，KM_1 线圈断电，KM_1 主触点断开，闭合的常开触点 KM_1 断开，断开的互锁触点 KM_1 闭合，KM_2 线圈通电，KM_2 主触点闭合，三角形运行，常闭触点 KM_2 断开，KT 线圈断电，KT 延时触点闭合。

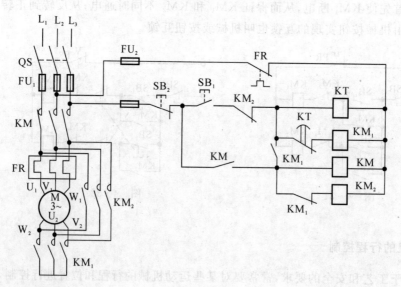

图　4-34

项目四 习题与思考题

4-1 单相变压器,原边线圈匝数 $N_1 = 1\,000$ 匝,副边 $N_2 = 500$ 匝,现原边加电压 $U_1 = 220$ V,测得副边电流 $I_2 = 4$ A,忽略变压器内阻抗及损耗,求:(1)原边等效阻抗 Z_1;(2)负载消耗功率 P_2(负载为阻性)。

4-2 已知变压器原边电压 $U_1 = 380$ V,若变压器效率为 80%,要求副边接上额定电压为 36 V,额定功率为 40 W 的白炽灯 100 只,求:副边电流 I_2 和原边电流 I_1。

4-3 有一单相变压器,原边电压为 220 V,50 Hz,副边电压为 44 V,负载电阻为 10 Ω。试求:(1)变压器的变压比;(2)原副边电流 $I_1 I_2$;(3)原边的等效阻抗。

4-4 有一单相照明变压器,容量为 10 kVA,电压 3300/220 V。今欲在副绕组接上 60 W,220 V 的白炽灯,如果要变压器在额定情况下运行,这种白炽灯可接多少个?并求原、副绕组的额定电流。

4-5 题图 4-5 所示的变压器,原边有两个额定电压为 110 V 的绕组。副绕组的电压为 6.3 V。

(1)若电源电压是 220 V,原绕组的四个接线端应如何正确联接,才能接入 220 V 的电源上?

(2)若电源电压是 110 V,原边绕组要求并联使用,这两个绕组应当如何联接?

(3)在上述两种情况下,原边每个绕组中的额定电流有无不同,副边电压是否有改变。

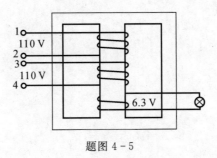

题图 4-5

4-6 题图 4-6 所示是一电源变压器,原绕组有 550 匝,接在 220 V 电压。副绕组有两个:一个电压 36 V,负载 36 W;一个电压 12 V,负载 24 W。两个都是纯电阻负载时。求原边电流 i_1 和两个副绕组的匝数。

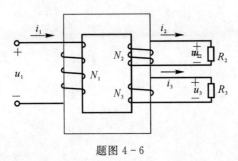

题图 4-6

4-7 已知一台三相异步电动机的额定数据为 $P_N=4.5$ kW，$n_N=950$ r/min，$\eta_N=84.5\%$，$\cos\varphi_N=0.8$，起动电流与额定电流之比 $I_{st}/I_N=5$，$\lambda=2$，起动转距与额定转距之比 $T_{st}/T_N=1.4$，额定电压 220/380 V，接法星／三角，$f_1=50$ Hz。求(1)磁极对数 p；(2)额定转差率 s_N；(3)额定转距 T_N；(4)三角形联结和星形联结时的额定电流 I_N；(5)起动电流 I_{st}；(6)起动转距 T_{st}。

项目五　电力系统与安全用电

知识点
· 电力系统的基本知识。
· 安全用电与节约用电。
技能点
· 能识别工厂供电系统的组成。
· 三相交流电相序的判别。

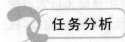

任务描述

在工农业生产和日常生活中,电能被广泛应用,但是,如果使用不当、管理不善,会造成生命危险与财产损失,因此安全用电非常重要。同时,电能是一种很重要的二次能源,从我国电能消耗的情况来看,70%以上消耗在工业部门,所以工厂的电能节约需要特别重视。节约用电就是要采取技术可行、经济上合理及对环境保护无妨碍的各种措施,科学地、合理地使用电能,减少电能的直接和间接损耗,提高电能的有效利用率。

任务分析

本章主要介绍在日常生活中如何做到安全用电,如何节约用电。

相关知识

任务一　电力系统的基本知识

工厂供电就是工厂所需电能的供应和分配。电能是现代工业生产和国民生活的主要能源和动力。它易于由其他形式的能量转换而来,也易于转换为其他形式的能量以供利用。它的输送和分配简单、经济,便于控制和测量,有利于实现生产过程的自动化,因而电能的应用非常广泛。电力工业也已成为国民经济发展的基础工业。如果离开电力工业,离开电能,我们的生活将寸步难行,现代化建设将无法实现。

电能是由发电厂产生的。发电厂一般建在燃料、水力资源丰富的地方,和电能用户的距离一般很远。为了降低输电线路的电能损耗,提高传输效率,由发电厂发出的电能经过升压变压器升压后,再经输电线路传输,这就是所谓的高压输电。电能经高压输电线路送到距用户较近的降压变电所,经降压后分配给用户。这样,就完成了发电、变电、输电、配电和用电的全过程。

我们把连接发电厂和用户之间的环节称为电网。把发电厂、电网和用户组成的统一整体称为电力系统,如图 5-1 所示。

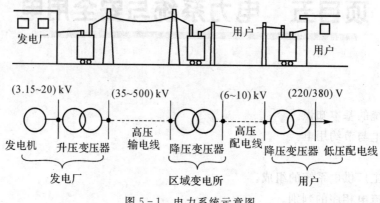

图 5-1　电力系统示意图

1.发电厂

发电厂是生产电能的工厂,它把非电形式的能量转换成电能,它是电力系统的核心。根据所利用能源的不同,发电厂分为水力发电厂、火力发电厂、核能发电厂、风力发电厂、地热发电厂和太阳能发电厂等。

水力发电厂,即水电站,它是利用水的势能来生产电能的。其能量转换过程是:机械能→电能。火力发电厂,简称火电厂或热电厂,它是利用燃料的化学能来生产电能的。其能量的转换过程是:化学能→热能→机械能→电能。核能发电厂,即核电站,它利用原子核的裂变能来生产电能的。其能量转换过程是:核裂变能→热能→机械能→电能。由于核能是巨大的能源,而且核电站的建设具有重要的经济和科研价值,世界上很多国家都很重视核电站建设,核电在整个电力工业中的比重正逐年增长。

2.电网

电网也称电力网,是连接发电厂和电能用户的中间环节,由变电所和各种不同电压等级的电力线路组成,如图 5-2 所示。它的任务是将发电厂生产的电能输送、变换和分配给电能用户。其中,电力线路是输送电能的通道,是电力系统中实施电能远距离传输的环节,是将发电厂、变电所和电力用户联系起来的纽带;变配电所是变换电压、接受电能和分配电能的场所,一般可分为升压变电所和降压变电所两大类。升压变电所是将低电压变换为高电压,一般建在发电厂;降压变电所是将高电压变换为一个合理、规范的低电压,一般建在靠近负荷中心的地点。

电网按电压高低和供电范围大小分为区域电网和地方电网。区域电网的范围大,电压一般在 220 kV 以上;地方电网的范围小,最高电压不超过 110 kV。

电网按其结构方式可分为开式电网和闭式电网。用户从单方向得到电能的电网称为开式电网;用户从两个及两个以上方向得到电能的电网称为闭式电网。

3.电力用户

电力用户是电力系统中的用电负荷,电能的生产和传输最终是为了用户的使用。不同的用户,对供电可靠性的要求不一样。根据用户对供电可靠性的要求及中断供电造成的危害或影响的程度,我们把用电负荷分为三级。

(1)一级负荷。如中断供电将造成人身伤亡或在政治、经济上造成重大损失的用电负荷。

比如中央政府机关、各地电信局的核心机房、大型炼钢厂等。

（2）二级负荷。如中断供电将造成主要设备损坏，大量产品报废，连续生产过程被打乱，需较长时间才能恢复，从而在政治、经济上造成较大损失的负荷。

（3）三级负荷。不属于一级和二级负荷的一般负荷，即为三级负荷。

在上述三类负荷中，一级负荷一般应采用两个独立电源供电，其中一个为备用电源。对于一级负荷中特别重要的，除采用两个独立电源外，还应增设应急电源。应急电源一般采用柴油发电机组。对于二级负荷，一般由两个回路供电，两个回路的电源线应尽量引自不同的变压器或两段母线。对于三级负荷无特殊要求，采用单电源供电即可。

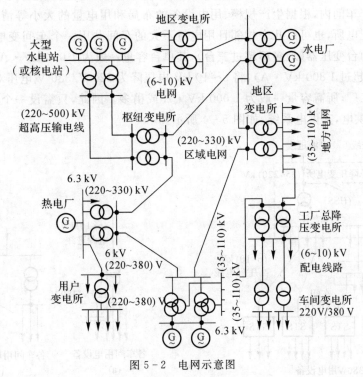

图 5-2　电网示意图

任务二　工厂供电概述

1. 工厂供电的意义和要求

工厂是电力用户，它接受从电力系统送来的电能。工厂供电就是指工厂把接受的电能进行降压，然后再分配。做好工厂供电工作，对于发展工业生产，提高产品质量，降低产品成本，使企业取得良好的经济效益有重大意义。工厂供电工作要很好地为工业生产服务，保证工厂生产和生活用电的需要，并做好节能工作，这就需要有合理的工厂供电系统。合理的供电系统需达到以下基本要求：

安全：在电能的分配和使用中，不应发生人身和设备事故。

可靠：应满足电能用户对供电的可靠性的要求。

优质：应满足电能用户对电压和频率等的要求。

经济:供电系统投资要少,运行费用要低,并尽可能地节约电能和有色金属的消耗。

在设计供电时,应合理地处理局部和全部、当前和长远的关系,既要照顾局部和当前利益,又要顾全大局,以适应发展要求。

2. 工厂供电系统组成

工厂供电系统分高压和低压两大部分,比如高压配电线路、低压配电线路、变配电所和用电设备。一般大、中型工厂均设有总降压变电,如图 5-3 所示,把配电线路 35~110 kV 电压降为 6~10 kV 电压,向车间变配电所或高压电动机和其他高压用电设备供电,总降压变电所通常设有一两台降压变压器。

在一个生产车间内,根据生产规模、用电设备的布局和用电量的大小等情况,可设立一个或几个车间变配电所,也可以几个相邻且用电量不大的车间共用一个车间变电所。车间变电所一般设置一两台变压器(最多不超过三台),其单台容量一般为 1 000 kV·A 或 1 000 kV·A 以下(最大不超过 1 800 kV·A),将 6~10 kV 电压降为 220 V/380 V 电压对低压用电设备供电。对小型工厂,所需容量一般为 1 000 kV·A 或稍多。因此,只需设一个降压变电所,以 6~10 kV 电压供电,其供电系统,如图 5-4 所示。

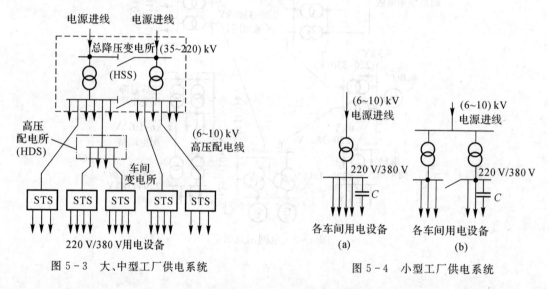

图 5-3　大、中型工厂供电系统　　　　图 5-4　小型工厂供电系统

变配电所中的主要电气设备是降压变压器和受电、配电装置。用来接受和分配电能的电气设备称为配电装置,其中包括开关设备、母线、保护电器、测量仪表及其他电气设备。对于 10 kV 及 10 kV 以下系统,为了安装和维护方便,总是将受电、配电装置放在一起,组成成套的开关柜,又叫配电屏或配电柜等。

工厂高压配电线路主要用来在厂区内输送和分配电能。高压配电线路应尽可能采用架空线路,因为架空线路建设投资少且便于检修维护。但在厂区内,由于对建筑物距离的要求和管线交叉、腐蚀性气体等因素的限制,不便于架设架空线路时,可以铺设地下电缆。

工厂低压配电线路主要用来向低压用电设备输送、分配电能。户外低压配电线路一般采用架空线路,因为架空线路与电缆相比有较多优点,如成本低、投资少、安装容易、维护维修方便、易于发现排除故障等。电缆线路与架空线路相比,虽具有成本高、投资大、维修不便等缺点,但是它具有运行可靠、不易受外界影响、不需架设电杆、不占地面空间等优点,特别是在有腐蚀性气体和易燃、易爆场所,不宜采用架空线路时,只有铺设电缆线路是很好的选择。随着经济发展,在现代化工厂中,电缆线路得到了越来越广泛的应用。

任务三　安全用电常识

随着电气化的发展,在生产和生活中大量使用了电气设备和家用电器,给人们的生产和生活带来很大方便。但在使用电能的过程中,如果不注意用电安全,可能造成人身触电伤亡事故或电气设备的损坏,甚至影响到电力系统的安全运行,造成大面积的停电事故,使国家财产遭受损失,给生产和生活造成很大的影响。因此,我们在使用电能时,必须注意安全用电,以保证人身、设备、电力系统三方面的安全,防止发生事故。

一、电流对人体的危害

人体触及带电体或高压电场承受过高的电压而导致死亡或局部受伤的现象称为触电。人体触电分为两种情况:一种是雷击或高压触电,较大安培数量级的电流通过人体所产生的热效应、化学效应和机械效应,将使人的肌体遭受严重的电灼伤、组织碳化坏死以及其他难以恢复的永久性伤害。由于高压触电多发生在人体尚未接触到带电体时,在肢体受到电灼伤的同时,强烈的电刺激将使肢体痉挛收缩而脱离电源,所以高压触电以电伤者居多。在特殊场合,由于不能自主脱离电源,将导致迅速死亡的严重后果。另一种是低压触电,在数十到数百毫安电流的作用下,使人体产生病理生理性反应,轻者有针刺的感觉或出现肌肉痉挛,产生麻电感觉,重者会造成呼吸困难,心脏麻痹,甚至导致死亡。

人体触电伤害程度主要取决于流过人体电流的大小和电击时间长短等因素。我们把人体触电后最大的摆脱电流,称为安全电流。我国规定安全电流为 30 mA,即通过人体的最大允许电流为 30 mA。人体触电时,如果接触电压在 36V 以下,通过人体的电流就不致超过 30 mA,故安全电压通常规定为 36 V,但在潮湿地面和能导电的厂房,安全电压则规定为 24 V 或 12 V。

电气事故包括电气失火、人身触电和设备烧毁。如果发生了电气失火事故,首先应该切断电源,然后救火。不能马上切断电源时,只能用砂土压灭或用四氯化碳、二氧化碳灭火器扑救。切不可用水直接扑灭带电火源。

人身触电事故总是突然发生的,急救刻不容缓。人体触电时间越长生命就越危险。因此,一旦发现有人触电,应立即拉掉开关、拔掉插头;没有办法切断电源时,应立即用带绝缘柄钳子、刀斧等刃具切断电源线;当导线搭在或压在受害人身上时,可用干燥的木棒、竹竿或其他带绝缘柄的工具迅速挑开电线。操作时必须防止救护人自己和在场人员触电。

触电者脱离电源后应立即就地进行紧急救护或送医院。如果触电者还没有失去知觉,可先将其抬到温暖的地方进行休息,并急请医生诊治。如果触电者失去知觉、呼吸停止但心脏微有跳动,应立刻采用人工呼吸法救治;如果虽有呼吸但心脏停止跳动,应立刻利用人工心脏挤压法救治;如果触电者呼吸、心脏均已停止但四肢尚未变冷(称为触电假死),则应同时进行人工呼吸和人工胸外心脏挤压。现代医学证明呼吸停止心脏停跳的触电者,在 1 min 之内抢救,苏醒率超过 95%,而在 6 min 后抢救,其苏醒率在 1% 以下。这就说明救护严重触电者,应该首先坚持现场抢救、连续抢救、分秒必争的原则。

二、安全用电预防措施

安全用电是指在保证人身及设备安全的条件下,应采取的科学措施和手段。通常从以下几方面着手。

1. 建立健全各种操作规程和安全管理制度

(1)安全用电,节约用电,自觉遵守供电部门制定的有关安全用电规定,做到安全、经济、不出事故。加强电气安全教育,人人树立"安全第一"的观点。

(2)禁止私拉电线,装拆电线应请电工,以免发生短路和触电事故。

(3)屋内配线,禁止使用裸导线或绝缘破损、老化的导线,对绝缘破损部分,要及时用绝缘胶布缠好。发生电气故障和漏电起火事故时,要立即拉断电源开关。在未切断电源以前,不要用水或酸、碱泡沫灭火器灭火。

(4)电线断线落地时,不要靠近,对于落地的高压线,应离开落地点 10m 以上。更不能用手去捡电线,应派人看守,并赶快找电工停电修理。

(5)电气设备的金属外壳要接地。在未判明电气设备是否有电之前,应视为有电,移动和抢修电气设备时,均应停电进行。灯头、插座或其他家用电器破损后,应及时找电工更换,不能"带病"运行。

(6)用电要申请,安装、修理找电工。停电要有可靠联系方法和警告标志。

(7)电气工作人员必须具备相应的技能,并能够通过考核。

2. 使用技术防护措施

为了防止人身触电事故,通常采用的技术防护措施有电气设备的接地、接零和安装低压触电保护器两种方式。电气设备在使用中,若设备绝缘损坏或击穿而造成外壳带电,人体触及外壳时有触电的可能。为此,电气设备的外壳必须与大地进行可靠的电气连接,即接地保护,使人体免受触电的危害。

(1)保护接地的概念及原理。

1)保护接地的概念。按功能分,接地可分为工作接地和保护接地。工作接地是为保证电力系统和电气设备达到正常工作要求而进行的接地,比如电源中性点的接地,防雷装置的接地等,各种工作接地有各自的功能。保护接地是指为保证人身安全,防止间接触电而将设备外露可导电部分接地。在中性点不接地系统中,设备外露部分(金属外壳或金属构架),必须与大地进行可靠电气连接,即保护接地。接地装置由接地体和接地线组成,埋入地下直接与大地接触的金属导体称为接地体,连接接地体和电气设备接地螺栓的金属导体称为接地线。接地体的对地电阻和接地线电阻的总和,称为接地装置的接地电阻。

2)保护接地的原理。在中性点不接地系统中,如果设备外壳不接地且意外带电,外壳与大地间存在电压,人体触及外壳,将有电流流过人体,如图 5-5(a)所示,人体将遭受触电危害。如果将外壳接地,人体与接地体相当于电阻并联,流过每一通路的电流值将与其电阻的大小成反比。人体电阻比接地体电阻大得多,人体电阻的下限一般取 $1\ 700\Omega$,接地电阻通常小于 4Ω,流过人体的电流很小,这样就完全能保证人体的安全,如图 5-5(b)所示。保护接地适用于中性点不接地的低压电网。在中性点不接地电网中,由于单相对地电流较小,利用保护接地可使人体避免发生触电事故。但在中性点接地电网中,由于单相对地电流较大,保护接地就不能完全避免人体触电的危险,因而要采用保护接零。

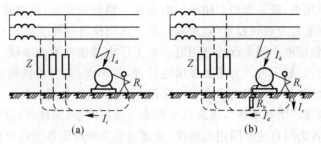

图 5-5　保护接地原理

（2）保护接零的概念及原理。

1）保护接零的概念。在电源中性点接地系统中，将设备需要接地的外露可导电部分与电源中性线直接连接，相当于设备外露部分与大地进行了电气连接，我国习惯上称为保护接零。

2）保护接零的工作原理。当设备发生单相碰壳时，外露可导电部分的电位与大地相同，人体触及外壳相当于触及零线，无危险。采用保护接零时，应注意不宜将保护接地和保护接零混用，而且中性点工作接地必须可靠，不能断线。

3）重复接地。在电源中性线直接接地的系统中，为确保保护接零的可靠，还需在下列地点将中性线或接地线重复接地：架空线路终端及沿线每隔 1 km 处；电缆和架空线引入车间和其他建筑物处。因为在该系统中，一旦中性线断线，设备外露部分带电，人体触及同样会有触电的可能。而在重复接地的系统中，即使出现中性线断线，但外露部分因重复接地而使其对地电压大大下降，对人体的危害也大大下降。不过应尽量避免中性线或接地线出现断线的现象。保护接零适用于电压为 220 V/380 V、中性点直接接地的三相四线制系统。在这种系统中，凡是由于绝缘破坏或其他原因可能出现危险电压的金属部分，均应采取接零保护（有另行规定者除外）。

3.使用漏电保护

漏电保护为近年来推广采用的一种新的防止触电的保护装置。在电气设备中发生漏电或接地故障而人体尚未触及时，漏电保护装置已切断电源；或者在人体已触及带电体时，漏电保护器能在非常短的时间内切断电源，减轻对人体的危害。

任务四　节约用电

能源是发展国民经济的重要物质基础，也是制约国民经济发展的一个重要因素。电能是一种很重要的二次能源，从我国电能消耗的情况来看，70％以上消耗在工业部门，所以工厂的电能节约需要特别重视。节约用电就是要采取技术可行、经济上合理及对环境保护无妨碍的各种措施，科学地、合理地使用电能，减少电能的直接和间接损耗，提高电能的有效利用率。节约用电对经济的可持续发展，对造福子孙万代都有很重要的意义。

1.加强工厂供用电系统的科学管理

（1）加强能源管理，建立和健全管理机构和制度。对于工厂的各种能源，要进行统一管理。工厂不仅要建立一个精干的能源管理机构，形成一个完整的管理体系，而且要建立一套科学的能源管理制度。能源管理的基础是能耗定额管理，不少工厂的实践说明，实行能耗的定额管理和相应的奖惩制度，对开展工厂节电节能工作有巨大的推动作用。

(2)实行计划供用电,提高能源利用率。电能是一种特殊商品,由于电能对国民经济影响极大,所以国家必须实行宏观调控,计划用电就是宏观调控的一种手段。工厂用电应按其与地方供电部门达成的供用电合同实行计划用电。对工厂内部供电系统来说,各车间用电也要按工厂下达的指标实行计划用电。为了加强用电管理,各车间、工段的供电线路上应装设电表,以便考核。对工厂的各种生活用电和职工家庭用电,也应装表计量。

(3)实行负荷调整,"削峰填谷",提高供电能力。负荷调整(简称调荷),就是根据供电系统的电能供应情况及各类用户的不同用电规律,合理地安排和组织各类用户的用电时间,以降低负荷高峰、填补负荷低谷(即所谓"削峰填谷"),充分发挥变配电设备的能力,提高电力系统的供电能力。现在已在部分地区实行,并将在全国推行的峰谷分时电价和峰谷季节电价政策,就是运用电价这一经济杠杆对用户用电进行调控的一项有效措施。由于工业用电在整个电力系统中占的比重最大,所以电力系统调荷的主要对象是工业用户。工厂的调荷主要有下列一些措施:错开各车间的上下班时间、进餐时间等,使各车间的高峰负荷时间错开,从而降低工厂总的负荷高峰;调整厂内大容量设备的用电时间,使之避开高峰负荷时间用电;调整各车间的生产班次和工作时间,实行高峰让电等。由于实行负荷调整,"削峰填谷",从而可提高变压器的负荷率和功率因数,既提高了供电能力,又节约了电能。

(4)实行经济运行方式,全面降低系统能耗。所谓经济运行方式,就是能使整个电力系统的电能损耗减少、经济效益提高的一种运行方式。例如,对于负荷率长期偏低的电力变压器,可以考虑换用较小容量的电力变压器。如果运行条件许可,两台并列运行的电力变压器,可以考虑在低负荷时切除一台。

(5)加强运行维护,提高设备的检修质量。节电工作与供电系统的运行维护和检修质量有着密切的关系。例如,电力变压器通过检修,消除了铁芯过热的故障,就能显著降低铁损,节约电能。又如电动机通过检修,使转子与定子间的气隙均匀或减小,或者减小转轴的转动摩擦,也都能降低电能损耗。要切实做好工厂的节电节能工作,单靠少数节能管理人员或电工技术人员是不行的。一定要动员全体职工都树立节电节能的意识。只有人人重视节能,时时注意节能,处处做到节能,才会形成节电节能的风尚,才能真正开创工厂节电节能的新局面。

2. 工厂供用电系统的技术改造

(1)逐步更新、淘汰现有低效高能耗的供用电设备。用高效节能的电气设备来取代低效高能耗的用电设备,是节电节能的一项基本措施,其经济效益十分明显。以电力变压器为例,采用冷轧硅钢片的新型低损耗变压器,其空载损耗比采用热轧硅钢片的老型号变压器要低一倍左右。同是 10 kV 级 1 000 kV·A 的配电变压器,如果以 S9 替换 SJL 型,则仅在变压器的铁损(空载损耗)方面一年就要节电 19 272 kW·h,效果相当可观。此外,在供用电系统中采用电子技术、计算机技术及远红外微波加热技术等,也可大量节约电能。

(2)改造现有不合理的供配电系统,降低线路损耗。对现有不合理的供配电系统进行技术改造,能有效地降低线路损耗,节约电能。例如,将迂回配电的线路改为直配线路;将截面积偏小的导线更换为截面积稍大的导线,或将架空线改为电缆;将绝缘破损、漏电较大的绝缘导线予以换新等,这些都能有效地降低线损,收到节电的效果。

(3)选用高效节能产品。选用高效节能产品,合理选择供用电设备的容量,或进行技术改造,提高设备的负荷率,这也是节电的一项基本措施。例如,选用节能型电力变压器,并合理确定其容量,使之接近于经济运行状态,这是比较理想的。如果变压器的负荷率长期偏低,则应按经济运行条件进行考核,适当更换较小容量的变压器。

(4)改革落后工艺,改进操作方法。生产工艺不仅影响到产品的质量和产量,而且影响到产品的耗电量。例如,在机械加工中,有的零件加工工艺以铣代刨,就可使耗电量减少30%～40%;在铸造中,有的用精密铸造工艺以减小金属切削余量,可使耗电量减少50%左右。改进操作方法也是节电的一条有效途径。例如,在电加热处理中,电炉的连续作业就比间歇作业消耗的电能少。

(5)采用无功补偿设备,人工提高功率因数。当采取上述各种技术措施提高设备的自然功率因数后仍达不到规定的功率因数时(一般规定功率因数不得低于0.9),应考虑采用无功补偿设备,提高功率因数。无功补偿设备主要有同步补偿机和并联电力电容器。GB 50052－1995《供配电系统设计规范》也明确规定:"当采用提高自然功率因数措施后,仍达不到电网合理运行要求时,应采用并联电力电容器作为无功补偿装置。只有在经过技术经济比较,确认采用同步电动机作为无功补偿装置合理时,才可采用同步电动机。"

项 目 强 化

项目名称:三相交流电相序的判别。

1.实训目的

(1)掌握两种判别三相电相序的方法。

(2)加深对交流电相位的理解。

2.实训设备、器件与实训电路

(1)实训设备与器件:白炽灯泡两个、耐压500 V的8 μF交流电容一支、100 W控制变压器一个、数字万用表1块、三极刀开关一个、导线若干。

(2)实训电路与说明:实训电路如图5-6所示。其中图5-6(a)所示为电容法判别相序的电路。图5-6(b)所示为电感法判别电路。电感可以用100 W控制变压器的一次线圈代替,或者选择稍大功率的电感。

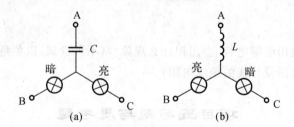

图5-6　指示灯相序表的接线原理

(a)电容式；　(b)电感式

3.实训步骤与要求

(1)电路连接。按如图5-6所示连接电路。如果条件允许可以使用三相自耦变压器先降低电源电压,再给上面的电路通电。

(2)通电前准备。仔细检查电路,确保接线正确,所选电容的耐压必须达到500 V以上。使用万用表检查电源电压是否正常。

（3）观察实验现象。如果电路接成电容式的电路，通过计算使电容的容抗（或电感的感抗）与灯泡的电阻大致相当，我们假定接电容的一相为 A 相，那么灯泡亮的那一相是 B 相，暗的一相为 C 相。如果电路接成如图 5-6(b) 所示的形式，那么灯泡暗的一相是 B 相。

（4）容抗和感抗的估算。容抗计算公式是 $Z_C = \dfrac{1}{\omega C} = \dfrac{1}{2\pi fC}$；电感的感抗计算公式是 $Z_L = \omega L = 2\pi fL$，为了保证实验的安全，可以在电容电路或电感电路中串联适当小电阻，大约 300Ω 即可。

4. 实训总结与分析

（1）工厂新安装或改造后的三相线路在投入运行前及双回路并行前，均要经过定相，即判断相序，以免彼此的相序和相位不一致，投入运行时造成短路或环流而损坏设备，造成事故。

（2）在以上实训中，我们学会了判断相序的方法，但对于比较长的电路，还要核对相位，核对相位的常用方法有兆欧表法和指示灯法，如图 5-7(a) 所示。用兆欧表核对线路两端相位的接线。线路首端接兆欧表，其 L 端接线路，E 端接地，线路末端逐相接地。如果兆欧表指示为零，则说明末端接地的相线与首端测量的相线属同一相。这样三相轮流测量，即可确定线路首端和末端各自对应的相。图 5-7(b) 所示是用指示灯核对线路两端相位的接线。线路首端接指示灯，末端逐相接地。如果通上电源时指示灯亮，则说明末端接地的相线与首端接指示灯的相线属同一相。如此三相轮流测量，亦可确定线路首端和末端各自对应的相。

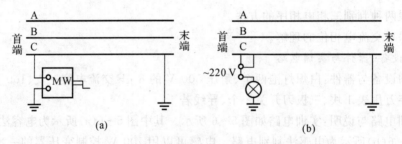

图 5-7　用指示灯核对三相线路两端相位的方法
(a)兆欧表法；　(b)指示灯法

5. 思考与讨论

（1）如果实验中选用电解电容，会出现什么现象？（不可尝试，以免危险）

（2）怎样用兆欧表测量导线的绝缘电阻？

项目五习题与思考题

（1）什么叫电力系统和电网？各自的组成是什么？

（2）水电厂、火电厂和核电厂各利用什么能源发电？是如何转换为电能的？

（3）电力用户按用电的重要程度分为哪三级？各级对供电有何要求？

（4）工厂供电的意义是什么？对工厂供电有哪些基本要求？

（5）低压的配电线路采用架空线和电缆，它们各有何优缺点？

（6）我国规定的安全电流和安全电压各为多少？

（7）节约用电对国民经济建设有何重大意义？

项目六 二极管与整流滤波电路

整流电路的任务是将交流电流变换成单向脉动电流,再通过滤波电路滤除其中的交流成分,即可得到比较平滑的直流电流。

二极管的主要特性是单向导电性,也就是在正向电压的作用下,导通电阻很小;而在反向电压作用下导通电阻极大或无穷大。正因为二极管具有上述特性,常把它用在整流、隔离、稳压、极性保护、编码控制、调频调制和静噪等电路中。

任务一 半导体二极管

知识点
- 半导体的导电原理。
- PN 结形成的工作原理。
- 二极管的伏案特性和主要参数。

技能点
- 能够识别常用半导体二极管的种类。
- 学会检测二极管质量的技能。
- 掌握选用二极管的基本方法。

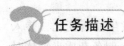
任务描述

半导体是制作半导体器件的关键材料,在研究半导体器件之前,有必要学习半导体的有关知识。

自然界中,按物质导电能力的不同,将其分为导体、绝缘体和半导体三类。半导体的导电能力介于导体和绝缘体之间。常用的半导体为硅、锗、硒及部分金属氧化物和硫化物。纯净的半导体导电能力差,绝缘性能不强,既不宜用做导电材料,也不适于做绝缘材料,因而长期未被人们重视。

任务分析

人们后来逐渐发现:温度、光照、掺入杂质等外界条件能引起半导体导电性能发生显著变化,即半导体的导电特性具有热敏、光敏、掺杂等特性。其中最重要的是掺杂特性,半导体技术的飞速发展,主要是利用了半导体的掺杂特性。

根据半导体的导电特性,人们制成了多种性能的电子元器件,如半导体二极管、半导体三极管、集成电路、热敏元件、光敏元件等。这些元器件具有体积小、质量轻、耗电少、寿命长、工作可靠等一系列优点,在现代生产与科技的各个领域中获得了广泛的应用。

一、半导体基本知识

1. 半导体的导电原理

不含杂质的纯净半导体称为本征半导体。本征半导体的原子在空间按一定规律整齐排列,形成晶体结构,所以半导体管也称为晶体管。半导体的导电性能与其原子最外层的电子有关,这种电子称为价电子。常用的半导体材料是硅和锗,它们都是四价元素,原子的最外层只有四个电子。这些单个原子组成晶体时,将形成共价键结构。共价键对价电子的束缚是比较强的,在绝对温度为零、没有光照时,价电子被束缚,不能导电。当温度升高,如常温下,或有光照半导体时,共价键中的某些电子将获得足够能量挣脱共价键的束缚而成为自由电子,同时在原有共价键中留下空穴。这种现象称为本征激发。温度升高越多,本征激发越强。本征激发产生的自由电子带负电荷,空穴因失去电子带正电荷。他们都是带电荷的粒子,统称为载流子。当有外加电场存在时,它们在电场力的作用下,都要做定向运动,即会产生电流,只是方向不同而已。自由电子逆着电场方向移动而形成电流,这种导电方式称为电子导电。空穴沿着电场方向移动而形成电流,这种导电方式称为空穴导电。空穴导电是半导体导电的一种特有方式。

半导体中同时存在着电子导电和空穴导电,这是它导电方式的基本特点,也是它与金属在导电原理上的本质差别。

本征激发产生的自由电子和空穴总是成对出现,自由电子和空穴也会重新结合,称为复合。在一定温度下,本征激发与复合达到相对平衡,半导体中的载流子维持一定数目。温度越高,载流子浓度就越高,所以温度对半导体器件性能的影响很大。

常温下,本征半导体的载流子浓度很低,因此导电能力很差。

2. 杂质半导体

在本征半导体中掺入某些微量元素作为杂质,可使半导体的导电性发生显著变化。掺入的杂质主要是三价或五价元素。掺入杂质的本征半导体称为杂质半导体。制备杂质半导体时一般按百万分之一数量级的比例在本征半导体中掺杂。

根据掺入杂质性质的不同,杂质半导体分为 N 型半导体和 P 型半导体两种。

(1)N 型半导体。在本征半导体硅(或锗)中掺入微量的 5 价元素,例如磷,则磷原子就取代了硅晶体中少量的硅原子,占据晶格上的某些位置。

如图 6-1 所示,磷原子最外层有 5 个价电子,其中 4 个价电子分别与邻近 4 个硅原子形成共价键结构,多余的 1 个价电子在共价键之外,只受到磷原子对它微弱的束缚,因此在室温下,即可获得挣脱束缚所需要的能量而成为自由电子,游离于晶格之间。失去电子的磷原子则成为不能移动的正离子。磷原子由于可以释放 1 个电子而被称为施主原子,又称施主杂质。在本征半导体中每掺入 1 个磷原子就可产生 1 个自由电子,而

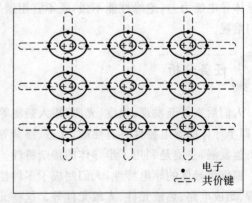

图 6-1 N 型半导体的形成

本征激发产生的空穴的数目不变。这样,在掺入磷的半导体中,自由电子的数目就远远超过了空穴数目,成为多数载流子(简称多子),空穴则为少数载流子(简称少子)。显然,参与导电的主要是电子,故这种半导体称为电子型半导体,简称 N 型半导体。

(2)P 型半导体。在本征半导体硅(或锗)中,若掺入微量的 3 价元素,如硼,这时硼原子就取代了晶体中的少量硅原子,占据晶格上的某些位置。

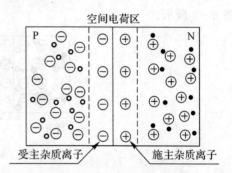

图 6-2 P 型半导体的形成

如图 6-2 所示,硼原子的 3 个价电子分别与其邻近的 3 个硅原子中的 3 个价电子组成完整的共价键,而与其相邻的另 1 个硅原子的共价键中则缺少 1 个电子,出现了 1 个空穴。这个空穴被附近硅原子中的电子来填充后,使 3 价的硼原子获得了 1 个电子而变成负离子。同时,邻近共价键上出现 1 个空穴。由于硼原子起着接受电子的作用,故称为受主,又称受主杂质离子。在本征半导体中每掺入 1 个硼原子就可以提供 1 个空穴,当掺入一定数量的硼原子时,就可以使半导体中空穴的数目远大于本征激发电子的数目,成为多数载流子,而电子则成为少数载流子。显然,参与导电的主要是空穴,故这种半导体称为空穴型半导体,简称 P 型半导体。

二、PN 结的形成及特性

在一块本征半导体中,掺以不同的杂质,使其一边成为 P 型,另一边成为 N 型,在 P 区和 N 区的交界面处就形成了一个 PN 结。

1. PN 结的形成

(1)当 P 型半导体和 N 型半导体结合在一起时,由于交界面处存在载流子浓度的差异,这样电子和空穴都要从浓度高的地方向浓度低的地方扩散。但是,电子和空穴都是带电的,它们扩散的结果就使 P 区和 N 区原来的电中性条件被破坏了。P 区一侧因失去空穴而留下不能移动的负离子,N 区一侧因失去电子而留下不能移动的正离子。这些不能移动的带电粒子通常称为空间电荷,它们集中在 P 区和 N 区交界面附近,形成了一个很薄的空间电荷区,这就是我们所说的 PN 结,如图 6-3 所示。

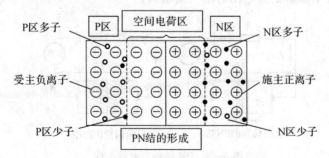

图 6-3 浓度差使载流子发生扩散运动

(2)在这个区域内,多数载流子或已扩散到对方,或被对方扩散过来的多数载流子(到达本区域后即成为少数载流子了)复合掉了,即多数载流子被消耗尽了,所以又称此区域为耗尽层,它的电阻率很高,为高电阻区。

(3)P区一侧呈现负电荷,N区一侧呈现正电荷,因此空间电荷区出现了方向由N区指向P区的电场,由于这个电场是载流子扩散运动形成的,而不是外加电压形成的,故称为内电场,如图6-4所示。

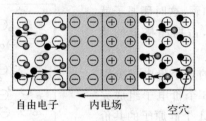

图6-4 内电场的形成

(4)内电场是由多子的扩散运动引起的,伴随着它的建立将带来两种影响:一是内电场将阻碍多子的扩散,二是P区和N区的少子一旦靠近PN结,便在内电场的作用下漂移到对方,使空间电荷区变窄。

(5)因此,扩散运动使空间电荷区加宽,内电场增强,有利于少子的漂移而不利于多子的扩散;而漂移运动使空间电荷区变窄,内电场减弱,有利于多子的扩散而不利于少子的漂移。当扩散运动和漂移运动达到动态平衡时,交界面形成稳定的空间电荷区,即PN结处于动态平衡。PN结的宽度一般为 $0.5~\mu m$。

2.PN结的单向导电性

PN结在未加外加电压时,扩散运动与漂移运动处于动态平衡,通过PN结的电流为零。

(1)外加正向电压(正偏)。当电源正极接P区,负极接N区时,称为给PN结加正向电压或正向偏置,如图6-5所示。由于PN结是高阻区,而P区和N区的电阻很小,所以正向电压几乎全部加在PN结两端。在PN结上产生一个外电场,其方向与内电场相反,在它的推动下,N区的电子要向左边扩散,并与原来空间电荷区的正离子中和,使空间电荷区变窄。同样,P区的空穴也要向右边扩散,并与原来空间电荷区的负离子中和,使空间电荷区变窄。结果使内电场减弱,破坏了PN结原有的动态平衡。于是扩散运动超过了漂移运动,扩散又继续进行。与此同时,电源不断向P区补充正电荷,向N区补充负电荷,结果在电路中形成了较大的正向电流 I_f,而且 I_f 随着正向电压的增大而增大。

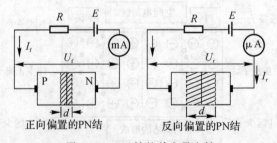

图6-5 PN结的单向导电性

(2)外加反向电压(反偏)。当电源正极接N区、负极接P区时,称为给PN结加反向电压或反向偏置。反向电压产生的外加电场的方向与内电场的方向相同,使PN结内电场加强,它把 P 区的多子(空穴)和 N 区的多子(自由电子)从 PN 结附近拉走,使 PN 结进一步加宽,PN 结的电阻增大,打破了 PN 结原来的平衡,在电场作用下的漂移运动大于扩散运动。这时通过 PN 结的电流,主要是少子形成的漂移电流,称为反向电流 I_r。由于在常温下,少数载流子的数量不多,故反向电流很小,而且当外加电压在一定范围内变化时,几乎不随外加电压的变化而变化,因此反向电流又称为反向饱和电流。当反向电流可以忽略时,就可认为 PN 结处于截止状态。值得注意的是,由于本征激发随温度的升高而加剧,导致电子-空穴对增多,因而反向电流将随温度的升高而成倍增长。反向电流是造成电路噪声的主要原因之一。因此,在设计电路时,必须考虑温度补偿问题。综上所述,PN 结正偏时,正向电流较大,相当于 PN 结导通;反偏时,反向电流很小,相当于 PN 结截止。这就是 PN 结的单向导电性。

3. PN 结的伏安特性

伏安特性曲线:加在 PN 结两端的电压和流过二极管的电流之间的关系曲线称为伏安特性曲线,如图 6-6 所示。$u>0$ 的部分称为正向特性,$u<0$ 的部分称为反向特性。它直观形象地表示了 PN 结的单向导电性。

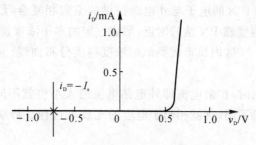

图 6-6 PN 结的伏安特性曲线

伏安特性的表达式为

$$i_D = I_S(e^{v_D/V_T} - 1) \tag{6-1}$$

式中,i_D 为通过 PN 结的电流。v_D 为 PN 结两端的外加电压。V_T 为温度的电压当量,$V_T = kT/q = T/11\ 600 = 0.026\ V$,其中 k 为波耳兹曼常数($1.38 \times 10^{-23}\ J/K$),$T$ 为热力学温度,即绝对温度(300 K),q 为电子电荷($1.6 \times 10^{-19}\ C$)。在常温下,$V_T \approx 26\ mV$。e 为自然对数的底。I_S 为反向饱和电流,对于分立器件,其典型值为 8~14A。集成电路中的二极管 PN 结,其 I_S 值则更小。

由此可看出 PN 结的单向导电性。

4. PN 结的击穿特性

当 PN 结上加的反向电压增大到一定数值时,反向电流突然剧增,这种现象称为 PN 结的反向击穿。PN 结出现击穿时的反向电压称为反向击穿电压,用 V_B 表示。反向击穿可分为雪崩击穿和齐纳击穿两类。

(1)雪崩击穿。当反向电压较高时,结内电场很强,使得在结内作漂移运动的少数载流子获得很大的动能。当它与结内原子发生直接碰撞时,将原子电离,产生新的电子-空穴对。这些新的电子-空穴对,又被强电场加速再去碰撞其他原子,产生更多的电子-空穴对。如此连锁反应,使结内载流子数目剧增,并在反向电压作用下作漂移运动,形成很大的反向电流,这种击穿称为雪崩击穿。显然雪崩击穿的物理本质是碰撞电离。

（2）齐纳击穿。齐纳击穿通常发生在掺杂浓度很高的 PN 结内。由于掺杂浓度很高，PN 结很窄，这样即使施加较小的反向电压（5V 以下），结层中的电场依然很强。在强电场作用下，会强行促使 PN 结内原子的价电子从共价键中拉出来，形成电子—空穴对，从而产生大量的载流子。它们在反向电压的作用下，形成很大的反向电流，出现了击穿。显然，齐纳击穿的物理本质是场致电离。采取适当的掺杂工艺，将硅 PN 结的雪崩击穿电压可控制在 8～1 000V，而齐纳击穿电压低于 5 V，在 5～8 V 之间两种击穿可能同时发生。

5.PN 结的电容效应

PN 结具有一定的电容效应，它由两方面的因素决定，一是势垒电容 C_B，二是扩散电容 C_D。

（1）势垒电容 C_B。势垒电容是由空间电荷区的离子薄层形成的。当外加电压使 PN 结上压降发生变化时，离子薄层的厚度也相应地随之改变，这样 PN 结中存储的电荷量也随之变化，犹如电容的充放电。势垒电容的示意图如图 6-7 所示。

（2）扩散电容 C_D。扩散电容是由多子扩散后，在 PN 结的另一侧面积累而形成的。因 PN 结正偏时，由 N 区扩散到 P 区的电子与外电源提供的空穴相复合，形成正向电流。刚扩散过来的电子就堆积在 P 区内紧靠 PN 结的附近，形成一定的多子浓度梯度分布曲线。反之，由 P 区扩散到 N 区的空穴，在 N 区内也形成类似的浓度梯度分布曲线。扩散电容的示意图，如图 6-8 所示。

当外加正向电压不同时，扩散电流即外电路电流的大小也就不同。所以 PN 结两侧堆积的多子的浓度梯度分布也不同，这就相当于电容的充放电过程。势垒电容和扩散电容均是非线性电容。

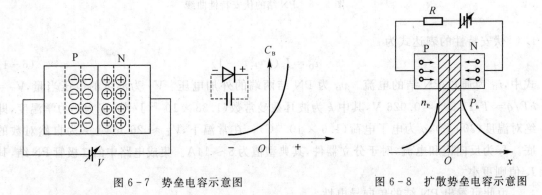

图 6-7　势垒电容示意图　　　　　　图 6-8　扩散势垒电容示意图

三、半导体二极管

1.半导体二极管的结构和符号

将 PN 结装上电极引线及管壳，就制成了半导体二极管，又称晶体二极管，简称二极管。其结构和符号如图 6-9 所示。

二极管种类有很多，按照所用的半导体材料，可分为锗二极管（Ge 管）和硅二极管（Si 管）。根据其不同用途，可分为检波二极管、整流二极管、稳压二极管、开关二极管等。按照管芯结构，又可分为点接触型二极管、面接触型二极管及平面型二极管。点接触型二极管是用一根很细的金属丝压在光洁的半导体晶片表面，通以脉冲电流，使触丝一端与晶片牢固地绕结在一起,形成一个 PN 结。由于是点接触,只允许通过较小的电流(不超过数 10 mA),适用于高频小电流电路,如收音机的检波等。

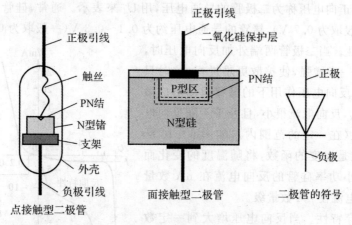

图 6-9 半导体二极管的结构和符号

面接触型二极管的 PN 结面积较大,允许通过较大的电流(数 10 A),主要用于把交流电变换成直流电的整流电路中。

平面型二极管是一种特制的硅二极管,它不仅能通过较大的电流,而且性能稳定可靠,多用于开关、脉冲及高频电路中。

按照二极管的应用不同可分为以下 6 类:

(1)整流二极管。交流电变成脉动的直流电。

(2)开关元件。二极管在正向电压作用下电阻很小,处于导通状态,相当于一只接通的开关;在反向电压作用下,电阻很大,处于截止状态,如同一只断开的开关。利用二极管的开关特性,可以组成各种逻辑电路。

(3)限幅元件。二极管正向导通后,它的正向压降基本保持不变(硅管为 0.7V,锗管为 0.3V)。利用这一特性,在电路中作为限幅元件,可以把信号幅度限制在一定范围内。

(4)继流二极管。在开关电源的电感和继电器等感性负载中起继流作用。

(5)检波二极管。在收音机中起检波作用。

(6)变容二极管。用于电视机的高频头中。

2.二极管的伏安特性

二极管的伏安特性是指流过二极管的电流 i_D 与加于二极管两端的电压 u_D 之间的关系或曲线。用逐点测量的方法测绘出来或用晶体管图示仪显示出来的 $U-I$ 曲线,称为二极管的伏安特性曲线。图 6-10 所示是二极管的伏安特性曲线示意图,以此为例说明其特性。

(1)正向特性。由图 6-10 可以看出,当所加的正向电压为零时,电流为零;当正向电压较小时,由于外电场远不足以克服 PN 结内电场对多数载流子扩散运动所造成的阻力,故正向电流很小(几乎为零),二极管呈现出较大的电阻,这段曲线称为死区。

正向电压升高到一定值 $U_r(U_{th})$ 以后,内电场被显著减弱,正向电流才有明显增加。U_r 被称为门限电压或阀电压。U_r 视二极管材料和温度的不同而不同。常温下,硅管一般为 0.5V 左右,锗管为 0.1V 左右。在实际应用中,常把正向特性较直部分延长交于横轴的一点,定为

门限电压 U_r 的值,如图正半轴实线与 U 轴的交点。

当正向电压大于 U_r 以后,正向电流随正向电压线性增长。把正向电流随正向电压线性增长时所对应的正向电压称为二极管的导通电压,用 U_f 来表示。通常,硅管的导通电压约为 $0.6 \sim 0.8$ V(一般取为 0.7 V),锗管的导通电压约为 $0.1 \sim 0.3$ V(一般取为 0.2 V)。

(2)反向特性。当二极管两端外加反向电压时,PN 结内电场进一步增强,使扩散更难进行,这时只有少数载流子在反向电压作用下的漂移运动形成微弱的反向电流 I_R,反向电流很小,且几乎不随反向电压的增大而增大(在一定的范围内),如图 6-10 所示。但反向电流是温度的函数,将随温度的变化而变化。常温下,小功率硅管的反向电流在 nA 数量级,锗管的反向电流在 μA 数量级。

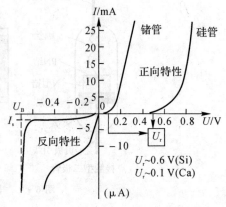

图 6-10 二极管的伏安特性

(3)反向击穿特性。当反向电压增大到一定数值 U_{BR} 时,反向电流剧增,这种现象称为二极管的击穿,U_{BR}(或用 V_B 表示)称为击穿电压,U_{BR} 视不同二极管而定,普通二极管一般在几十伏以上且硅管比锗管高。

击穿特性的特点是,虽然反向电流剧增,但二极管的端电压却变化很小,这一特点成为制作稳压二极管的依据。

(4)温度对二极管伏安特性的影响。二极管是温度的敏感器件,温度的变化对其伏安特性的影响主要表现为:随着温度的升高,其正向特性曲线左移,即正向压降减小;反向特性曲线下移,即反向电流增大。一般在室温附近,温度每升高 $1℃$,其正向压降减小 $2 \sim 2.5$ mV;温度每升高 $10℃$,反向电流增大 1 倍左右。

综上所述,二极管的伏安特性具有以下特点:

(1)二极管具有单向导电性。

(2)二极管的伏安特性具有非线性。

(3)二极管的伏安特性与温度有关。

任务二　单相整流电路

知识点

- 单相半波整流电路的工作原理。
- 单相全波桥式整流电路的工作原理。
- 整流电路中二极管的选择。

技能点

- 会分析单相半波整流电路。
- 会分析单相全波桥式整流电路。
- 掌握并熟练计算二极管的各个参数及管子型号的选择。

任务描述

将交流电流变换成单向脉动电流的过程叫作整流,完成这种功能的电路称为整流电路(整流器),它是小功率直流稳压电源的组成部分,其主要功能是利用二极管的单向导电性,将市电电网的单相正弦交流电压转变成单方向脉动的直流电压。然后,再经滤波和稳压电路,得到平滑而稳定的直流电压源,为电子电路提供能量。

任务分析

为了分析方便,在讨论二极管整流电路时,将二极管视为理想元件,即正向偏置时,忽略其正向压降;反向偏置时,忽略其反向漏电流。并设负载是纯电阻负载。常见的单相整流电路有半波、全波、桥式及倍压整流电路。本任务重点讨论单相半波整流和单相全波整流电路。

相关知识

一、单相半波整流电路

单相半波整流电路如图 6-11 所示。图中 T 是电源变压器。在分析电路时,将其视为理想变压器。V_D 是整流二极管。R_L 是负载电阻。

正半周时,变压器二次电压 u_2 的瞬时值上端为正,下端为负,这时二极管 V_D 正向导通。负载 R_L 两端的电压瞬时值 $u_0 = u_2$。

负半轴时,u_2 的瞬时极性与正半轴相反,二极管 V_D 反向截止,负载 R_L 两端无电流,也无电压。各点的波形变换如图 6-11(b) 所示。

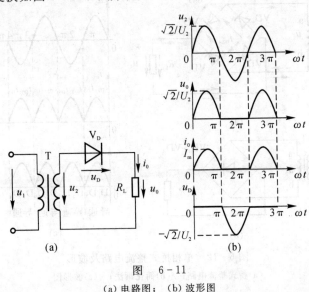

图　6-11

(a) 电路图；　(b) 波形图

由此可见，在 u_2 的一个周期内，只有半个周期 V_D 是导通，负载有电流，另半个周期，负载上没有电流、电压，所以称为半波整流。

整流后，负载上得到的是半个正弦波——脉动的直流电压 u_0 和脉动的直流电流 i_0。通常用一个周期的平均值来表示它们的大小，记作 U_0 和 I_0，U_0 称为整流电压的平均值，简称整流电压，I_0 称为整流电流的平均值，简称整流电流。

单相半波整流电压 U_0 与二次电压有效值 U_2 的关系为

$$U_0 = \frac{1}{2\pi}\int_0^{2\pi} u_0 \mathrm{d}(\omega t) = \frac{\sqrt{2}U_2}{\pi} = 0.45U_2 \qquad (6-1)$$

单向半波整流电流 I_0 为

$$I_0 = \frac{U_0}{R_L} \approx \frac{0.45U_2}{R_L} \qquad (6-2)$$

在交流电压的负半周时，二极管承受的最高反向电压 U_{RM} 为 U_2 的峰值，即

$$U_{RM} = \sqrt{2}U_2$$

可见，正确选用二极管时，必须满足：

最大整流电流 $\qquad\qquad\qquad I_{0M} \geqslant I_0$

最高反向工作电压 $\qquad\qquad U_{RM} \geqslant \sqrt{2}U_2$

为了安全起见，在选用二极管时，I_{0M} 和 U_{RM} 均应留出足够大的余量。

半波整流电路虽然结构简单，但变压器利用率低，整流电压脉动大。为了克服这些缺点，广泛采用桥式全波整流电路。

二、单相桥式整流电路

单相桥式整流电路如图 6-12 所示。用四只二极管接成电桥形式，变压器的二次绕组和负载分别接在桥式电路的两对角线顶点上。

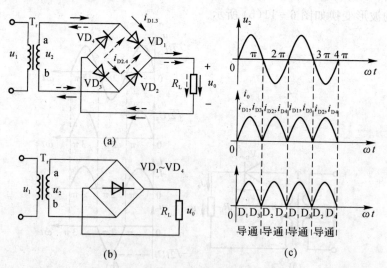

图 6-12　单相桥式整流电路及波形

(a)桥式整流电路；　(b)简化画法；　(c)波形图

　　图中 T_r 为变压器,其作用是将电网上的交流电压 u_1 变为整流电路要求的交流电压 u_2, RL 是要求直流供电的负载电阻。为计算方便,把二极管作理想元件处理,即认为它的正向导通电阻为零,反向截止电阻为无穷大。

　　整流过程如下:当 u_2 为正半周时,即 a 端为正,b 端为负。这时 VD_1,VD_3 导通,VD_2,VD_4 截止,电流的通路是 a→VD_1→R_L→VD3→b,如图中实线箭头所示。当 u_2 为负半周时,VD_2, VD_4 导通,VD_1,VD_3 截止,电流的通路是 b→VD_2→R_L→VD_4→a,如图中虚线箭头所示。由此可见,无论 u_2 处于正半周还是负半周,都有电流分别流过两对二极管,并以相同方向流过负载 R_L,输出波形如图 6-12(c)所示。显然,它是单方向的全波脉动波形。

　　从上面的分析得知,桥式整流中负载所获得的直流电压比半波整流电路提高了一倍,即

$$U_0 = 2 \times 0.45U_2 = 0.9U_2 \tag{6-3}$$

这表示桥式整流电路的直流分量是交流电压有效值的 0.9 倍。

　　流过负载 R_L 上的直流电流 I_0 为

$$I_0 = \frac{0.9U_2}{R_L} \tag{6-4}$$

　　二极管正向平均电流 I_D:在桥式整流电路中,二极管 VD_1,VD_3 和 VD_2,VD_4 轮流导通,分别与负载串联,因此流过每个二极管的平均电流为 I_0 的一半,即

$$I_D = \frac{1}{2}I_0 = \frac{0.9U_2}{2R_L} = 0.45\frac{U_2}{R_L} \tag{6-5}$$

　　二极管承受的最大反向电压 U_{RM}:二极管所承受的最大反向电压可以从图 6-12 中看出,在 u_2 正半周时,VD_1,VD_3 导通,这时 u_2 直接加在 VD_2,VD_4 上。因此,VD_2,VD_4 所承受的最大反向峰值电压 U_{RM} 为 u_2 的峰值,即

$$U_{RM} = \sqrt{2}U_2 \tag{6-6}$$

　　因此,这时二极管承受的反向峰值电压 U_{RM} 就是变压器次级电压的最大值,即

$$U_{RM} = U_m \tag{6-7}$$

　　所以,选择半波整流电路中的整流二极管时,应使二极管的最大正向电流 IFM 和最高反向峰值电压 U_{RM} 满足

$$I_{FM} > I_0, \quad U_{RM} > \sqrt{2}U_2 \tag{6-8}$$

 任务实施

　　已知负载电阻 $R_L = 120\ \Omega$,负载电压 $U_0 = 18\ V$。采用单相桥式整流电路。试问如何选用二极管?

　　解　流过负载的电流为

$$I_0 = \frac{U_0}{R_L} = \frac{18}{120} = 150\ mA$$

　　每只二极管通过的平均电流为

$$I_D = \frac{1}{2}I_0 = \frac{1}{2} \times 150 = 75\ mA$$

　　变压器二次电压的有效值为

$$U_2 = \frac{U_0}{0.9} = \frac{18}{0.9} = 20 \text{ V}$$

因此

$$U_{RM} = \sqrt{2} U_2 = \sqrt{2} \times 20 = 28 \text{ V}$$

选 2CZ52B 二极管,其最大整流电流为 100 mA,最高反向工作电压 URM 为 50 V,可见都留出足够余量,可以安全使用。

任务三　滤波电路

知识点

- 电容滤波电路的工作原理。
- 常用滤波电路的优缺点及使用场合。
- 输出电压的计算。

技能点

- 熟练计算滤波后的输出电压和电流。
- 会计算滤波电容的大小。
- 掌握二极管和电容型号的选取。

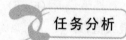

任务描述

经整流得到的直流电,脉动很大,含有很多交流成分,在电子设备中是无法使用的。为此,整流之后还需滤波——将脉动的直流电变为比较平滑的直流电。

任务分析

滤波电路的种类很多,主要有电容、电感滤波电路。

相关知识

前面讨论的整流电路输出的是单向脉动电压,含有较强的交流分量,这种脉动电压常用于蓄电池、电镀、电磁铁等设备。若把整流电路的输出作为电子设备的电源,对接在电路中的电子设备会产生不良的影响,甚至不能正常工作。为了改善输出电压的脉动程度,在整流电路和负载之间,需加接滤波电路。滤波后波形关系如图 6-13 所示。

所谓滤波是指把脉动直流电压中的交流分量削弱或去掉,获得比较平滑的直流电压。能削弱或去掉交流分量的电路称为滤波电路。它是利用电抗元件 L,C 的储能作用,当整流后的单向脉动电流、电压较大时,将部分能量储存,反之则放出能量,使输出电流、电压平滑。一般滤波电路由电容、电感和电阻元件组成,可分为电容、电感和复式滤波 3 种,下面介绍电容滤波电路。

图 6-14 所示为桥式整流电容滤波的电路。它是一种并联滤波,滤波电容与负载电阻直接并联,因此,负载两端的电压等于电容器 C 两端的电压。电容的充放电过程为电源电压的半个

周期重复一次,因此,输出的直流电压波形更为平滑。

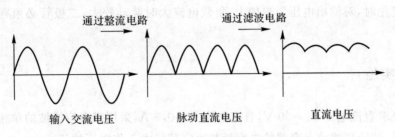

图 6 - 13 波形关系图

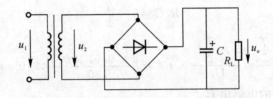

图 6 - 14 桥式整流电容滤波电路

电容滤波电路输出电压波形,如图 6 - 15 所示。设 $t=0$ 时,$u_C=0$ V,当 u_2 由零进入正半周时,此时整流电路导通,电容 C 被充电,电容两端电压 u_C 随着 u_2 的上升而逐渐增大,直至 u_2 达到峰值。由于电容充电电路的二极管正向导通电阻很小,所以电容充电回路时间常数小,u_C 紧随 u_2 升高。此后,u_2 过了峰值开始下降,由于 u_2 在最大值附近的下降速度很慢,而电容电压开始下降较快,以后越来越慢。$t=t_2$ 时,出现 $u_C>u_2$ 的现象,整流电路截止,电容 C 对负载电阻 R_L 放电,放电回路由 C 和 R_L 串联而成,在 R_L 和 C 足够大的情况下,电容放电回路时间常数大。放电持续到下一个正半周 $t=t_3$ 时刻,u_2 上升且大于 u_C,于是整流电路又重新导通,电容又被重新充电,这样不断地重复,因而负载两端电压 u_2 的变化规律如图 6 - 15 所示的粗实线。

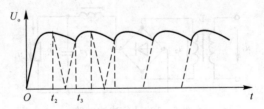

图 6 - 15 电容滤波电路输出电压波形图

为了获得较好的滤波效果,滤波电容器的电容要选得较大,通常按照滤波电路的放电时间常数 R_LC 大于交流周期 T 的 $3\sim5$ 倍来选择滤波电容:

$$\tau=R_LC\geqslant(3\sim5)T \tag{6-9}$$

对于全波或桥式整流电路而言,若电源频率为 50 Hz,则输出电压周期 $T=0.01$ s,于是

$$R_LC\geqslant(0.03\sim0.05)\text{s} \tag{6-10}$$

在满足式(6-9)条件下,电容器两端,也就是负载上的直流电压 $U_0=1.2U_2$。

滤波电容一般采用电解电容或油浸纸质电容器。使用电解电容时,应注意其极性不能接反,否则电容器会被击穿。整流电路使用电容滤波的优点是轻载时的脉动较小而电压较高,其缺点是负载变化时,对输出电压影响较大,负载电流大时脉动较大,二极管必须有通过峰值电流的能力。

任务实施

某负载要求直流电压 $U_0=30$ V,直流电流 $I_0=0.5$ A,采用带电容滤波的单相桥式整流电路作直流电源,试计算滤波电容器的电容量并确定其最大工作电压的值。

解 按式(6-9),取滤波电容量为

$$R_L C = 5 \times \frac{T}{2}$$

$$C \approx \frac{5 \times \frac{T}{2}}{R_L} = \frac{5 \times \frac{T}{2} I_0}{U_0} \times 10^6 = \frac{5 \times 0.01 \times 0.5}{30} \times 10^6 = 833 \ \mu F$$

故可选用 1 000 μF 的电解电容。

电容器两端承受的最大电压为 $\sqrt{2} U_2$,而 $U_0=1.2U_2$,$U_2=\dfrac{U_0}{1.2}=25$ V,故电容器两端承受的最大电压为 $\sqrt{2} \times 25 = 35.4$ V,实际可选用允许最大直流工作电压为 50V 的电容器即可。

为了进一步改善滤波效果,实际使用中是电感滤波和电容滤波复合使用,即复式滤波。

1. LC 滤波器

LC 滤波电路如图 6-16 所示。

整流输出电压中的交流成分大部分已落在 L 的上面,再经电容器 C 进一步滤波,负载上将会得到更加平滑的直流电。

LC 滤波器的外特性与电感滤波相同,但滤波效果更好。它适用于电流较大且要求电流脉动小的场合。

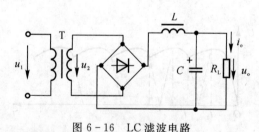

图 6-16 LC 滤波电路

2. π 型 LC 滤波器

在 LC 滤波器前面再并一个滤波电容,即构成 π 型 LC 滤波器,如图 6-17 所示。它的滤波效果更好,但外特性要差一些。

3. π 型 RC 滤波器

因铁芯线圈体积大、笨重、成本高、使用不方便,经常用电阻 R 代替电感线圈,构成 π 型 RC 滤波器,如图 6-18 所示。由于电容的交流阻抗很小,经 C_1 滤波后残余的交流成分大部分降到了电阻上,从而使得滤波效果更好。只是由于电阻 R 上要损失掉一部分直流电压。因此,这种

滤波电路主要适用于负载电流较小且输出电压脉动较小的场合。

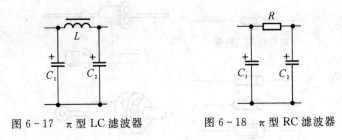

图 6 - 17 π 型 LC 滤波器　　　　图 6 - 18 π 型 RC 滤波器

任务四 稳 压 电 路

知识点
- 稳压管的工作原理。
- 硅稳压管的稳压电路。
- 集成稳压电路。

技能点
- 会选择稳压管的型号。
- 会分析稳压管的工作原理。
- 掌握常用稳压管的型号和使用方法。

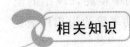

任务描述

整流滤波电路可以输出比较平滑的直流电压。但是,当电网电压波动或负载发生变化时,将会引起输出直流电压的波动。这种电压不稳定,会引起负载工作不稳定,甚至不能正常工作。

任务分析

由于精密的电子测量仪器、自动控制、计算装置及晶闸管的触发电路都要求有稳定的直流电源供电。为了得到稳定的直流输出电压,需要采取稳压措施,可在整流滤波电路之后再加上稳压电路。稳压电路的种类很多,下面简要介绍几种稳压电路的原理及特点。

相关知识

一、稳压管稳压电路

稳压二极管(又叫齐纳二极管),此二极管是一种直到临界反向击穿电压前都具有很高电阻的半导体器件,如图 6 - 19 所示。

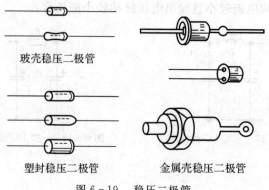

玻壳稳压二极管

塑封稳压二极管　　　　金属壳稳压二极管

图 6-19　稳压二极管

稳压管也是一种晶体二极管,它是利用 PN 结的击穿区具有稳定电压的特性来工作的。稳压管在稳压设备和一些电子电路中获得广泛的应用。把这种类型的二极管称为稳压管,以区别用在整流、检波和其他单向导电场合的二极管。稳压二极管的特点是击穿后,其两端的电压基本保持不变。这样,把稳压管接入电路以后,若由于电源电压发生波动,或其他原因造成电路中各点电压变动时,负载两端的电压将基本保持不变。稳压管反向击穿后,电流虽然在很大范围内变化,但稳压管两端的电压变化很小。其伏安特性如图 6-20 所示,利用这一特性,稳压管在电路中能起稳压作用。因为这种特性,稳压管主要被作为稳压器或电压基准元件使用。可以将稳压管串联起来以便在较高的电压上使用,通过串联也可获得更多的稳定电压。

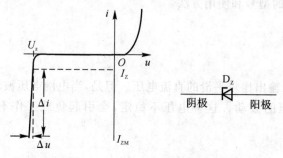

图 6-20　稳压二极管符号及伏安特性

稳压管的主要参数:稳定电压 U_Z,稳定电压就是稳压二极管在正常工作时,管子两端的电压值。这个数值随工作电流和温度的不同略有改变。稳压管,即使是同一型号的稳压二极管,稳定电压值也有一定的分散性,例如 2CW14 硅稳压二极管的稳定电压为 6 ～ 7.5 V。

耗散功率 P_M:反向电流通过稳压二极管的 PN 结时,要产生一定的功率损耗,PN 结的温度也将升高。根据允许的 PN 结工作温度决定管子的耗散功率。通常小功率管约为几百毫瓦至几瓦。

最大耗散功率 P_{ZM}:稳压管的最大功率损耗取决于 PN 结的面积和散热等条件。反向工作时,PN 结的功率损耗为 $P_Z = V_Z \cdot I_Z$,由 P_{ZM} 和 V_Z 可以决定 I_{Zmax}。

稳定电流 I_Z:工作电压等于稳定电压时的反向电流。最小稳定电流 I_{zmin}:稳压二极管工作于稳定电压时所需的最小反向电流。最大稳定电流 I_{zmax}:稳压二极管允许通过的最大反向电流。

动态电阻 R_Z：其概念与一般二极管的动态电阻相同，只不过稳压二极管的动态电阻是从它的反向特性上求取的。R_Z 越小，反映稳压管的击穿特性越陡。

$$R_Z = \Delta V_Z / \Delta I_Z$$

稳定电压温度系数：温度的变化将使 UZ 改变，在稳压管中，当 $|U_Z| > 7$ V 时，U_Z 具有正温度系数，反向击穿是雪崩击穿。当 $|U_Z| < 4$ V 时，U_Z 具有负温度系数，反向击穿是齐纳击穿。当 4 V $< |U_Z| < 7$ V 时，稳压管可以获得接近零的温度系数。这样的稳压二极管可以作为标准稳压管使用。

使用稳压管的注意事项：

(1) 稳压管必须工作在反向击穿状态（利用正向特性稳压除外）。

(2) 稳压管工作时的电流应在稳定电流和允许的最大工作电流之间。为了使电流不超过反向击穿电流，电路中必须串接限流电阻。

(3) 稳压管可以串联使用，串联后的稳压值为各管稳压值之和，但不能并联使用，以免因稳压管稳压值的差异造成各管电流分配不均匀，引起管子过载损坏。

利用稳压管组成简单稳压电路，如图 6-21 所示，其中 R 为限流电阻，硅稳压管稳压时，必须被反向击穿，条件是在稳压管接点处断开稳压管，判断其两端的电位差，若大于稳压管的稳定电压，稳压管一直工作在反向击穿状态，使输出电压稳定，否则起不到稳压作用。

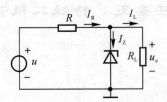

图 6-21　稳压管稳压电路

稳压原理：

(1) 当负载电阻不变而交流电网电压增加时，稳压过程如下：

$$U \uparrow \to U_o \uparrow \to U_Z \uparrow \to I_Z \uparrow \uparrow \to I_R \uparrow \to U_R = R_{IR} \uparrow \to U_O \downarrow$$

输入电压 U 的增加，必然引起输出电压 U_o 的增加，即稳压管两端的电压 U_Z 增加，从而使 I_Z 增加很大，I_R 增加，U_R 增加，致使输出电压 U_o 减小。电网电压减小时，稳压调节过程相反。

(2) 当电网电压不变而负载电阻 R_L 减小时，稳压过程如下：

$$R_L \downarrow \to I_L \uparrow \to I_R \uparrow \to U_R \uparrow \to U_Z \downarrow (U_o \downarrow) \to I_Z \downarrow \downarrow \to I_R \downarrow \to U_R \downarrow \to U_o \uparrow$$

负载电流 I_L 的增加，必然引起 I_R 的增加，即 U_R 增加，从而使 $U_Z = U_o$ 减小，I_Z 减小很多。I_Z 的减小必然使 I_R，U_R 减小，致使输出电压增加。当负载电阻增加时，稳压调节过程相反。

由此可见，稳压管在电路中起电流调节作用，当输出电压有微小变化时，利用与负载并联的硅稳压管中电流的自动变化这一调整作用和限流电阻 R 上的电压降的补偿作用来保持输出电压的稳定。

1.集成稳压电路

集成稳压电源代表了稳压电源的发展方向。广泛使用的是三端集成稳压器，它分为固定输出式和可调式两大类。固定输出式以 W7800（正电压输出），W7900（负电压输出）系列为代表；可调式以 W117，W317 等系列为代表。

固定输出式三端集成稳压器外形和接线如图 6-22 所示。其内部除基本稳压电路外,还接有各种保护电路,当集成稳压器过载时,可免于损坏。

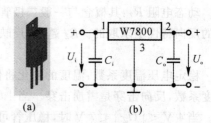

它只有三个端子,输入端 1、输出端 2 和公共端 3。从图 6-22(b)可见,使用时外接元件很少。输入端和输出端的电容,是为了消除可能产生的振荡和防止干扰等。

图 6-22　三端集成稳压器
(a)外形示意图;　(b)接线

2.集成稳压电路的主要性能指标

以 CW7805 为例。

输出稳定电压为 5 V。最大输入电压为 35 V,最小输入电压为 7 V,最大输出电流为 1.5 A。

电压调整率:7.0 mV(输入电压变化 10％时,输出电压的相对变化量)。

输出电阻:17 m(输入电压和温度不变时,输出电压相对变化量和输出电流变化量之比的绝对值。)

最大耗散功率:15 W(必须按规定散热片)。

任务五　特殊二极管

知识点

· 发光二极管的工作原理。

· 光电二极管的工作原理。

· 特殊二极管的符号及常见电路。

技能点

特殊二极管的功能和用途。

1.发光二极管

它是半导体二极管的一种,可以把电能转化成光能,常简写为 LED。发光二极管与普通二极管一样是由一个 PN 结组成,也具有单向导电性。当给发光二极管加上正向电压后,从 P 区注入到 N 区的空穴和由 N 区注入到 P 区的电子,在 PN 结附近数微米内分别与 N 区的电子和 P 区的空穴复合,产生自发辐射的荧光。不同的半导体材料中电子和空穴所处的能量状态不同。当电子和空穴复合时释放出的能量越多,则发出的光的波长越短。常用的是发红光、绿光或黄光的二极管,其图形符号如图 6-23 所示。

发光二极管的两根引线中较长的一根为正极,应作为电源正极。有的发光二极管的两根引线一样长,但管壳上有一凸起的小舌,靠近小舌的引线是正极。

与小白炽灯泡和氖灯相比,发光二极管的特点是:工作电压很低(有的仅一点几伏);工作电流很小(有的仅零点几毫安即可发光);抗冲击和抗震性能好,可靠性高,寿命长;通过调制电流的强弱可以方便地调制发光的强弱。由于有这些特点,发光二极管在

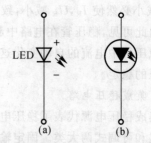

图 6-23　发光二极管的电路图形符号
(a)新图形符号;　(b)旧图形符号

一些光电控制设备中用作光源,在许多电子设备中用作信号显示器。把它的管芯做成条状,用7条条状的发光管组成7段式半导体数码管,每个数码管可显示0～9十个数字。

2. 光电二极管

光电二极管又叫光敏二极管,是一种将光信号转换为电信号的特殊二极管(受光器件)。

光电二极管的结构和电路符号,如图6-24所示。与普通二极管一样,其基本构成也是一个PN结。它的管壳上开有1个嵌着玻璃的窗口,以便于光线射入。为增加受光面积,PN结的面积做得比较大。

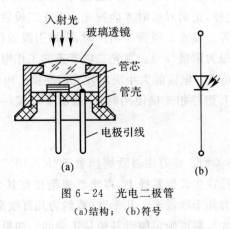

入射光
玻璃透镜
管芯
管壳
电极引线
(a)　　　　(b)
图6-24 光电二极管
(a)结构; (b)符号

光电二极管工作在反向偏置下,在无光照时,与普通二极管一样,反向电流很小(一般小于0.1 μA),该电流称为暗电流,此时光电二极管的反向电阻高达几十兆欧。当有光照时,产生电子-空穴对,统称为光生载流子。在反向电压作用下,光生载流子参与导电,形成比无光照时大得多的反向电流,该反向电流称为光电流,此时光电管的反向电阻下降至几千欧至几十千欧,光电流与光照强度成正比。如果外电路接上负载,便可获得随光照强弱而变化的电信号。

光电二极管一般作为光电检测器件,将光信号转变成电信号,这类器件应用非常广泛。例如,应用于光的测量、光电自动控制、光纤通信的光接收机等。大面积的光电二极管可制成光电池。

项 目 强 化

项目名称:二极管的识别与简单测试。

1. 目的

(1)学会用万能表判别二极管极性。

(2)熟悉用万能表判别二极管的质量。

2. 设备与器材

万能表一块;二极管2AP型、2CP型各1只;发光二极管2只;晶体管3AX31,3DG6各一只;100电阻1只;质差和废次的二极管、晶体管若干只。

3. 识别原理方法

(1)普通二极管。借助万能表的欧姆挡作简单判别。万能表正端(＋)红笔接表内电池的负极,而负端(－)黑笔接表内电池的正极。根据接正向导通电阻值小、反向截止电阻值大的原理来简单确定二极管好坏和极性。具体方法是：将万用表欧姆挡置于"R×100"或"R×1k"处，将红、黑两表笔接触二极管两端，表头有一指示。将红黑两表笔反过来再接触二极管的两端，表头又将有一指示。若两次指示的阻值相差很大，说明该二极管单向导电性好，并且阻值大（几百千欧以上）的那次红笔所接的为二极管阳极；若两次指示的阻值相差很小，说明该二极管已失去单向导电性；若两次指示阻值均很大，说明该二极管已经开路。

（2）发光二极管。发光二极管通常是用砷化镓、磷化镓等制成的一种新型器材。它具有工作电压低、耗电少、响应速度快、抗冲击、耐振动、性能好以及轻而小的特点。发光二极管和普通二极管一样具有单向导电性，正向导通时才能发光。发光二极管发光颜色多样，例如红、绿、黄等，形状有圆形和长方形等。发光二极管在出厂时，一根引线做得比另一根引线长，通常，较长引线表示阳极（＋），另一根为阴极（－）。发光二极管正向工作电压范围一般为 1.5～3V，允许通过的电流范围为 2～20mA。电流的大小决定发光的亮度。电压、电流的大小依器件型号不同而稍有差异。若与 TTL 组件相连接使用时，一般需要串接一个 470Ω 的降压电阻，以防器件的损坏。

（3）晶体管。

1）先判断基极和晶体管类型。将万用表欧姆挡置于"R×100"或"R×1k"处，先假设晶体管某极为基极，并将黑表笔接在假设的基极上，再将红表笔接在其余电极上，如果两侧的电阻值都很大（或者都很小），约为几千欧或至十几千欧（或约为几百欧至几千欧），而对换表笔后测得两个电阻值都很小（或很大），则可确定假设基极是正确的。如果两侧的电阻值是一大一小，则可肯定原假设的基极是错误的，这时就必须重新假设另一电极为基极，再重复上述的测试。最多重复两次就可找到真正的基极。

基极确定以后，将黑表笔接基极，红表笔分别接其他两极。此时若测得的电阻值都很小，则该晶体管为 NPN 型晶体管；反之，则为 PNP 型晶体管。

2）再判断集电极和发射极。以 NPN 型管为例。把黑表笔接到假设的集电极上，把红表笔接到假设的发射极上，并且用手捏住基极和集电极（不能使基极和集电极直接接触）通过人体，相当于在基极和集电极之间接入偏置电阻。读出表头所示集电极、发射极间的电阻值，然后将红、黑两表笔反接重测。若第一次电阻值比第二次小，说明原假设成立，黑表笔接为晶体管集电极，红表笔接为晶体管发射极，因为集电极、发射极间的电阻值小正说明通过万用表的电流大、偏置正常。

4. 预习内容

（1）预习 PN 结外加正、反向电压时的工作原理和晶体管电流放大原理。

（2）预习万用表电阻挡表面电阻刻度中心阻值含义和使用电阻挡时的测量方法，并估算所用万用表"R×100"和"R×1k"挡的短路输出电流值。

（3）能否用双手分别将表测量端与管脚捏住进行测量？这将会发生什么问题？

（4）为何不能用"R×1"或"R×100k"挡测试小功率管？

5. 思考题

（1）能否用万用表测量大功率晶体管？测量使用哪一挡较为合理，为什么？

（2）为什么用万用表不同电阻挡测二极管的正向（或反向）电阻值时，测得的阻值不同？

项目六习题与思考题

6-1 什么是半导体？常用的半导体材料有哪些？什么是 N 型半导体？什么是 P 型半导体？

6-2 什么是 PN 结的偏置？PN 结正向偏置与反向偏置时各有什么特点？

6-3 电路如题 6-3 图所示，已知 $u_i = 10\sin\omega t$ (V)，试画出 u_i 与 u_o 的波形。二极管正向压降可忽略不计。

6-4 电路如题 6-4 图所示，已知 $u_i = 5\sin\omega t$ (V)，二极管导通电压为 0.7 V。试画出 u_i 与 u_o 的波形，并标出幅值。

6-5 有一电阻性负载 R_L，需直流电压 24 V，直流电流 1 A，若用单相桥式整流电路供电，求出电源变压器副边电压有效值，并选出整流二极管。

6-6 单相桥式整流电路中若有 1 个二极管被断路、短路、反接，电路会出现什么情况？

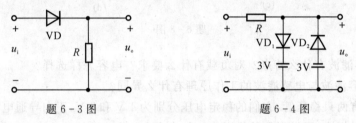

题 6-3 图　　　　　　　　题 6-4 图

6-7 电路如题 6-7 图所示，设二极管为理想器件，判断它们是否导通，并求电压 U_{AB}。

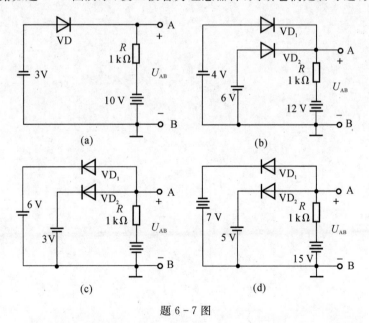

题 6-7 图

6-8 在题 6-8 图所示的电路中，已知输入信号为 $u_i = 6\sin\omega t$ V，试画出输出电压 u_o 的波形。

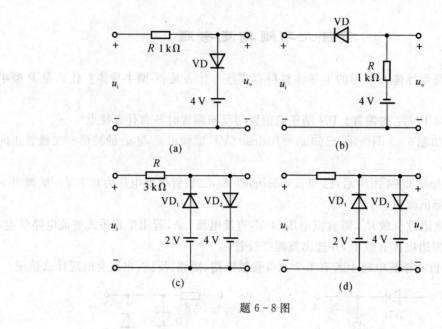

题 6-8 图

6-9　电容滤波有什么特点？对负载有什么要求？电容怎样选择？

6-10　电容滤波与电感滤波的工作原理有什么异同？

6-11　现有两只稳压管，它们的稳定电压分别为 4 V 和 8 V，正向导通电压为 0.7 V。试问：若将它们串联相接，可得到几种稳压值？各为多少？

项目七　三极管及基本放大电路

在工业生产中,常常需要将微弱的电信号加以放大,从而达到可以观察和应用的程度。放大电信号是电子电路的基本用途之一。放大电路中常用的器件是晶体管和集成运算放大器。它们的特点是体积小、重量轻、功率损耗少、寿命长等,用途十分广泛。

所谓放大,实质是指用微弱的电信号去控制放大器,从而将电源能量转化为与输入信号相对应的能量较大的输出信号,这是一种以小控大的能力。

放大电路一般由电压放大和功率放大两部分组成,电压放大主要是放大电信号的电压幅度,功率放大着重放大电信号的功率。

任务一　晶　体　管

知识点
- 三极管的三种工作状态。
- 三极管的电流放大原理。
- 三极管的特性曲线。

技能点
- 理解并会判断三极管的工作状态。
- 会用万用表对三极管进行简单的测试。
- 掌握三极管的主要参数。

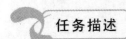

晶体管又称为半导体三极管、双极型晶体管 BJT。它具有电流放大作用,是构成各种电子电路的基本元件。

放大电路中完成放大任务的元件主要是半导体三极管,它的好坏直接影响电路的性能,它由两个 PN 结构成。本任务的目的,就是分析半导体三极管的结构与分类,介绍半导体三极管的电流放大作用,主要分析描述半导体三极管的工作状态及主要参数。

一、三极管的基本结构和分类

1. 三极管的结构

通过一定的制作工艺,将两个 PN 结组合起来,并引出 3 个电极,经过封装就成为三极管。按材料的不同,三极管可分为硅管和锗管两类;按 PN 结的组合方式不同,可分为 NPN 型和 PNP 型两种。图 7-1 所示是几种三极管的外形。图 7-2 所示是 NPN 型和 PNP 型三极管的结构示意图和符号。

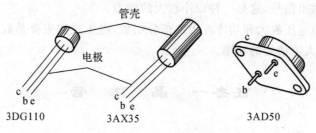

图 7-1　几种三极管的外形

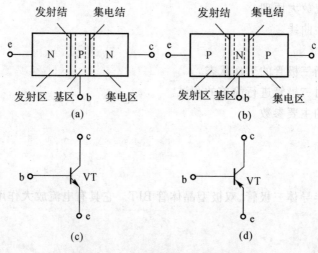

图 7-2　三极管结构示意图和符号

(a)NPN 型三极管结构示意图;　(b)PNP 型三极管结构示意图

三极管中的 3 个区分别叫发射区、基区和集电区。从所对应的区引出的电极分别叫发射极(e)、基极(b)和集电极(c)。发射区和基区的 PN 结称为发射结,集电区与基区的 PN 结称为集电结。三极管符号中,画箭头的电极是发射极,箭头的方向表示发射结正向偏置时电流的方向。箭头向外表示 NPN 型管,箭头向里表示 PNP 型管。目前多数的 NPN 型管是硅管,多数的 PNP 型管是锗管。三极管在电路中主要起放大作用或开关作用。为了确保三极管正常工作,制造时有以下工艺要求:发射区掺杂浓度要很大,基区要非常薄,其掺杂浓度要比发射区的掺杂浓度小很多,集电区掺杂浓度要小。

2.三极管的分类

三极管的种类很多,分类方法也有多种。下面按用途、频率、功率、材料等进行分类。

(1)按材料和极性分为含硅材料的 NPN 与 PNP 三极管和含锗材料的 NPN 与 PNP 三极管。

(2)按用途分为高频放大管、中频放大管、低频放大管、低噪声放大管、光电管、开关管、高反压管、达林顿管和带阻尼的三极管等。

(3)按功率分为小功率三极管、中功率三极管和大功率三极管。

(4)按工作频率分为低频三极管、高频三极管和超高频三极管。

(5)按制作工艺分为平面型三极管、合金型三极管和扩散型三极管。

(6)按外形封装的不同可分为金属封装三极管、玻璃封装三极管、陶瓷封装三极管和塑料封装三极管等。

二、三极管的电流放大作用

为说明三极管的电流放大作用,先分析三极管中载流子的运动和分配规律。现以 NPN 型三极管为例进行讨论。电路如图 7-3 所示,这是共发射极连接的电路形式。电路中三极管的发射结正偏,集电结反偏。

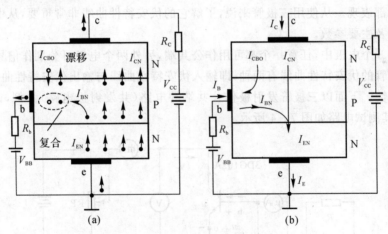

图 7-3 电子运动方向和电流方向

(a)载流子运动方向; (b)电流方向

(1)发射区向基区注入电子。如图 7-3 所示,当发射结加了正向偏置电压后,其内电场被削弱。发射区大量的电子(多子)向基区扩散,同时又不断地从电源补充电子,形成了发射区电流 I_{EN},它基本上等于发射极电流 I_E。基区的空穴(多子)也向发射区扩散,因为发射区的掺杂浓度比基区的掺杂浓度要大得多,所以基区中空穴向发射区扩散所形成的电流非常小,可以忽略不计。发射极电流 I_E 主要是由发射区的电子向基区注入(扩散)而形成的。

(2)电子在基区的扩散与复合。由发射区来的电子注入基区后,在靠近发射结处,电子浓度最大,在靠近集电结处,电子浓度较小。在基区中,电子的这一浓度差使它继续向集电结方向扩散。因为基区很薄,从发射区注入基区的电子很快就扩散到了集电结的边缘。电子在基区的扩散过程中,一部分要与空穴相遇而复合,形成基极复合电流 I_{BN}。为了补充基区因复合而消失的空穴,基极电源 V_{BB} 则不断从基区拉走电子,即不断供给基极空穴,形成了基极电流 I_B,它基本上等于复合电流 I_{BN}。由于基区做得很薄且掺杂浓度很小,所以形成的基极电流很小。由发射区注入基区的电子,绝大部分扩散到了集电结边缘。

(3) 集电区收集扩散过来的电子。由于集电结反向偏置,外电场与内电场的方向相同,基区中扩散到集电结边沿的电子,几乎全部漂移过集电结,到达集电区,形成集电极电子电流 I_{CN}。它基本上等于集电极电流 I_C。此外,集电结反向偏置,促使基区中的少子(电子)和集电区中的少子(空穴)向对方漂移,形成极小的反向饱和电流 I_{CBO},它是构成 I_C 和 I_B 的一部分。I_{CBO} 是由热激发的少数载流子形成的,数值很小,但受温度影响很大,容易使三极管工作不稳定。所以在三极管制造过程中要尽量减小 I_{CBO}。电流方向与电子运动方向相反,如图 7 - 3 所示。其关系为

$$I_B = I_{BN} - I_{CBO} \approx I_{BN} \qquad (7-1)$$
$$I_C = I_{CN} + I_{CBO} \approx I_{CN} \qquad (7-2)$$
$$I_E \approx I_{BN} + I_{CN} \qquad (7-3)$$

三、三极管的伏安特性

三极管的伏安特性曲线反映了三极管各电极电压与电流之间的关系,它是三极管内部载流子运动的外部表现。从使用三极管来说,了解它的伏安特性曲线非常重要,从中可以了解到三极管的特性及主要参数。

三极管的 3 个电极中,任意一个都可用作公共端,另外两个电极可分别作信号的输入端和输出端。三极管的伏安特性曲线有两种,即输入伏安特性曲线与输出伏安特性曲线,简称输入特性和输出特性。下面以三极管发射极作公共端的电路(共发射极电路)为例,讨论 NPN 管的特性曲线,其测试电路如图 7 - 4 所示。

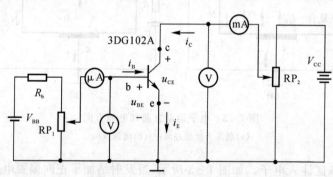

图 7 - 4 NPN 三极管共发射极接法特性曲线测试电路

1. 输入特性

三极管输入特性是指集电极和发射极之间电压 u_{CE} 为某一个常数时,输入回路的基极与发射极之间的电压 u_{BE} 与基极电流 i_B 的关系。其函数式为

$$i_B = f(u_{BE}) \mid u_{CE} = 常数$$

图 7 - 5 所示是 $u_{CE} = 0$ V 和 $u_{CE} = 1$ V 时的输入特性曲线。

(1) 当 $u_{CE} = 0$ V 时,三极管的 c,e 两极短路,发射结和集电结均正向偏置,相当于正向接法

的两个二极管并联,所以这时的三极管的输入特性曲线类似于二极管的正向伏安特性曲线。

(2) 当 u_{CE} 增加时,特性曲线右移,这是由于集电结收集载流子能力增强,在相同 u_{BE} 下,i_B 减小。

(3) 当 $u_{CE} \geqslant 1$ V 时,集电结收集载流子能力已接近极限程度,以至 u_{CE} 再增加,i_B 也不再明显减小,输入特性曲线基本上不再右移,可以认为是重合的。因此,通常只画出 $u_{CE} \geqslant 1$ V 的一条输入特性曲线。

(4) 输入特性也有一段"死区",只有在发射结的外加电压大于导通电压之后,三极管才能有基极电流 i_B,在正常工作时,硅管的 u_{BE} 约为 $0.6 \sim 0.7$ V,锗管约为 0.2 V ~ 0.3 V(绝对值)。

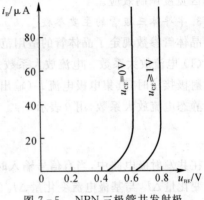

图 7-5 NPN 三极管共发射极
输入特性曲线

(5) 三极管的输入特性是非线性的,所以三极管是非线性器件。只有在输入特性曲线的陡峭上升部分近似于直线时,才可认为 i_B 与 u_{BE} 成正比关系,该区域是输入特性曲线的线性区。

2. 输出特性

三极管的共发射极输出特性曲线是指 i_B 一定时,输出电流 i_C 和输出电压 u_{CE} 的关系曲线,其函数表示式为

$$i_C = f(u_{CE}) \mid i_B = 常数$$

图 7-6 所示是硅 NPN 三极管的输出特性曲线。

图中是一簇输出特性曲线,这是因为 i_C 受 i_B 的控制,不同的 i_B 值对应一条不同的输出特性曲线。由图可见,各条特性曲线的开头大体相同,每条曲线的起始段都是由原点线性陡斜上升,然后弯曲变平。即 u_{CE} 较小(约 1V 以下)时,i_C 随 u_{CE} 的增加明显增加;而 u_{CE} 超过某一数值(约 1V)后,再增加时,i_C 却增加很少,几乎保持不变,表现出恒流性质。这是因为 u_{CE} 较小时,集电结电场较弱,对到达基区的电子吸引力不够,这时,若 u_{CE} 稍增加,则从基区拉向集电区的电子数量有较大增加,故 i_C 随 u_{CE} 的增加而明显增大;当 u_{CE} 大于 1 V 时,集电结的电场已足够强,能

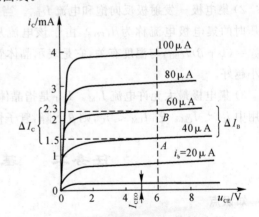

图 7-6 NPN 三极管共发射
极输出特性曲线

使发射区扩散到基区的电子的绝大部分都被拉向集电区,故 u_{CE} 再增加,i_C 就基本不增加了,特性曲线近似水平。实际上,在特性曲线的水平部分,仍随着 u_{CE} 的增加而略向上倾斜,这是由于 u_{CE} 增加时,集电结空间电荷区变宽,基区变窄,使载流子在基区的复合机会减少,即电流放大系数 β 增大,故在 i_B 不变的情况下,i_C 随 u_{CE} 略有增加,特性曲线略向上倾斜,这种现象称

为基区宽度调制效应。

3. 半导体三极管的主要参数

晶体管参数规定了晶体管的适用范围,它是合理选择晶体管的依据。主要参数有:

(1) 电流放大系数。电流放大系数是用来表征晶体管电流控制能力的参数,晶体管使用共发射极接法时,其集电极电流 I_C(输出电流)与基极电流 I_B(输入电流)的比值为共发射极电路的静态电流放大系数,用 $\bar{\beta}$ 表示 h_{FE}。即

$$\bar{\beta} = h_{FE} = \frac{I_C}{I_B}$$

在共发射极电路中,当有信号输入时,晶体管基极电流和集电极电流都产生变化,集电极电流变化量 ΔI_C 与基极电流变化量 ΔI_B 的比值,称为晶体管的动态电流放大系数,用 β 表示(手册中用 h_{FE} 表示)。即

$$\beta = h_{FE} = \frac{\Delta I_C}{\Delta I_B}$$

当晶体管工作在放大区且工作电流较小时,$\bar{\beta}$ 和 β 很接近,一般应用中不作严格区别。常用 β 表示电流放大系数。

常用小功率晶体管的 β 值在 20 ～ 150 之间,通常以 100 左右为宜。β 值太小,电流放大作用差;β 值太大,温度对它的稳定性影响又太大,会影响放大电路的性能。

(2) 极间反向电流。

1)集电极－基极反向饱和电流 I_{CBO}。当发射极开路,集电极和基极间加反向电压时,由集电极流向基极的电流称为 I_{CBO}。I_{CBO} 的大小,标志着集电结质量的好坏。小功率硅管的 I_{CBO} 小于 $1\ \mu A$,锗管的 I_{CBO} 约为 $10\ \mu A$ 左右。I_{CBO} 越小,晶体管的温度稳定性能越好。在温度变化较大的场合常用硅管。

2)集电极－发射极反向饱和电流 I_{CEO}。当基极开路($I_B = 0$),且集电极和发射极间加正向电压时的集电极电流称为 I_{CEO}。由于该电流从集电区流到发射区,所以又称为穿透电流,$I_{CEO} = (1 + \beta)I_{CBO}$,与温度有关,它是表示晶体管质量好坏的参数,在选择晶体管时,I_{CEO} 数值越小越好。

3)集电极最大允许电流 I_{CM}。I_{CM} 是指晶体管正常工作时集电极允许流过的最大电流,在使用中 $i_C < I_{CM}$。若 $I_{CM} < i_C$,则 β 下降,管子性能显著变差,甚至烧坏管子。

任务二　　基本放大电路

知识点

· 电路的结构。

· 电路的工作原理。

· 静态工作点的设置与稳定。

技能点

· 认识各元件在电路中的作用。

· 会计算静态工作点。

· 掌握稳定静态工作点的稳定过程。

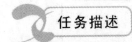

任务描述

所谓放大,表面看起来似乎就是把小信号变成大信号,但是放大的本质是实现能量的控制,而且放大的作用是针对变化量而言的。所以放大器是一种能量控制装置,它利用三极管的放大和控制作用,在输入小信号作用下,将直流电源的能量转换成负载上较大的能量输出。

任务分析

放大电路是电子设备中最重要、最基本的单元电路。放大电路的任务是放大电信号,即把微弱的电信号,通过电子器件的控制作用,将直流电源功率转换成一定强度的,随输入信号变化而变化的输出功率,以推动元器件正常工作。因此放大电路实质上是一个能量转换器。本任务的目的,就是分析共发射放大电路的组成、工作原理和静态工作点的设置与稳定。

相关知识

一、放大电路的基本知识

在生产中,常常把温度、压力、流量等的变化,通过传感器变换成微弱的电信号,要实现对这些信号的传输或控制,就需要一定的电路使微弱的电信号不失真或在规定的失真量范围内将其放大。实现这一功能的电路称为放大电路。放大电路实质上是一种能量控制电路,它通过具有较小能量的输入信号控制有源元件(晶体管、场效应管等)从电源吸收电能,使其输出一个与输入变化方式相似但数值却大得多的信号。

二、共发射极放大电路

1.共发射极放大电路的结构

由三极管组成的放大电路有共发射极、共集电极和共基极3种基本组态。本节以应用最广泛的共发射极放大电路(简称共射电路)为例来对放大电路的组成及工作原理进行分析。

图7-7所示是共发射极基本放大电路(单管电压放大电路)。输入端接交流信号 u_i,输出端接负载电阻 R_L,输出电压为 u_o。

电路中各元件的作用:

(1)晶体管 VT。晶体管是 NPN 型,它是整个电路的核心。若输入回路有一个微弱的信号电压 u_i,加在基极和发射极之间有一个微弱的交变电压 u_{BE},引起基极输入微弱的交变电流 i_B,于是在集电极回路内引起了较大的集电极电流 $i_C = \beta i_B$。根据能量守恒定律,能量是不能放大的,该电路是以能量较小的输入信号通过晶体管的“控制作用”去控制电源 V_{CC} 供给的能量,致使输出端获得一个能量较大的信号。这就是放大作用的实质。

(2)集电极电源 V_{CC}。V_{CC} 是放大电路的直流电源,它有两个作用。一方面保证晶体管 VT 的发射结处于正向偏置,集电结处于反向偏置,使晶体管工作在放大状态。另一方面为整个放大电路提供能源。V_{CC} 的数值一般为几伏到几十伏。

（3）集电极电阻 R_C。集电极负载电阻 R_C 一方面配合 V_{CC}，使晶体管集电结加反向偏置电压；另一方面将晶体管集电极电流 i_C 的变化转换成电压 u_{CE} 的变化，送到输出端从而实现电压放大。若没有 R_C，则输出端的电压始终等于 V_{CC}，就不会随输入信号变化了。R_C 的阻值一般为几千欧到几十千欧。

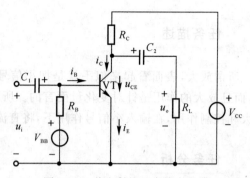

图 7-7　共发射极基本放大电路

（4）基极电源 V_{BB}。基极直流电源 V_{BB} 一方面为晶体管发射结提供正向偏置电压，另一方面为基极提供所需电流 I_B。

（5）基极电阻 R_B（基极偏置电阻）。它有两个作用：一方面是配合基极电源 V_{BB} 给晶体管发射结加正向偏置电压，另一方面是使电路获得适当的基极电流 I_B，以使放大电路获得合适的静态工作点。R_B 阻值一般为几十千欧到几百千欧。

（6）耦合电容 C_1 和 C_2。C_1，C_2 的作用是"隔直通交"。一方面隔断放大电路与信号源和负载之间的直流通路，以免其直流工作状态互相影响。另一方面使交流信号在信号源和放大电路负载之间能顺利地传送。为了使电容器对交流可视作短路，要求 C_1，C_2 的电容值要足够大，使交流信号在一定频率下的容抗小到可近似为零。C_1，C_2 一般采用电容量为几微法到几十微法的电容，常用电解电容，连接时要注意其极性（正端接高电位、负端接低电位）。

（7）负载电阻 R_L。它是放大电路的外接负载，此负载不一定是电阻，可以是耳机、喇叭或其他元件，也可以是后级放大器的输入阻抗。对于交变信号来讲，R_L 与 R_C 是并联的。如果电路中不接 R_L，称为输出开路。这时，输出的交流电压就是集电极信号电流在 R_C 上所产生的压降。

晶体管有 3 个电极，由它构成的放大电路形成两个回路，信号源、基极、发射极形成输入回路；负载、集电极、发射极形成输出回路。发射极是输入、输出回路的公共端，所以该电路被称为共发射极放大电路，简称共射放大电路。

2. 放大电路的习惯画法

如图 7-7 所示，用 V_{CC} 和 V_{BB} 两个电源对放大电路供电，实际使用的电路一般只采用一个直流电源 V_{CC}，把基极电阻 R_B 也接到 V_{CC} 上，只要适当调整 R_B 的大小，便可产生合适的基极电流 I_B，形成单电源供电的放大电路，如图 7-8 所示。通常把公共端接"地"，用符号"⊥"表示，设其电位为零，作为电路中其他各点电位的参考点。为了简化电路的画法，在画电路图时，习惯上常常不画直流电源 V_{CC} 的符号，因为 V_{CC} 的一端与公共端连接，所以只在连接其正极的一端，标出它对地的电位数值 V_{CC} 和极性。习惯画法如图 7-9 所示。

3. 放大电路的主要性能指标

任何一种小信号系统线性放大器，不管其内部电路是什么，都可以等效为一个线性四端网络，如图 7-10 所示。图中 u_S 为外加正弦信号，R_S 为信号源的内阻，R_L 为输出端负载电阻。u_i，i_i 分别为输入电压和电流，u_o，i_o 为输出电压和电流。衡量线性放大器信号传输质量好坏的主要性能指标有放大倍数、输入电阻、输出电阻、非线性失真、频率特性等。

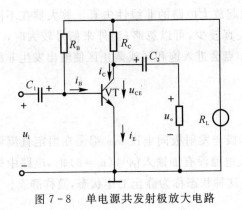

图 7-8　单电源共发射极放大电路

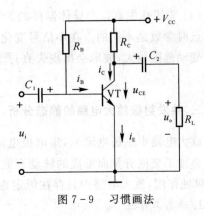

图 7-9　习惯画法

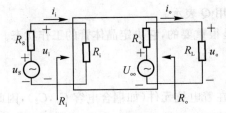

图 7-10　放大电路组成框图

（1）放大倍数。放大倍数是衡量放大器放大信号能力的特性指标。常用的放大倍数有电压放大倍数和电流放大倍数。

电压放大倍数是指输出电压与输入电压之比，定义为

$$A_u = \frac{u_o}{u_i} \qquad (7-4)$$

电流放大倍数是指输出电流与输入电流之比，定义为

$$A_i = \frac{i_o}{i_i} \qquad (7-5)$$

工程上常用 dB（分贝）来表示放大倍数，称为增益，它们的定义分别为

电压增益：　　　　　　　　$A_u(\mathrm{dB}) = 20\lg \mid A_u \mid$

电流增益：　　　　　　　　$A_i(\mathrm{dB}) = 20\lg \mid A_i \mid$

（2）输入电阻 R_i。放大电路的输入端口处等效电阻就是输入电阻，它是信号源负载。定义为

$$R_i = \frac{u_i}{i_i} \qquad (7-6)$$

R_i 越大，放大电路从信号源获得的电压越高，u_i 越接近 U_s。

（3）输出电阻 R_o。放大电路的输出端口处等效电阻就是输出电阻，它是放大器等效信号源的内阻，记为 R_o。通常测定输出端开路时的电压 U_∞ 再测出带负载 R_L 时的输出电压 U_o，则有

$$R_o = \frac{U_\infty - U_o}{U_o} R_L \qquad (7-7)$$

R_o 的值越小，接入负载 R_L 后 U_o 越接近 U_∞，放大电路带负载能力越强。

（4）非线性失真。半导体器件的非线性会引起放大电路的非线性失真。放大器在不同的工作点时参数是不同的。在小信号变化范围内失真较少，可以忽略；当外来信号较大时，工作点的变动范围较大，波形会出现失真；严重时工作点会进入饱和区或截止区使输出发生非线性失真。

三、共发射极放大电路的静态分析

放大电路中基极电流 i_B，集电极电流 i_C 和基极与发射极间电压 u_{BE} 都是在恒定直流量基础上叠加了交流分量而形成的脉动直流。当放大电路没有加输入信号（$u_i = 0$）时，电路中只有 V_{CC} 单独作用，放大电路中只存在恒定直流分量，这种状态称为静止工作状态，简称静态。

1. 静态工作点

静态时，电路中晶体管的 I_B，I_C，U_{CE} 的数值可用晶体管特性曲线上的一个确定的点表示，习惯上称它为静态工作点，用 Q 表示。

正确设置静态工作点是很重要的，它决定晶体管的工作状态。为了保证不失真地放大，必须正确地设置静态工作点。

2. 直流通路及画法

在放大电路中，通常存在着电抗元件（如耦合电容 C_1，C_2），因此电路可分为直流通路和交流通路。在分析静态时，需按直流通路来考虑；在分析动态性能时，则需按交流通路来考虑。直流通路是指静态时所形成的电流通路，对于如图 7-7 所示的基本放大电路中的耦合电容 C_1 和 C_2 可视为开路，此时放大电路的直流通路如图 7-11 所示。

3. 静态工作点的估算

晶体管是非线性元件，我们在研究电路时，晶体管输出特性和输入特性可近似为线性模型，即 $I_C = \beta I_B$，对硅管取 $U_{BE} = 0.7\ \text{V}$，锗管取 $U_{BE} = 0.3\ \text{V}$，由图 7-11 可列出计算静态值 I_{BQ}，I_{CQ} 和 U_{CEQ} 的公式。

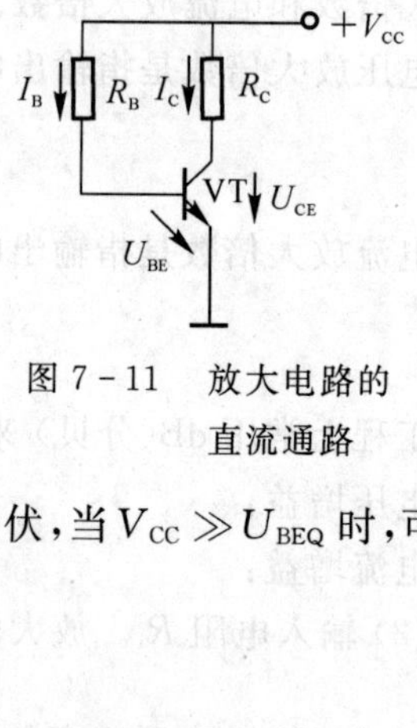

图 7-11 放大电路的直流通路

（1）静态基极电流 I_{BQ}。由输入回路得

$$I_{BQ} = \frac{V_{CC} - U_{BEQ}}{R_B} \qquad (7-8)$$

式（7-8）由于 U_{BEQ} 的数值比较小，而 V_{CC} 一般为几伏到几十伏，当 $V_{CC} \gg U_{BEQ}$ 时，可以近似认为

$$I_{BQ} \approx \frac{V_{CC}}{R_B}$$

（2）集电极电流 I_{CQ}。由晶体管电流放大特性可知

$$I_{CQ} = \beta I_{BQ} + I_{CEQ} \approx \beta I_{BQ} \qquad (7-9)$$

（3）集射极之间电压 U_{CEQ}。由输出回路得

$$U_{CEQ} = V_{CC} - I_{CQ} R_C \qquad (7-10)$$

据此，就可以估算出放大电路的静态工作点对应的 I_{BQ}，I_{CQ} 和 U_{CEQ}。

例 7-1 如图 7-11 所示，已知 $V_{CC} = 20\ \text{V}$，$R_B = 500\ \text{k}\Omega$，$R_C = 5\ \text{k}\Omega$，晶体管为 NPN 型硅管，$\beta = 50$，试求电路的静态工作点。

解
$$I_{BQ} = \frac{V_{CC} - U_{BEQ}}{R_B} = \frac{20 - 0.7}{500} \approx 40\ \mu\text{A}$$

$$I_{CQ} \approx \beta I_{BQ} = 50 \times 40 = 2 \text{ mA}$$
$$U_{CEQ} = V_{CC} - I_{CQ}R_C = 20 - 2 \times 5 = 10 \text{ V}$$

4. 图解法静态分析

图解法是以晶体管的特性曲线为基础,用作图的方法在特性曲线上分析放大电路的工作情况。这种方法能直观反映放大电路的工作原理。图 7-12 中,静态集电极输出电路如图 7-12(a) 所示。虚线左边是非线性元件晶体管等,对应输出特性 $I_{BQ} = 40 \mu A$ 那条曲线,如图 7-12(b) 所示。虚线右边是 V_{CC} 和 R_C 串联的线性电路,其伏安特性为 $U_{CEQ} = V_{CC} - I_{CQ}R_C$。这是一个直线方程,它与横轴交点为 V_{CC},与纵轴交点为 V_{CC}/R_C,斜率为 $-1/R_C$,因其斜率与 R_C 有关,故称为放大电路的"直流负载线"。直流负载线与晶体管 $I_B = I_{BQ}$ 曲线的交点就是静态工作点 Q。

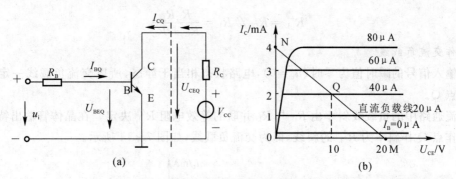

图 7-12 图解法确定静态工作点
(a) 静态工作点的分析电路图; (b) 图解求静态工作点

综上所述,图解法求静态工作点 Q 的步骤如下:

(1) 按直流通路求静态电流 I_{BQ}。

(2) 确定 $I_C = \beta I_{BQ}$ 的曲线。

(3) 在给定输出特性上作出直流负载线。

(4) 上述两条线的交点即为静态工作点 Q。

例 7-2 在如图 7-12(a) 所示的放大电路中,$V_{CC} = 20 \text{ V}$,$R_B = 500 \text{ k}\Omega$,$R_C = 5 \text{ k}\Omega$,晶体管的输出特性已给出,如图 7-12(b) 所示,确定静态值。

解
$$I_B = \frac{V_{CC}}{R_B} = \frac{20}{500} = 40 \mu A$$
$$U_{CE} = V_{CC} - I_C R_C = 20 - 5 \times I_C$$

与横轴的交点 M 的坐标为
$$I_C = 0, \quad U_{CE} = V_{CC} = 20 \text{ V}$$

与纵轴的交点 N 的坐标为
$$U_{CE} = 0, \quad I_C = V_{CC}/R_C = 4 \text{ mA}$$

在输出特性线上作出直流负载线的静态工作点 Q:
$$I_{BQ} = 40 \mu A, \quad I_{CQ} = 2 \text{ mA}, \quad U_{CEQ} = 10 \text{ V}$$

四、共发射极放大电路的动态分析

当有交流输入信号($u_i \neq 0$)时,放大电路的工作状态称为动态。在如图 7-12 所示的放大

电路中,电压、电流都是脉动量,包含直流分量(静态值)和交流分量。即

$$i_B = I_{BQ} + i_b, \quad i_C = I_{CQ} + i_c$$

$$u_{CE} = U_{CEQ} + u_{ce}, \quad u_{BE} = U_{BEQ} + u_i$$

式中,i_B, i_C, u_{CE}, u_{BE} 为脉动直流;i_b, i_c, u_{ce}, u_i 为交流分量;$I_{BQ}, I_{CQ}, U_{CEQ}, U_{BEQ}$ 为直流分量。

当 u_i 变化时,电路中的 i_B, i_C, u_{CE} 发生相应的变化,所以称它为"动态"。下面用图解法来分析它们的变化。

1. 交流通路

交流通路指交流电流过的路径。动态时,对于输入的交流分量,内阻很小的直流电源和容抗很小的电容都可看成短路,交流通路如图 7-13 所示。由图可知,此时的交流负载电阻是 R_C 和 R_L 的并联,用 R'_L 表示,即:

$$R'_L = R_C \,/\!/\, R_L = \frac{R_C R_L}{R_C + R_L}$$

2. 作交流负载线

当输入信号的瞬时值为零时($u_i = 0$),电路状态相当于静态,所以交流负载线一定经过静态工作点 Q。

交流通路中的负载线斜率由 R_C 与 R_L 并联的等效电阻 R'_L 决定。在晶体管输出特性上过静态工作点 Q 作斜率为 R'_L 的斜线,即为交流负载线,如图 7-14 所示。

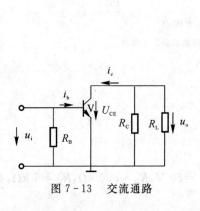

图 7-13 交流通路

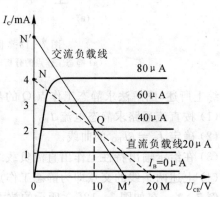

图 7-14 交流负载线与直流负载线

例 7-3 在如图 7-8 所示的放大电路中 $V_{CC} = 20$ V,$R_B = 500$ kΩ,$R_C = 5$ kΩ,$R_L = 5$ kΩ,晶体管的输出特性已给出,如图 7-12(a) 所示,试画出其交流负载线。

解 令 $i_C = 0$,有

$$u_{CE} = U_{CEQ} + I_{CQ} R'_L = 10 + 2 \times \frac{5 \times 5}{5 + 5} = 15 \text{ V}$$

$i_C = 0$,$u_{CE} = 15$ V 处是与横坐标的交点 M',如图 7-14 所示,连接 M' 点和 Q 点并延长至与纵坐标轴交于 N' 点,M'N' 即为所求的交流负载线。可见,交流负载线比直流负载线陡,这是由于交流负载线的斜率 R'_L 小于直流负载线的斜率 R_C 引起的。

3. 输入正弦信号的工作情况

设输入信号为正弦波 $u_i = 0.02\sin\omega t$ 时,u_i 通过 C_1 叠加在 U_{BEQ} 上,即 $u_{BE} = U_{BEQ} + u_i$。

根据 u_{BE} 的波形,可由晶体管输入特性曲线,获得 i_B 的相应变化波形,如图 7-15 所示。图

中 $i_B = 20\sin \omega t$，$I_{BQ} = 40\ \mu A$，所以 i_B 在 $20 \sim 60\ \mu A$ 之间变化。当 u_i 在正半周由零上升到最大值时，i_B 由静态值（$40\ \mu A$）上升到最大值（$60\ \mu A$）。在输出特性曲线中，此时放大电路的工作点由静态工作点 Q 上升到 Q' 点，相应地可得到 u_i 在负半周时从 Q' 点下降到 Q'' 点。根据上述分析可知 i_C 总是在 Q' 和 Q'' 之间，u_{CE} 总是在 Q' 和 Q'' 的横向投影之间，其输出波形如图 7-16 所示。

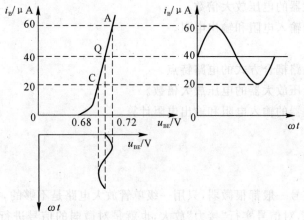

图 7-15　晶体管输入特性曲线相应变化波形

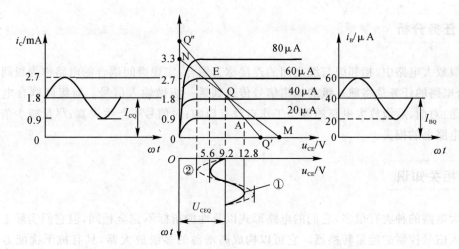

图 7-16　晶体管输出特性曲线相应变化波形

由图可知

$$i_C = I_{CQ} + i_c = 1.8 + 0.9\sin\omega t$$

输出电压的最大变化量 Δu_o 和输入电压的最大变化量 Δu_i 之比就是放大器的电压放大倍数 A_u，则

$$A_u = \frac{\Delta u_o}{\Delta u_i} = \frac{12.8 - 5.6}{0.02 + 0.02} = 180$$

任务三　多级放大电路

知识点：

· 放大电路的耦合方式。

· 多级电压放大器的电压放大倍数。

· 多级放大器的输入电阻和输出电阻。

技能点：

· 会分析放大电路耦合方式的电路特点。

· 会计算多级电压放大器的电压放大倍数。

· 掌握多级放大器的输入电阻和输出电阻计算。

放大器的输入信号一般都很微弱，只用一级单管放大电路是不够的，往往需要将若干个单管放大电路连接起来，对信号实行"接力"放大，也就是对微弱的信号进行连续多次放大，这样才能满足负载要求。

多级放大电路中，相邻级与级之间的连接称为耦合，实现级间耦合的电路称为级间耦合电路，耦合电路的任务是将前一级的输出信号传送到后一级做输入信号。对级间耦合电路的基本要求是：对前、后级放大电路的静态工作点没有影响；对信号不产生失真；尽量减少信号电压在耦合电路上的损失。

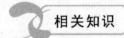

放大电路的种类有很多，它们的电路形式以及性能指标不完全相同，但它们实际上都是一个受输入信号控制的能量转换器。它可以构成高增益的多级放大器，具有抗干扰能力较强的差动放大电路，集成运算放大器实际上就是一个高电压增益的多级放大电路，用它可以构成实现比例、加法、减法、微分、积分等运算功能的运算电路以及有源滤波器和电压比较器等。

大多数电子放大电路或系统，需要把微弱的毫伏级或微伏级信号放大为具有足够大的输出电压或电流的信号去推动负载工作。而前面讨论的基本单元放大电路，其性能通常很难满足电路或系统的这种要求。因此，实际使用时需采用两级或两级以上的基本单元放大电路连接起来组成多级放大电路，以满足电路或系统的需要，如图 7－17 所示。通常把与信号源相连接的第一级放大电路称为输入级，与负载相连接的末级放大电路称为输出级，输出级与输入级之间的放大电路称为中间级。输入级与中间级的位置处于多级放大电路的前几级，故又称为前置级。前置级一般都属于小信号工作状态，主要进行电压放大；输出级属于大信号放大等，以提供负载足够大的信号，常采用功率放大电路。

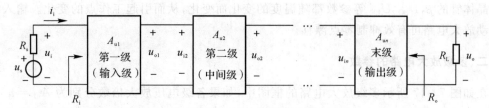

图 7-17 多级放大电路的组成框图

一、多级放大电路的级间耦合方式

多级放大电路各级间的连接方式称为耦合。耦合方式可分为阻容耦合、直接耦合和变压器耦合等。阻容耦合方式在分立元件多级放大电路中被广泛使用,放大缓慢变化的信号或直流信号则采用直接耦合的方式,变压器耦合由于频率响应不好、笨重、成本高、不能集成等缺点,在放大电路中的应用逐渐被淘汰。下面只讨论前两种级间耦合方式。

(1)阻容耦合。图 7-18 所示是两级阻容耦合共射放大电路。通过耦合电容器 C 将前级的输出电压加在后级的输入电阻上(即前级的负载电阻),故称为阻容耦合放大电路。在这种电路中,由于耦合电容器隔断了级间的直流通路,因此各级的直流工作点彼此独立、互不影响,这也使得电容耦合放大电路不能放大直流信号或缓慢变化的信号,若放大的交流信号的频率较低,则需采用大容量的电解电容作为耦合电容。

(2)直接耦合。放大缓慢变化的信号(如热电偶测量炉温变化时送出的电压信号)或直流信号时,就不能采用阻容耦合方式的放大电路,而要采用直接耦合放大电路。图 7-19 所示就是两级直接耦合放大电路,即前级的输出端与后级的输入端直接相连。

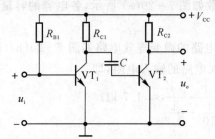

图 7-18 两级阻容耦合共射放大电路图

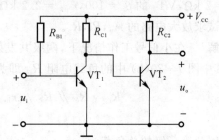

图 7-19 两级直接耦合放大电路图

直接耦合方式可省去级间耦合元件,信号传输的损耗小,它不仅能放大交流信号,而且还能放大变化十分缓慢的信号。但由于级间为直接耦合,所以前后级之间的直流信号相互影响,使得多级放大电路的各级静态工作点不能独立,当某一级的静态工作点发生变化时,其前后级也将受到影响。例如,当工作温度或电源电压等外界因素发生变化时,直接耦合放大电路中各级静态工作点将随之变化,这种变化称为工作点漂移。值得注意的是,第一级的工作点漂移会随着信号传送至后级,并逐级被放大。这样一来,即便输入信号为零,输出电压也会偏离原来的初始值而上下波动,这种现象称为零点漂移。零点漂移将会造成有用信号的失真,严重时有用信号将被零点漂移所"淹没",使人们无法辨认输出电压是漂移电压还是有用的信号电压。

在引起工作点漂移的外界因素中,工作温度变化引起的漂移最严重,称为温漂。这主要是

由于晶体管的 β,I_{CBO},U_{BE} 等参数都随温度的变化而变化，从而引起工作点的变化。输入级采用差动放大电路可有效抑制零点漂移。

二、多级放大电路的参数

在如图 7-17 所示多级放大电路的框图中，如果各级电压放大倍数分别为 $A_{u1}=u_{o1}/u_i$，$A_{u2}=u_{o2}/u_{i2}$，$\cdots$，$A_{un}=u_o/u_{in}$。信号是逐级被传送放大的，前级的输出电压便是后级的输入电压，即 $u_{o1}=u_{i2}$，$u_{o2}=u_{i3}$，$\cdots$，$u_{o(n-1)}=u_{in}$，所以整个放大电路的电压放大倍数为

$$A_u=\frac{u_o}{u_i}=\frac{u_{o1}}{u_i}\cdot\frac{u_{o2}}{u_{i2}}\cdots\frac{u_o}{u_{in}}=A_{u1}\cdot A_{u2}\cdots A_{un} \qquad (7-11)$$

式(7-11)表明，多级放大电路的电压放大倍数等于各级电压放大倍数的乘积。若用分贝表示，则多级放大电路的电压总的增益等于各级电压增益之和，即

$$A_u(\mathrm{dB})=A_{u1}(\mathrm{dB})+A_{u2}(\mathrm{dB})+\cdots+A_{un}(\mathrm{dB}) \qquad (7-12)$$

在计算各级电压放大倍数时，必须要考虑到后级的输入电阻对前级的负载效应。即计算每级电压放大倍数时，下一级的输入电阻应作为上一级的负载来考虑。

多级放大电路的输入电阻就是由第一级考虑到后级放大电路影响后的输入电阻求得的，即 $R_i=R_{i1}$。

多级放大电路的输出电阻即由末级放大电路求得的输出电阻，即 $R_o=R_{on}$。

任务实施

【例 7-4】 两级共发射极阻容耦合放大电路如图 7-20 所示，若晶体管 VT_1 的 $\beta_1=60$，$r_{be1}=2\ \mathrm{k\Omega}$，$VT_2$ 的 $\beta_2=100$，$r_{be2}=2.2\ \mathrm{k\Omega}$，其他参数如图 7-20(a) 所示，各电容的容量足够大。试求放大电路的 A_u,R_i,R_o。

解 在小信号工作情况下，两级共发射极放大电路的微变等效电路如图 7-20(b)(c) 所示，其中图 7-20(b) 中的负载电阻 R_{i2} 即为后级放大电路的输入电阻，即

$$R_{i2}=R_6\ /\!/\ R_7\ /\!/\ r_{be2}=\frac{1}{\dfrac{1}{33}+\dfrac{1}{10}+\dfrac{1}{2.2}}\approx 1.7\ \mathrm{k\Omega}$$

因此第一级的总负载为

$$R'_{L1}=R_3\ /\!/\ R_{i2}=5.1\ /\!/\ 1.7\approx 1.3\ \mathrm{k\Omega}$$

第一级电压放大倍数为

$$A_{u1}=\frac{u_{o1}}{u_i}=\frac{-\beta_1 R'_{L1}}{r_{be1}+(1+\beta_1)R_4}=\frac{-60\times 1.3}{2+61\times 0.1}\approx -9.6$$

$$A_{u1}(\mathrm{dB})=20\lg 9.6=19.6\mathrm{dB}$$

第二级电压放大倍数为

$$A_{u2}=\frac{u_o}{u_{i2}}=-\beta_2\frac{R_{L1}}{r_{be2}}=-100\times\frac{4.7/\!/5.1}{2.2}\approx -111$$

$$A_{u2}(\mathrm{dB})=20\lg 111\approx 41\mathrm{dB}$$

两级放大电路的总电压放大倍数为

$$A_u=A_{u1}\cdot A_{u2}=(-9.6)\times(-111)=1\ 066$$

$$A_u(\text{dB}) = A_{u1} + A_{u2} = 19.6 + 41 = 60.6 \text{ dB}$$

式中没有负号,说明两级放大电路的输出电压与输入电压同相位。

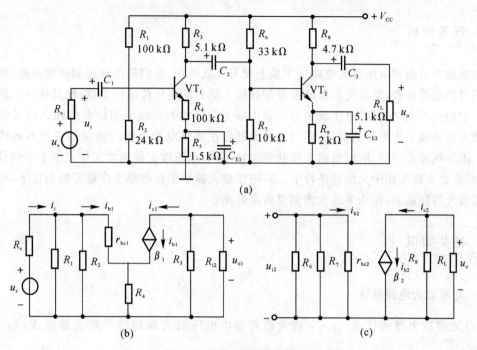

(a)

(b)   (c)

图 7 - 20   两级耦合放大电路

两级放大电路的输入电阻等于第一级输入电阻,即

$$R_i = R_{i1} = R_1 // R_2 // [r_{be1} + (1 + \beta_1)R_4] = 100 // 24 \times (2 + 61 \times 0.1) \approx 5.7 \text{ k}\Omega$$

两级放大电路的输出电阻等于第二级的输出电阻,即 $R_o = R_8 = 4.7 \text{ k}\Omega$。

任务四   功率放大电路

知识点

· 功率放大器的基本要求。

· 互补对称功率放大电路。

· 集成功率放大器。

技能点

· 能分析互补对称功率放大电路的工作原理。

· 了解功率放大器的技术要求、种类和原理。

· 掌握放大器的安装、调试与电路故障检修的技能。

任务描述

前面任务讨论的是电压放大器,其主要作用是放大电压信号的幅度。但是有些负载,如收音机的扬声器、控制系统的继电器、驱动系统的电动机等,不仅要求放大电路提供足够大的电压信号,还要求提供足够大的电流信号。这类负载需要足够大的功率才能工作。能向负载提供足够功率的放大器称为功率放大器,简称功放。

功率放大电路和电压放大电路从本质上没有什么区别,它们都是在控制能量交换,即通过输入信号控制晶体管,把直流电源的能量按照输入信号的变化传递给负载,使其按一定的要求工作。它们的不同之处是,电压放大器注重用很少几级放大器就能把微弱的输入信号幅度稳定地放大到负载工作需要的幅度,而功率放大器则注重将电源提供的能量尽可能多地传递给负载。由于侧重点不同,所以电路工作状态也就不同,电压放大器通常工作于小于小信号条件下,而功率放大器工作于大信号条件下。对电压放大器要求在电路工作稳定的前提下,尽可能使电压放大倍数最大,而功率放大器则是效率最高。

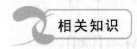

一、功率放大电路概述

(1) 功率放大器的特点。一个放大器常常由电压放大器和功率放大器组成,如图 7 - 21 所示。

电压放大器的主要任务是不失真地增加输入信号的幅度,以驱动后面的功率放大电路。而功率放大电路的任务则是保证信号在允许的范围内失真并输出足够大的功率,以驱动负载。由此可见,通常功率放大器工作在大信号状态,与前面讨论的小信号状态下的电压放大电路相比,有其自身的特点。

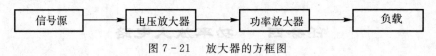

图 7 - 21　放大器的方框图

1) 输出功率尽可能大。为了获得足够大的输出功率,要求功放管的电压和电流都要有足够大的输出幅度。因此,功放管常常工作在接近极限的状态下,但又不超过其极限参数 U_{CEO}, I_{CM},P_{CM}。

2) 效率要高。效率是指负载获得的交流有效功率 P_{O} 和直流电源供给的直流功率 P_{E} 之比,用 η 表示,显然功率放大电路的效率越高越好。

$$\eta = \frac{P_{\text{O}}}{P_{\text{E}}} \tag{7 - 13}$$

3) 非线性失真要小。由于功率放大电路工作在大信号状态下,不可避免地会产生非线性失真,而且同一功放管输出功率越大,非线性失真越严重,这使得输出功率与非线性失真存在矛盾。在实际功放电路中,需要根据非线性失真的要求确定其输出功率。

4) 要考虑功放管的散热和保护问题。由于功放管要承受高电压和大电流,为保护功放管,使用时必须安装合适的散热片,并要考虑过电压和过电流保护措施。

另外,在分析方法上,由于功放管工作于大信号状态,不能采用小信号状态下的微变等效电路分析法,而应采用图解法。

(2) 功率放大器的分类。按照功放管在一个信号周期内导通的时间不同,功率放大器可分为甲类、乙类和甲乙类 3 种。

1) 甲类功率放大器。如图 7 - 22(a) 所示,静态工作点 Q 设在交流负载线中点附近,功放管在输入信号的整个周期内均导通,波形无失真。但由于静态电流 I_{CQ} 大,故管耗大,放大器效率低。

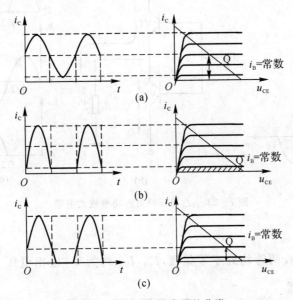

图 7 - 22　功率放大器的分类

2) 乙类功率放大器。如图 7 - 22(b) 所示,静态工作点 Q 设在截止区的边缘上,功放管在输入信号的正(或负)半个周期内导通,非线性失真严重。但由于静态电流 $I_{CQ} \approx 0$,故管耗小,放大器效率高。

3) 甲乙类功率放大器。如图 7 - 22(c) 所示,静态工作点 Q 介于甲类和乙类之间,功放管在输入信号的一个周期内有半个以上的周期导通。非线性失真和效率介于甲类和乙类之间。

由以上分析可知,乙类功率放大器的效率最高,甲乙类其次,甲类最低。虽然乙类和甲乙类功放电路效率较高,但波形失真严重,故在实际的功率放大电路中,常常采用两管轮流导通的互补对称功率放大电路来减小失真。

二、乙类双电源互补对称功率放大电路

1. 电路组成

乙类功率放大器虽然效率高,但存在着严重的失真,使得输入信号的半个波形被削掉了。如采用两个管子,使其都工作在乙类放大状态,但 1 个在正半周工作,另 1 个在负半周工作,使这两个输出波形能同时加到负载上,从而在负载上得到一个完整的波形,这样就能解决效率与失真的矛盾。

图 7 - 23 所示为采用正负电源构成的乙类互补对称功率放大电路。该电路由特性参数完全对称、类型却不同(NPN 型和 PNP 型)的两个三极管组成的两个射级输出电路组合而成。

两管的基级和发射级分别连接在一起,信号从两管的基级输入,从发射级输出,R_L 为负载。由于采用双电源,不需要耦合电容,故称它为 OCL(Output CapacitorLess),即无输出电容互补对称功率放大电路,简称 OCL 电路。

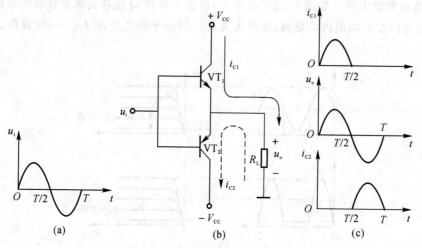

图 7 - 23　乙类互补对称功率放大电路

2. 工作原理

(1)静态时,$u_i = 0$,两管均处于零偏置,I_{BQ},I_{CQ} 均为零,输出电压 $u_o = 0$,电路不消耗功率。

(2)当有正弦信号 u_i 输入时,在 u_i 的正半周,VT_1 正偏导通,VT_2 则因反偏截止,电流 i_{C1} 流过负载 R_L,R_L 两端获得的为 u_o 正半周;在 u_i 的负半周,VT_1 截止,VT_2 导通,电流 i_{C2} 流过负载 R_L,R_L 两端获得的为 u_o 负半周。

由此可见,该电路在静态时无工作电流,而在有信号时,VT_1 和 VT_2 轮流导通,两个管子互补对方的不足,工作性能对称,所以这种电路通常称为互补对称电路。

3. 输出功率、效率和管耗

由于互补电路两管完全对称,在作定量分析时,只要分析一个管子的情况就可以了。图 7 - 24 所示为功放电路中管子 VT_1 的工作图解。其中,U_{CEM},I_{CM} 分别表示交流输出电压和输出电流的幅值,$U_{CEM(max)}$,$I_{CM(max)}$ 为其最大幅值,$U_{CE(sat)}$ 为管子的饱和压降。

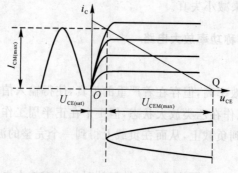

图 7 - 24　乙类功放电路图解分析

（1）输出功率 P_0。输出功率是负载上的电压与电流有效值的乘积，即

$$P_0 = U_0 I_0 = \frac{U_{CEM}}{\sqrt{2}} \cdot \frac{I_{CM}}{\sqrt{2}} = \frac{1}{2} \frac{U_{CEM}^2}{R_L} \qquad (7-14)$$

最大不失真输出电压幅值为

$$U_{CEM(max)} = V_{CC} - U_{CE(sat)} \approx V_{CC} \qquad (7-15)$$

最大不失真输出功率为

$$P_{0(max)} = \frac{1}{2} \frac{U_{CEM(max)}^2}{R_L} \approx \frac{1}{2} \frac{V_{CC}^2}{R_L} \qquad (7-16)$$

（2）直流电源的供给功率 P_E。直流电源的供给功率是电源电压 V_{CC} 和供给管子的直流平均电流的乘积，即

$$P_E = \frac{V_{CC}}{\pi} \int_0^\pi I_{CM} \sin \omega t \, \mathrm{d}(\omega t) = \frac{2}{\pi} V_{CC} I_{CM} = \frac{2}{\pi} V_{CC} \frac{U_{CEM}}{R_L} \qquad (7-17)$$

可见负载 R_L 一定时，P_E 与输出电压 U_{CEM} 成正比。

当 $P_0 = P_{0(max)}$，$U_{CEM} = U_{CEM(max)} \approx V_{CC}$ 时，直流电源提供最大的直流功率，即

$$P_{E(max)} = \frac{2}{\pi} \frac{V_{CC}^2}{R_L} \qquad (7-18)$$

（3）效率 η。放大电路的效率是指输出功率与电源供给功率之比，故

$$\eta = \frac{P_0}{P_E} = \frac{\pi}{4} \frac{U_{CEM}}{V_{CC}} \qquad (7-19)$$

当 $U_{CEM(max)} \approx V_{CC}$ 时，有

$$\eta_{(max)} = \frac{\pi}{4} = 78.5\% \qquad (7-20)$$

应当指出，大功放管的饱和管压 $U_{CE(sat)}$ 常为 $2 \sim 3$ V，一般不能忽略，故实际应用电路的效率要比此值低。

（4）管耗 P_V。在功率放大电路中，电源提供的功率除了转化成输出功率外，其余主要消耗在晶体管上，故可认为管耗等于直流电源提供的功率与输出功率之差，即

$$P_V = P_E - P_0 = \frac{2V_{CC}U_{CEM}}{\pi R_L} - \frac{U_{CEM}^2}{2R_L} \qquad (7-21)$$

由式（7-21）可知，管耗与输出电压的幅值有关。为求出最大管耗，可用求极限的方法解之。将式（7-21）对 U_{CEM} 求导，并令其为零，得

$$\frac{\mathrm{d}P_V}{\mathrm{d}U_{CEM}} = \frac{2V_{CC}}{\pi R_L} - \frac{U_{CEM}}{R_L} = 0 \qquad (7-22)$$

则

$$U_{CEM} = \frac{2}{\pi} V_{CC} \qquad (7-23)$$

这说明，当 $U_{CEM} = \frac{2}{\pi} V_{CC} \approx 0.6 V_{CC}$ 时，管耗最大。将此式代入式（7-21），即可求得两管总的最大管耗为

$$P_{VT(max)} = \frac{2}{\pi^2} \frac{V_{CC}^2}{R_L} = \frac{4}{\pi^2} P_{0(max)} \approx 0.4 P_{0(max)} \qquad (7-24)$$

每只管子的最大管耗为总管耗的一半，即

$$P_{\text{VT1(max)}} = P_{\text{VT2(max)}} = \frac{1}{2}P_{\text{VT(max)}} \approx 0.2P_{0(\text{max})} \tag{7-25}$$

因此,选择功放管时集电极最大允许管耗 P_{CM} 应大于该值,并留有一定的余量。

4. 功放管的技术指标与使用

功放管的技术指标有集电极最大允许功耗 P_{CM},最大耐压 $U_{\text{(BR)CEO}}$ 和最大集电极电流 I_{CM},为确保其安全工作,使用时功放管应满足下列条件:

(1) 功放管集电极的最大允许功耗:

$$P_{\text{CM}} \geqslant P_{\text{V1(max)}} = 0.2P_{0(\text{max})} \tag{7-26}$$

(2) 功放管的最大耐压:

$$U_{\text{(BR)CEO}} \geqslant 2V_{\text{CC}} \tag{7-27}$$

这表明由于一只管子饱和导通时,另一只管子承受的最大反向电压为 $2V_{\text{CC}}$。

(3) 功放管的最大集电极电流:

$$I_{\text{CM}} \geqslant V_{\text{CC/RL}} \tag{7-28}$$

由于功放管工作在大电流状态,且温度较高,属易损件,因此,在实际电路中常加保护措施,以防止功放管因过压过流和过损耗而损坏,同时需加装散热器。

 **任务实施**

【例 7-5】 乙类双电源互补对称功率放大电路如图 7-23 所示,已知 $V_{\text{CC}} = \pm 20$ V,$R_{\text{L}} = 8$ Ω,试求该功放管的参数。

解 (1) 最大输出功率:

$$P_{\text{O(max)}} = \frac{1}{2}\frac{V_{\text{CC}}^2}{R_{\text{L}}} = \frac{1}{2}\frac{20^2}{8} = 25 \text{ W}$$

$$P_{\text{CM}} \geqslant 0.2P_{\text{O(max)}} = 0.2 \times 25 = 5 \text{ W}$$

(2) 最大耐压:

$$U_{\text{(BR)CEO}} \geqslant 2V_{\text{CC}} = 2 \times 20 = 40 \text{ V}$$

(3) 最大集电极电流:

$$I_{\text{CM}} \geqslant V_{\text{CC/RL}} = 2.5 \text{ A}$$

实际选择功放管型号时,其极限参数还应留有一定余量,一般要提高 $50\% \sim 100\%$。

三、甲乙类互补对称功率放大电路

乙类互补对称功率放大电路为零偏置(静态电流为 0),而 VT_1 和 VT_2 都存在死区电压,当输入电压 u_i 低于死区电压(硅管为 0.6 V,锗管为 0.2 V)时,VT_1 和 VT_2 都不导通,负载电流基本为零。这样就在输出电压正、负半周交界处产生失真,如图 7-25 所示。由于这种失真发生在两管交替工作的时刻,故称为交越失真。

为克服交越失真,可在两管的基极之间加个很小

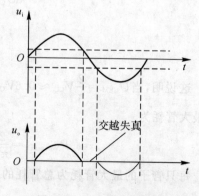

图 7-25 交越失真波形

的正向偏置电压,其值约为两管的死区电压之和。静态时,两管处于微导通的甲乙类工作状态,虽然都有静态电流,但两者等值反向,不产生输出信号。而在正弦信号作用下,输出为一个完整不失真的正弦波信号,这样既消除了交越失真,又使功放工作在接近乙类的甲乙类状态,使效率仍然很高。但在实际电路中为了提高工作效率,在设置偏压时,应近可能接近乙类。因此,通常甲乙类互补对称电路的参数估算可近似按乙类处理。

在具体电路中,一般采用如图 7 - 26 所示偏置电路来消除交越失真。

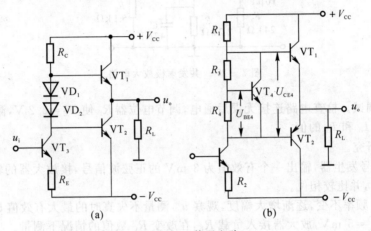

图 7 - 26 偏置电路
(a) 利用极管上压降产生偏置电压; (b) 利用倍增电路产生偏置电压

(1) 利用二极管上压降产生偏置电压。电路如图 7 - 26(a) 所示,由 VT_3 组成的前置电压放大级上集电极静态电流 I_{c3} 流经 VD_1,VD_2 形成的直流压降为 VT_1 和 VT_2 提供一个适当的正向偏置电压,使之处于微导通状态。但该电路的缺点是不易调节。

(2) 利用倍增电路产生偏置电压。电路如图 7 - 26(b) 所示,由 R_3,R_4 和 VT_4 组成倍增电路。设流入 VT_4 的基级电流远小于 R_3,R_4 上的电流,则有

$$U_{CE4} \approx \frac{U_{BE4}(R_3 + R_4)}{R_4} \qquad (7 - 29)$$

当采用硅管时,$U_{BE4} \approx 0.6 \sim 0.7$ V,因此只需调节电阻 R_3 和 R_4 的比值,即可改变 U_{CE4} 形成的偏压值。这个电路常常应用在集成功率放大电路中。

项 目 强 化

项目名称:分压式共发射极放大电路的安装与测试。

1. 实验目的

(1) 掌握放大器静态工作点 Q 的调试和测量方法,以及电压放大倍数 A_u,R_i,R_o 的测量方法。

(2) 了解静态工作点对放大器输出波形的影响,观察饱和失真和截止失真的现象。

(3) 了解放大器对幅值相同、频率不同的正弦波信号放大能力不同的特性,建立频率特性的初步概念。

2.实验内容和步骤

(1)接装电路。按照如图 7-27 所示接装分压式共发射极放大电路。

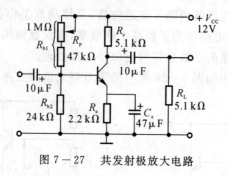

图 7-27　共发射极放大电路

(2)静态调试。检查电路连接无误后通电,调节电位器R_P使$U_E=2.2$ V,测量U_{BE},U_{CE}和R_{b1}的值,计算I_B和I_C的值。

(3)动态研究。

1)调节信号发生器,输出一个有效值为 3 mV 的正弦波信号,接放大器的输入端u_i,观察u_i和u_o端波形,并比较相位。

2)保持u_i频率不变,逐渐增大幅度,观察u_o,测量不失真时的最大有效值U_o。

3)保持$U_i=5$ mV,放大器接入负载R_L,在改变R_C数值的情况下测量。

4)保持$U_i=5$ mV,增大和减小R_P,用示波器观察u_o波形变化,同时用电压表测量U_o的大小。

(4)测量输入、输出电阻。调节电位器R_P,使$U_E=2.2$ V。

1)输入电阻测量。在输入端串接一个 5.1 kW 电阻,如图 7-28 所示,测量U_s与U_i,按式$R_i=\dfrac{U_i}{U_s-U_i}R_s$计算$R_i$的值。

2)输出电阻测量。在输出端接入电位器作负载,如图 7-29 所示。选择合适的R_L值,使放大器输出不失真(接示波器监视),测量有负载和空载时的U_o和U_o',按式$R_o=\left(\dfrac{U_o'}{U_o}-1\right)R_L$计算$R_o$。

图 7-28　输入电阻测量图　　　　图 7-29　输出电阻测量图

3.实验报告要求

(1)整理测量数据,列出表格。

(2)将实验值与理论值加以比较,分析误差原因。

(3)分析静态工作点对A_u的影响,讨论提高A_u的办法。

项目七习题与思考题

7-1　有两只晶体管,一只的$\beta=200$,$I_{CEO}=200$ μA;另一只的$\beta=100$,$I_{CEO}=10$ μA,其他

参数大致相同。你认为应选用哪只管子? 为什么?

7-2 测得放大电路中 6 只晶体管的直流电位如题 7-2 图所示。在圆圈中画出管子,并分别说明它们是硅管还是锗管。

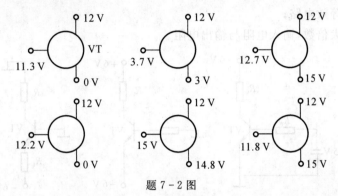

题 7-2 图

7-3 画出 PNP 管组成的单级共发射极电路的基本放大电路,标出电源电压及耦合电容的极性,以及静态电流 I_B,I_C 的实际流向和静态电压 U_{BE},U_{CE} 的实际极性。

7-4 电路如题 7-4 图所示,晶体管导通时 $U_{BE}=0.7$ V,$\beta=50$。试分析 V_{BB} 为 0 V,1 V,1.5 V 3 种情况下晶体管的工作状态及输出电压 U_o 的值。

7-5 电路如题 7-5 图所示,晶体管的 $\beta=50$,$|U_{BE}|=0.2$ V,饱和管压降 $|U_{CES}|=0.1$ V;稳压管的稳定电压 $U_Z=5$ V,正向导通电压 $U_D=0.5$ V。试问:

1) 当 $U_i=0$ V 时,U_o 等于多少?

2) 当 $U_i=-5$ V 时,U_o 等于多少?

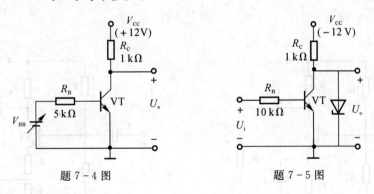

题 7-4 图　　　　　题 7-5 图

7-6 分别判断如题 7-6 图所示各电路中晶体管是否有可能工作在放大状态。

7-7 如题 7-7 图所示电路,已知 $U_{BE}=0.7$ V,$R_{B1}=7.5$ kΩ,$R_{B2}=2$ kΩ,$R_C=3$ kΩ,$R_E=1$ kΩ,$V_{CC}=12$ V,$\beta=40$,$R_L=3$ kΩ。

1) 计算静态工作点 Q。

2) 画微变等效电路。

3) 计算电压放大倍数 A_u。

4) 计算输入电阻 R_i。

5) 计算输出电阻 R_o。

7-8 如题 7-8 图所示放大电路中，$V_{CC}=12$ V，$R_B=240$ kΩ，$R_C=120$ kΩ，$R_{E1}=1.2$ kΩ，$R_L=3$ kΩ，硅晶体管的 $\beta=40$。

1）求静态 I_B，I_C 与 U_{CE}；

2）作出微变等效电路；

3）求电压放大倍数，输入电阻与输出电阻。

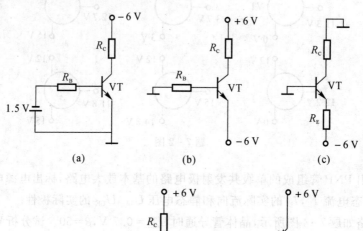

题 7-6 图

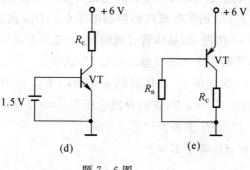

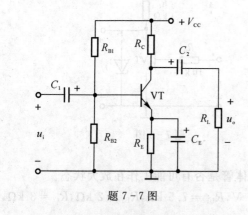

题 7-7 图

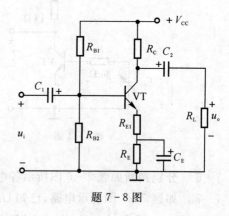

题 7-8 图

7-9 简述晶体管 3 种基本放大电路的特点及用途。

7-10 设三级放大电路中各级电压增益分别为 20 dB，24 dB 和 18 dB，则总的电压放大倍数为多少倍？如果输入信号 $u_i=2.5$ mV，则输出电压为多大？

7-11 两级阻容耦合放大电路如题 7-11 图所示，已知 $\beta_1=\beta_2=50$，$V_{BE}=0.7$ V，$R_{bb'}=200$ Ω。求放大电路的 A_U，A_{Us}，R_i 和 R_o。

7-12 如题7-12图所示为OCL基本原理电路,若考虑每只管子的饱和压降为$U_{CE(sat)}=$ 1 V,$R_L=8$ Ω。

1) 试求负载R_L上能获得的最大功率、电源供给功率、效率及每只管子的最大管耗。

2) 选用大功放管时,其极限参数应满足什么要求?

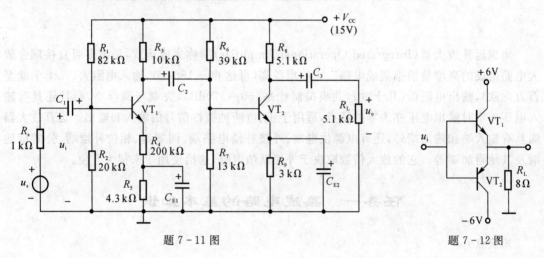

题 7-11 图   题 7-12 图

项目八 集成运算放大器

集成运算放大器(Integrated Operational Amplifier)简称集成运放,是由多级直接耦合放大电路组成的高增益模拟集成电路。它的增益高(可达 60～180dB),输入电阻大(几十千欧至百万兆欧),输出电阻低(几十欧),共模抑制比高(60～170dB),失调与飘移小,而且还具有输入电压为零时输出电压亦为零的特点,适用于正、负两种极性信号的输入和输出。运算放大器除具有输入端和输出端外,还有电源供电端、外接补偿电路端、调零端、相位补偿端、公共接地端及其他附加端等。它的放大倍数取决于外接反馈电阻,这给使用带来很大方便。

任务一 集成电路的基本知识

知识点
- 集成电路结构和构成原理。
- 集成电路的应用和功能。

技能点
- 集成电路引脚的识别方法。
- 集成电路焊接。

20 世纪 60 年代初开始,将整个电路中的晶体管、电阻、电容和导线集中制作在一小块硅片上,封装成为一个整体器件,称为集成电路。按功能不同,可分为模拟集成电路和数字集成电路两类。

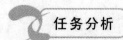

本节任务主要介绍集成电路的构成、原理和功能。

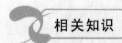

在半导体制造工艺的基础上,把整个电路中的元器件制作在一块硅基片上,构成特定功能的电子电路,称为集成电路。它的体积小,而性能却很好。集成电路按其功能来分,有数字集成电路和模拟集成电路。模拟集成电路种类繁多,有运算放大器、宽频带放大器、功率放大器、模拟乘法器、模数和数模转换器、稳压电源和音像设备中常用的其他模拟集成电路等。

模拟集成电路一般是由一块厚约 0.2～0.25 mm 的 P 型硅片制成,这种硅片是集成电路的基片。基片上可以做出包含有数 10 个或更多的 BJT 或 FET、电阻和连接导线的电路。外型一般用金属圆壳或双列直插式结构,与分立元件电路相比,模拟集成电路有以下几方面的特点。

(1)电路结构与元件参数具有对称性。电路中各元件是在同一硅片上,通过相同的工艺过程制造出来的。同一片内的元件参数绝对值有同向的偏差,温度均一性好,容易制成两个特性相同的管子或两个阻值相等的电阻。

(2)用有源器件代替无源器件。电路中的电阻元件是由硅半导体的体电阻构成的。电阻值的范围一般为几十欧到 20 kΩ,阻值范围不大。此外,电阻值的精度不易控制,误差可达 10%～20%,所以在集成电路中,高阻值的电阻多用 BJT 或 FET 等有源器件组成的恒流源电路来代替。

(3)采用复合结构的电路。由于复合结构电路的性能较佳,而制作又不增加多少困难,因而在集成电路中多采用复合管、共射-共基、共集-共基等组合电路。

(4)级间采用直接耦合方式。电路中的电容量不大,约在几十皮法以下,常用 PN 结电容构成,误差也较大;至于电感的制造就更困难了,所以在集成电路中,级间都采用直接耦合方式。

(5)电路中使用的二极管,多用作温度补偿元件或电位移动电路,大都采用 BJT 的发射结构成。

任务二 集成运算放大器的应用基础

知识点
- 集成运放的基本概念、图形符号及文字符号。
- 集成运放的主要技术指标、电压传输特性。
- 理解"虚断""虚短"和"虚地"的概念。

技能点
- 运用理想运放条件分析线性集成运放电路的方法。
- 集成运放引脚的识别方法。
- 理解并掌握集成运放的工作特点。

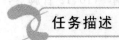

集成运放是一种集成化的半导体器件,它实质上是一个具有很高放大倍数的、直接耦合的多级放大电路。实际的集成运放有许多不同的型号,每一种型号的内部线路都不同,从使用的角度看,我们感兴趣的只是它的参数、特性指标以及使用方法。

本任务主要讨论集成运放理想化条件、电压传输特性。

一、集成运算放大器的理想化条件

（1）集成运算放大器的基本组成。集成运算放大器（简称集成运算放大器）是模拟电子电路中最重要的器件之一，它本质上是一个高电压增益、高输入电阻和低输出电阻的直接耦合多级放大电路，因最初它主要用于模拟量的数学运算而得此名。近几年来，集成运算放大器得到迅速发展，有不同类型、不同结构的，但基本结构具有共同之处。集成运算放大器内部电路由输入级、中间电压放大级、输出级和偏置电路四部分组成，如图 8-1 所示。

图 8-1　集成运算放大器的内部组成电路框图

1）输入级。对于高增益的直接耦合放大电路，减小零点漂移的关键在第一级，所以要求输入级温漂小、共模抑制比高。因此，集成运算放大器的输入级都是由具有恒流源的差动放大电路组成，并且通常工作在低电流状态，以获得较高的输入阻抗。

2）中间电压放大级。集成运算放大器的总增益主要是由中间级提供的，因此，要求中间级有较高的电压放大倍数。中间级一般采用带有恒流源负载的共射放大电路，其放大倍数可达几千倍以上。

3）输出级。输出级应具有较大的电压输出幅度、较高的输出功率与较低的输出电阻，并有过载保护。输出级一般采用甲乙类互补对称功率放大电路，主要用于提高集成运算放大器的负载能力，减小大信号作用下的非线性失真。

4）偏置电路。偏置电路为各级电路提供合适的静态工作电流，由各种电流源电路组成。此外，集成运算放大器还有一些辅助电路，如过流保护电路等。

（2）集成运算放大器的封装符号与引脚功能。目前，集成运算放大器常见的两种封装方式是金属封装和双列直插式塑料封装，其外型如图 8-2 所示。金属壳封装有 8,10,12 管脚等，双列直插式有 8,10,12,14,16 管脚等。

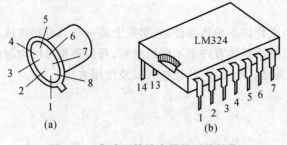

图 8-2　集成运算放大器的两种封装

（a）金属壳封装； （b）双列直插式塑料封闭

金属壳封装器件是以管键为辨认标志,由顶向下看,管键朝向自己。管键右方第一根引线为引脚 1,然后逆时针围绕器件,其余各引脚依次排列。双列直插式器件,是以缺口作为辨认标志(也有的产品以商标方向来标记)。由器件顶向下看,辨认标志朝向自己,标记右方第一根引线为引脚 1,然后逆时针围绕器件,可依次数出其余各引脚。

集成运算放大器的符号,如图 8-3(a)(b)所示。它的外引线排列各制造厂家有自己的规范,如图 8-3(c)所示的 F007 的主要引脚有:

引脚 4,7 分别接电源$-V_{EE}$和$+V_{CC}$。

引脚 1,5 外接调零电位器,其滑点与电源$-V_{EE}$相连。如果输入为零,输出不为零,调节调零电位器使输出为零。

引脚 6 为输出端。

引脚 2 为反相输入端。即当同相输入端接地时,信号加到反相输入端,输出端得到的信号与输入信号极性相反。

引脚 3 为同相输入端。即当反相输入端接地时,信号加到同相输入端,则得到的输出信号与输入信号极性相同。

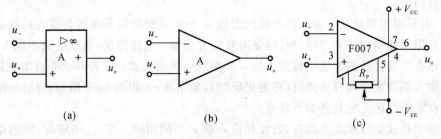

图 8-3　集成运算放大器的符号

(a)国际标准符号图; (b)习惯通用画法符号; (c)F007 运放主要引脚

二、集成运算放大器的电压传输特性

(1)理想集成运算放大器。具有理想参数的集成运算放大器叫作理想集成运算放大器。它的主要特点有:①开环差模电压放大倍数 $A_{uo}\rightarrow\infty$。②输入阻抗 $R_{id}\rightarrow\infty$。③输出阻抗 $R_o\rightarrow$ 0。④带宽 $B_W\rightarrow\infty$,转换速率 $S_R\rightarrow\infty$。⑤共模抑制比 $K_{CMR}\rightarrow\infty$。

(2)集成运算放大器的传输特性。

1)传输特性。集成运算放大器是一个直接耦合的多级放大器,它的传输特性如图 8-4 所示曲线①。图中 BC 段为集成运算放大器工作的线性区,AB 段和 CD 段为集成运算放大器工作的非线性区(即饱和区)。由于集成运算放大器的电压放大倍数极高,BC 段十分接近纵轴。在理想情况下,认为 BC 段与纵轴重合,所以它的理想传输特性可以由曲线②表示。$B'C'$ 段表示集成运算放大器工作在线性区,AB' 和 $C'D$ 段表示运算放大器工作在非线性区。

2)工作在线性区的集成运算放大器。当集成运算放大器电路的反相输入端和输出端有通路时(称为负反馈),如图 8-5 所示,一般情况下,可以认为集成运算放大器工作在线性区。由如图 8-4 所示曲线②可知,这种情况下,理想集成运算放大器具有以下两个重要特点:

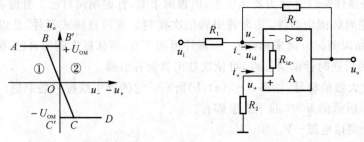

图 8-4　运算放大器传输特性曲线　　图 8-5　带有负反馈的运算放大器电路

1）由于理想集成运算放大器的 $A_{uo} \to \infty$，故可以认为它的两个输入端之间的差模电压近似为零，即 $u_- = u_+$，而 u_o 具有一定值。由于两个输入端之间的电压近似为零，故称为"虚短"。

2）由于理想集成运算放大器的输入电阻 $R_{id} \to \infty$，故可以认为两个输入端电流近似为零，即 $i_- = i_+ \approx 0$。这样，输入端相当于断路，而又不是断路，称为"虚断"。

利用集成运算放大器工作在线性区时的两个特点，分析各种运算与处理电路的线性工作情况将十分简便。

另外，由于理想集成运算放大器的输出阻抗 $R_o \to 0$，一般可以不考虑负载或后级运算放大器的输入电阻对输出电压 u_o 的影响，但受运算放大器输出电流限制，负载电阻不能太小。

3）工作在非线性区的集成运算放大器。当集成运算放大器处于开环状态或集成运算放大器的同相输入端和输出端有通路时（称为正反馈），如图 8-6 和图 8-7 所示，这时集成运算放大器工作在非线性区。它具有如下特点：

对于理想集成运算放大器而言，当反相输入端 u_- 与同相输入端 u_+ 不等时，输出电压是一个恒定的值，极性可正可负，当 $u_- > u_+$ 时，$u_0 > = -U_{OM}$；当 $u_- < u_+$ 时，$u_0 = +U_{OM}$。

其中 U_{OM} 是集成运算放大器输出电压最大值。其工作特性如图 8-4 所示的 AB' 段和 $C'D$ 段。

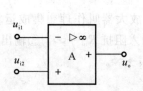

图 8-6　运算放大器开环状态

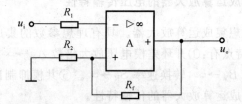

图 8-7　带有正反馈的运算放大器电路图

任务三　集成运算放大器的应用

知识点

· 反相运算电路。

· 同相运算电路。

· 差动运算电路。

技能点

· 会分析集成运放的工作原理并进行基本计算。

· 会用万用表对集成运放进行初步检测。

· 会分析集成运放电路非线性应用。

任务描述

集成运算放大器(简称运放)的应用可分为线性应用和非线性应用两大类。线性应用有运算电路、信号变换电路、精密放大器、有源滤波器等;非线性应用有电压比较器等。

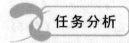

任务分析

集成运放外接深度负反馈电路后,便可以进行信号的比例、加减、微分和积分等运算。这是它线性应用的一部分。通过这一部分的分析可以看到,理想集成运放外接负反馈电路后,其输出电压与输入电压之间的关系只与外接电路的参数有关,而与集成运放本身的参数无关。

相关知识

一、反相比例运算

如图 8-8 所示电路是反相比例运算电路。输入信号从反相输入端输入,同相输入端通过电阻接地。根据"虚短"和"虚断"的特点,即 $u_- = u_+$, $i_- = i_+ = 0$,可得 $u_- = u_+ = 0$ 。这表明,运算放大器反相输入端与接地端等电位,但又不是真正接地,这种情况通常将反相输入端称为"虚地"。因此

$$i_1 = \frac{u_i}{R_1} \tag{8-1}$$

$$i_F = \frac{u_- - u_o}{R_f} = -\frac{u_o}{R_f} \tag{8-2}$$

因为 $i_- = 0$, $i_1 = i_F$,则可得

$$u_o = -\frac{R_f}{R_1} u_i \tag{8-3}$$

式(8-3)表明, u_o 与 u_i 符合比例关系,式中负号表示输出电压与输入电压的相位(或极性)相反。电压放大倍数为

$$A_{uf} = \frac{u_o}{u_i} = -\frac{R_f}{R_1} \tag{8-4}$$

改变 R_f 和 R_1 的比值,即可改变其电压放大倍数。

如图 8-8 所示,运算放大器的同相输入端接

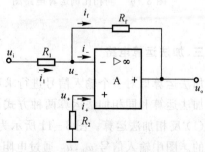

图 8-8 反相比例运算电路图

有电阻 R_2，参数选择时应使两输入端外接直流通路等效电阻平衡，即 $R_2 = R_1 // R_f$，静态时使输入级偏置电流平衡，并让输入级的偏置电流在运算放大器两个输入端的外接电阻上产生相等的压降，以便消除放大器的偏置电流及漂移对输出端的影响，故 R_2 又称为平衡电阻。

二、同相比例运算

如果输入信号从同相输入端输入，而反相输入端通过电阻接地，并引入负反馈，如图 8-9 所示。因 $u_- = u_+$，$i_- = i_+ = 0$，可得

$$u_+ = u_i = u_-, \quad i_1 = i_F = \frac{u_- - u_0}{R_f}$$

故

$$u_o = u_- - i_f R_f = u_+ - i_1 R_f = u_+ - \frac{0 - u_-}{R_1} \cdot R_f = \left(1 + \frac{R_f}{R_1}\right) u_+ \qquad (8-5)$$

即

$$u_o = \left(1 + \frac{R_f}{R_1}\right) u_+ \qquad (8-6)$$

式（8-6）表明，该电路与反相比例运算电路一样，u_o 与 u_i 也是符合比例关系的，所不同的是，输出电压与输入电压的相位（或极性）相同。电压放大倍数为

$$A_{uf} = \frac{u_o}{u_i} = 1 + \frac{R_f}{R_1} \qquad (8-7)$$

若去掉 R_1（见图 8-10），这时

$$u_o = u_- = u_+ = u_i$$

上式表明，u_o 与 u_i 大小相等，相位相同，起到电压跟随作用，故该电路称为电压跟随器。其电压放大倍数为

$$A_{uf} = \frac{u_o}{u_i} = 1$$

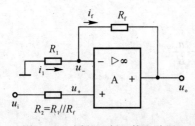
图 8-9　同相比例运算电路图

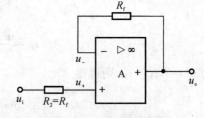
图 8-10　电压跟随器

三、加法运算电路

加法运算即对多个输入信号进行求和，根据输出信号与求和信号反相还是同相还可分为反相加法运算和同相加法运算两种方式。

（1）反相加法运算。图 8-11 所示为反相输入加法运算电路，它是利用反相比例运算电路实现的。图中输入信号 u_{i1}，u_{i2} 通过电阻 R_1，R_2 由反相输入端引入，同相端通过一个直流平衡电阻 R_3 接地，要求 $R_3 = R_1 // R_2 // R_f$。

根据运算放大器反相输入端"虚断"可知 $i_f \approx i_1 + i_2$，而根据运算放大器反相时输入端"虚地"可得 $u_- \approx 0$。因此，由图 8-11 得

$$-\frac{u_0}{R_f} \approx \frac{u_{i1}}{R_1} + \frac{u_{i2}}{R_2}$$

故可求得输出电压为

$$u_0 = -R_f\left(\frac{u_{i1}}{R_1} + \frac{u_{i2}}{R_2}\right) \tag{8-8}$$

可见实现了反相加法运算。若 $R_f = R_1 = R_2$，则 $u_o = -(u_{i1} + u_{i2})$。

由式(8-8)可见，这种电路在调整某一路输入端电阻时并不影响其他路信号产生的输出值，因而调节方便，使用广泛。

(2)同相加法运算。如图 8-12 所示为同相输入加法运算电路，它是利用同相比例运算电路实现的。图中的输入信号 u_{i1}，u_{i2} 是通过电阻 R_1，R_2 由同相输入端引入的。为了使直流电阻平衡，要求 $R_2 /\!/ R_3 /\!/ R_4 = R_1 /\!/ R_f$。

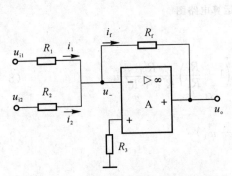

图 8-11　反相输入加法运算电路图

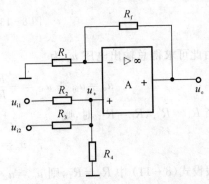

图 8-12　同相输入加法运算电路图

根据运算放大器同相端"虚断"，对 u_{i1}，u_{i2} 应用叠加原理可求得 u_+ 为

$$u_+ \approx \frac{R_3 /\!/ R_4}{R_2 + R_3 /\!/ R_4}u_{i1} + \frac{R_2 /\!/ R_4}{R_3 + R_2 /\!/ R_4}u_{i2}$$

根据同相输入时输出电压与运算放大器同相端电压 u_+ 的关系式，可得输出电压 u_o 为

$$u_o = \left(1 + \frac{R_f}{R_1}\right)u_+ = \left(1 + \frac{R_f}{R_1}\right)\left(\frac{R_3 /\!/ R_4}{R_2 + R_3 /\!/ R_4}u_{i1} + \frac{R_2 /\!/ R_4}{R_3 + R_2 /\!/ R_4}u_{i2}\right) \tag{8-9}$$

由式(8-9)可见，实现了同相加法运算。若 $R_2 = R_3 = R_4$，$R_f = 2R_1$，则上式可简化为 $u_o = u_{i1} + u_{i2}$。这种电路在调整一路输入端电阻时会影响其他路信号产生的输出值，因此不方便调节。

四、减法运算电路

图 8-13 所示为减法运算电路，图中输入信号 u_{i1} 和 u_{i2} 分别加至反相输入端和同相输入端，这种形式的电路又称为差分运算电路。对该电路也可用"虚短"和"虚断"来分析，下面利用叠加原理根据同相和反相比例运算电路已有的结论进行分析，这样可使分析更简便。

首先，设 u_{i1} 单独作用，而 $u_{i2} = 0$，此时电路相当于一个反相比例运算电路，可得 u_{i1} 产生的输出电压 u_{o1} 为

$$u_{o1} = -\frac{R_f}{R_1}u_{i1}$$

再设由 u_{i2} 单独作用,而 $u_{i1}=0$,则电路变为一同相比例运算电路,可求得 u_{i2} 产生的输出电压 u_{o2} 为

$$u_{o2} = \left(1+\frac{R_f}{R_1}\right)u_+ = \left(1+\frac{R_f}{R_1}\right)\frac{R'_f}{R'_1+R'_f}u_{i2}$$

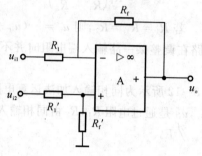

图 8-13　减法运算电路图

由此可求得总输出电压 u_o 为

$$u_o = u_{o1} + u_{o2} = -\frac{R_f}{R_1}u_{i1} + \left(1+\frac{R_f}{R_1}\right)\frac{R'_f}{R'_1+R'_f}u_{i2} \tag{8-10}$$

当 $R_1 = R'_1, R_f = R'_f$ 时,则

$$u_o = \frac{R_f}{R_1}(u_{i2} - u_{i1}) \tag{8-11}$$

假设式(8-11)中 $R_f = R_1$,则 $u_o = u_{i2} - u_{i1}$。

例 8-1　写出如图 8-14 所示电路的二级运算电路的输入、输出关系。

解　电路中,运算放大器 A_1 组成同相比例运算电路,故

$$u_{o1} = \left(1+\frac{R_2}{R_1}\right)u_{i1}$$

由于理想集成运算放大器的输出阻抗 $R_o = 0$,故前级输出电压 u_{o1} 为后级输入信号,因而运算放大器 A_2 组成减法运算电路的两个输入信号分别为 u_{o1} 和 u_{i2}。

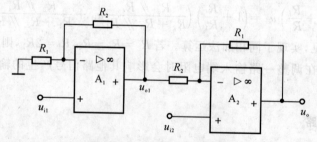

图 8-14　例 8-1 的电路图

由叠加原理可得输出电压 u_o 为

$$u_o = -\frac{R_1}{R_2}u_{o1} + \left(1+\frac{R_1}{R_2}\right)u_{i2} = -\frac{R_1}{R_2}\left(1+\frac{R_2}{R_1}\right)u_{i1} + \left(1+\frac{R_1}{R_2}\right)u_{i2} =$$

$$-\left(1+\frac{R_1}{R_2}\right)u_{i1} + \left(1+\frac{R_1}{R_2}\right)u_{i2} = \left(1+\frac{R_1}{R_2}\right)(u_{i2}-u_{i1})$$

上式表明,图 8-14 所示电路确实是一个减法运算电路。

例 8-2　若给定反馈电阻 $R_f = 10\ \text{k}\Omega$,试设计实现 $u_o = u_{i1} - 2u_{i2}$ 的运算电路。

解　根据题意,对照运算电路的功能可知:可用减法运算电路实现上述运算,将 u_{i1} 从同相端输入,将 u_{i2} 从反相端输入,电路如图 8-15 所示。

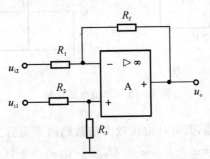

图 8-15　例 8-2 设计的运算电路

根据式(8-11)可求得如图 8-15 所示输出电压 u_o 的表达式为

$$u_o = -\frac{R_f}{R_1}u_{i2} + \left(1+\frac{R_f}{R_1}\right)\frac{R_3}{R_2+R_3}u_{i1}$$

将要求实现的 $u_o = u_{i1} - 2u_{i2}$ 与上式比较可得

$$-\frac{R_f}{R_1} = -2 \tag{1}$$

$$\left(1+\frac{R_f}{R_1}\right)\frac{R_3}{R_2+R_3} = 1 \tag{2}$$

已知 $R_f = 10\ \text{k}\Omega$,由式(1)得 $R_1 = 5\ \text{k}\Omega$。

将 $R_f = 10\ \text{k}\Omega$,$R_1 = 5\ \text{k}\Omega$ 代入式(2)得

$$\frac{R_3}{R_2+R_3} = \frac{1}{3} \tag{3}$$

根据输入端直流电阻平衡的要求,由图 8-16 可得

$$R_2 /\!/ R_3 = R_1 /\!/ R_f = \frac{5\times10}{5+10} = \frac{10}{3}\ \text{k}\Omega$$

即

$$\frac{R_2 R_3}{R_2+R_3} = \frac{10}{3}\ \text{k}\Omega \tag{4}$$

联立求解式(3)和式(4)可得

$$R_2 = 10\ \text{k}\Omega, \quad R_3 = 5\ \text{k}\Omega$$

五、非线性应用

电压比较器的基本功能是对两个输入信号电压进行比较,并根据比较的结果相应地输出高电平电压或低电平电压。电压比较器除广泛应用于信号产生电路外,还广泛应用于信号处理和检测电路等。如在控制系统中,经常将一个信号与另一个给定的基准信号进行比较,根据比较的结果,输出高电平电压或低电平的开关量电压信号,来实现控制动作。采用集成运算放

大器可以实现电压比较器的功能。

由集成运算放大器组成的单值电压比较器,如图8-16(a)所示,为开环工作状态。加在反相输入端的信号 u_i 与同相输入端给定的基准信号 U_{REF} 进行比较。

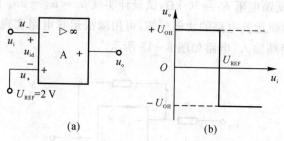

$$(a) \qquad (b)$$

图8-16 单值电压比较

若为理想集成运算放大器,其开环电压放大倍数趋向于无穷大,因此有

$$\left.\begin{array}{l} u_{id}=u_{-}-u_{+}=u_i-U_{REF}>0, u_0=-U_{0M} \\ u_{id}=u_{-}-u_{+}=u_i-U_{REF}<0, u_0=+U_{0M} \end{array}\right\} \qquad (8-12)$$

式中,u_{id} 为运算放大器输入端的差模输入电压,$-U_{0M}$ 和 $+U_{0M}$ 为运算放大器负向和正向输出电压的最大值,此值由运算放大器电源电压和器件参数而定。

由式(8-12)可得出输出与输入的电压变化关系,称为电压传输特性,如图8-16(b)所示。若原先输入信号 $u_i < U_{REF}$,输出为 $+U_{0M}$,当由小变大时,只要稍微大于 U_{REF},则输出由 $+U_{0M}$ 跳变为 $-U_{0M}$;反之亦然。

如果将 u_i 加在同相输入端,而 U_{REF} 加在反相输入端,这时的电压传输特性如图8-16(b)虚线所示。

若 $U_{REF}=0$,即同相输入端直接接地,这时的电压传输特性将平移到与纵坐标重合,称为过零比较器。

在比较器中,我们把比较器的输出电压 u_o 从一个电平跳变到另一个电平时所对应的输入电压值称为门限电压(或阈值电压),用 U_T 表示,对应上述电路 $U_T=U_{REF}$。由于上述电路只有一个门限电压值,故称单值电压比较器。U_T 值是分析输入信号变化使输出电平翻转的关键参数。

项 目 强 化

项目名称:集成稳压电路的制作。

1. 实验目的

(1) 了解三端集成稳压器的特性和基本使用方法。

(2) 掌握直流稳压电源主要参数的测试方法。

2. 实验内容和步骤

(1) 基本稳压电路。

1) 按如图8-17所示连接电路,为防止负载电位器短路,56Ω电阻和510Ω电位器的额定功率应大于2W,检查无误后接入220 V电源。

当要求输出纹波小时,滤波电容 C_1 取值可大些。C_3 是当负载电流突变时,为改善电源的动态特性而设的,取值约为 $100 \sim 470$ mF。

C_1,C_3 均为电解电容。在结构上,它们是由两个电容极板中间加绝缘介质卷绕而成的。因此,对电源中的高频分量,电解电容均含有电感,而集成稳压器内部带有负反馈。在高频下,通过 C_1,C_3 的耦合,可能会使稳压器的输出端产生有害振荡。C_2,C_4 正是为抑制这种振荡或消除电网端串入的高频干扰而设置的,通常 C_2,C_4 取值为 $0.1 \sim 0.33$ mF。

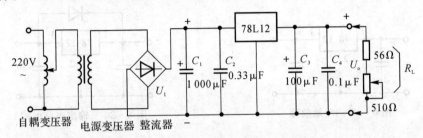

图 8 - 17　三端集成稳压电路的基本形式

2) 调节 R_L,使负载电流为 100 mA,调节自耦调压器,使 78L12 的输入电压(即整流输出电压)U_1 为 18 V,测量输出电压 U_o。

3) 在上述 3 种情况下,用交流数字电压表测量稳压电源输入纹波电压 U_i 和输出纹波电压 U_o。

4) 输入电压不变,用示波器观察有、无负载和负载变化的情况下,输出电压的交流分量的变化情况,用直流电压表测量输出直流电压是否有变化,研究随着负载电流的增加,输出电压交直流分量的变化趋势,记录现象和结果。

5) 在 C_1 接通和断开的情况下,分别用示波器(直流挡)观察负载电压的波形,研究 C_1 在稳压电源中的作用。

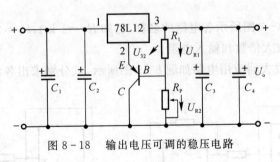

图 8 - 18　输出电压可调的稳压电路

(2) 输出电压可调的稳压电路。图 8 - 18 所示电路是由集成稳压器构成的连续可调输出电压电路。其中 U_{32} 是集成稳压器的标称输出电压,此处 $U_{32} = 12$ V。若忽略晶体管 U_{EB} 压降,则 $U_{R1} = U_{32}$。忽略晶体管基极电流后,有 $I_{R1} = I_{R2}$,得

$$\frac{U_o}{R_1 + R_F} \approx \frac{U_{R1}}{R_1} \approx \frac{U_{32}}{R_1}$$

即 $U_o \approx (1 + R_o/R_1) \times 12$,调节 R_P,可使 U_o 在一定范围内变化,但输出可调范围不能太大,否则将使稳压性能变差。

要求按如图 8 - 18 所示电路接线,自行设计元件参数,经教师审查后再接线实验。研究输

出电压的变化范围并作记录。

3. 注意事项

（1）防止将稳压器的输入与输出接反。

（2）避免使稳压器浮地运行（见图8-19）。

（3）防止输出电流过大（见图8-20）。

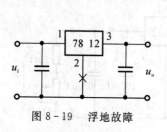

图8-19 浮地故障

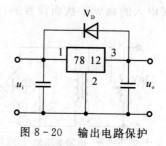

图8-20 输出电路保护

（4）稳压器输入端不能断路。

（5）稳压器的输入电压的限制。稳压器的输入电压U_I通常是由交流电压经整流滤波后得到的，其值不能过大和过小。

4. 实验报告要求

（1）分析整理实验结果，对集成稳压器的性能给予评价。

（2）总结三端集成稳压器的使用注意事项。

项目八习题与思考题

8-1 集成运算电路$R_f = R_1 = R_2$，如题8-1图所示，试分别求出各电路输出电压的大小。

8-2 写出如题8-2图所示各电路的名称，已知$R_1 = 1 \text{ k}\Omega$，$R_2 = 20 \text{ k}\Omega$，$R = R_1 \ // \ R_2$，试分别计算它们的电压放大倍数和输入电阻。

8-3 集成运算放大器应用电路如题8-3图所示，试分别求出各电路输出电压的大小。

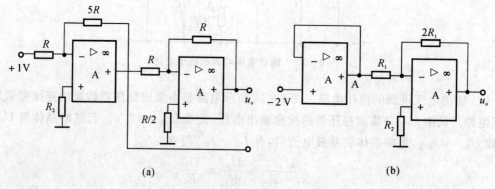

(a)　　　　　　　　　　　　　　　(b)

题8-3图

8-4 如题8-4图所示电路中，当$t = 0$时，$u_c = 0$，试写出u_o与u_{i1}，u_{i2}之间的关系式。

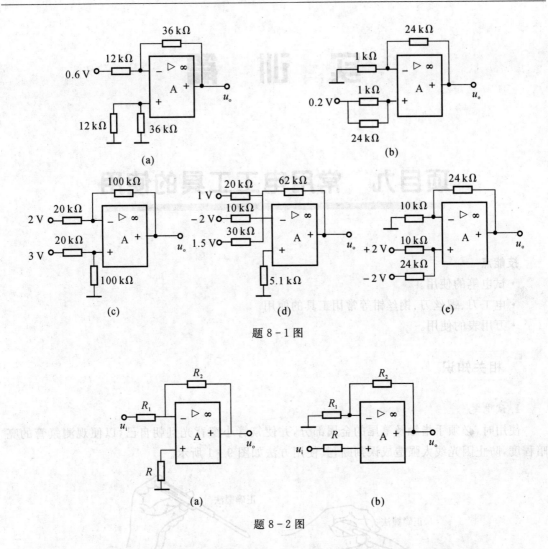

题 8-1 图

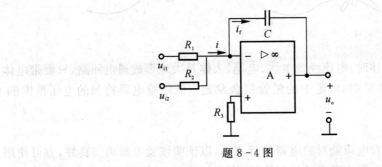

题 8-2 图

8-5　试比较反相、同相比例运算电路的结构和特点。这些电路中集成运算放大器应工作在什么状态?

8-6　试说明集成运算放大器作电压比较器和运算电路使用时,它们的工作状态有什么区别。

题 8-4 图

实 训 篇

项目九　常用电工工具的使用

技能点

· 试电笔的使用。

· 电工刀、螺丝刀、钢丝钳等常用工具的使用。

· 万用表的使用。

相关知识

1.试电笔

使用时,必须手指触及笔尾的金属部分,并使氖管小窗背光且朝自己,以便观测氖管的亮暗程度,防止因光线太强造成误判断,其使用方法如图9-1所示。

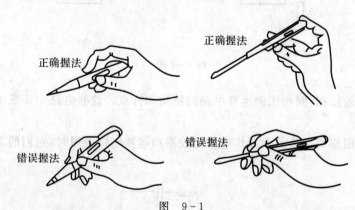

正确握法　　　　正确握法

错误握法　　　　错误握法

图　9-1

当用电笔测试带电体时,电流经带电体、电笔、人体及大地形成通电回路,只要带电体与大地之间的电位差超过60 V时,电笔中的氖管就会发光。低压验电器检测的电压范围的60~500 V。

注意事项:

(1)使用前,必须在有电源处对验电器进行测试,以证明该验电器确实良好,方可使用。

(2)验电时,应使验电器逐渐靠近被测物体,直至氖管发亮,不可直接接触被测体。

(3)验电时,手指必须触及笔尾的金属体,否则带电体也会误判为非带电体。

(4)验电时,要防止手指触及笔尖的金属部分,以免造成触电事故。

2.电工刀

如图9-2所示,在使用电工刀时:

(1)不得用于带电作业,以免触电。

(2)应将刀口朝外剖削,并注意避免伤及手指。

(3)剖削导线绝缘层时,应使刀面与导线成较小的锐角,以免割伤导线。

(4)使用完毕,随即将刀身折进刀柄。

图　9-2

3.螺丝刀

使用螺丝刀时:

(1)螺丝刀较大时,除大拇指、食指和中指要夹住握柄外,手掌还要顶住柄的末端以防旋转时滑脱。

(2)螺丝刀较小时,用大拇指和中指夹着握柄,同时用食指顶住柄的末端用力旋动。

(3)螺丝刀较长时,用右手压紧手柄并转动,同时左手握住起子的中间部分(不可放在螺钉周围,以免将手划伤),以防止起子滑脱。

注意事项:

(1)带电作业时,手不可触及螺丝刀的金属杆,以免发生触电事故。

(2)作为电工,不应使用金属杆直通握柄顶部的螺丝刀。

(3)为防止金属杆触到人体或邻近带电体,金属杆应套上绝缘管。

4.钢丝钳

钢丝钳在电工作业时,用途广泛。钳口可用来弯绞或钳夹导线线头;齿口可用来紧固或起松螺母;刀口可用来剪切导线或钳削导线绝缘层;侧口可用来铡切导线线芯、钢丝等较硬线材。钢丝钳各用途的使用方法如图9-3所示。

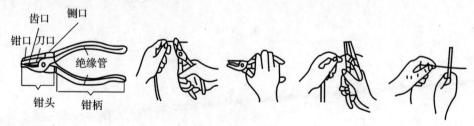

图　9-3

注意事项:

(1)使用前,使检查钢丝钳绝缘是否良好,以免带电作业时造成触电事故。

(2)在带电剪切导线时,不得用刀口同时剪切不同电位的两根线(如相线与零线、相线与相线等),以免发生短路事故。

5.尖嘴钳

尖嘴钳因其头部尖细(见图9-4),适用于在狭小的工作空间操作。

尖嘴钳可用来剪断较细小的导线;可用来夹持较小的螺钉、螺帽、垫圈、导线等;也可用来对单股导线整形(如平直、弯曲等)。若使用尖嘴钳带电作业,应检查其绝缘是否良好,并在作业时金属部分不要触及人体或邻近的带电体。

6.斜口钳

专用于剪断各种电线电缆,如图9-5所示。

对粗细不同、硬度不同的材料,应选用大小合适的斜口钳。

 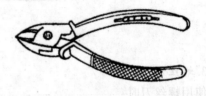

图 9-4

图 9-5

7.剥线钳

剥线钳是专用于剥削较细小导线绝缘层的工具,其外形如图9-6所示。

使用剥线钳剥削导线绝缘层时,先将要剥削的绝缘长度用标尺定好,然后将导线放入相应的刃口中(比导线直径稍大),再用手将钳柄一握,导线的绝缘层即被剥离。

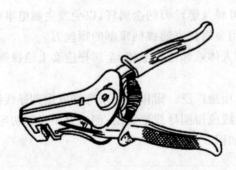

图 9-6

项目十 常用电工仪表的使用

技能点

· 万用表的使用。
· 钳形电流表的使用。
· 兆欧表的使用。

 **相关知识**

一、万用表

1.模拟式万用表

模拟式万用表的型号繁多,图 10－1 所示为常用的 MF－47 型万用表的外形。

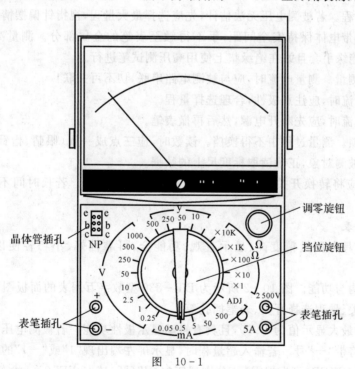

图 10－1

(1)使用前的检查与调整。在使用万用表进行测量前,应进行下列检查、调整:

外观应完好无破损,当轻轻摇晃时,指针应摆动自如。

旋动转换开关,应切换灵活无卡阻,挡位应准确。

水平放置万用表,转动表盘指针下面的机械调零螺丝,使指针对准标度尺左边的零位线。

测量电阻前应进行电调零(每换挡一次,都应重新进行电调零)。即:将转换开关置于欧姆挡的适当位置,两支表笔短接,旋动欧姆调零旋钮,使指针对准欧姆标度尺右边的零位线。如指针始终不能指向零位线,则应更换电池。

检查表笔插接是否正确。黑表笔应接"一"极或"∗"插孔,红表笔应接"+"。

检查测量机构是否有效,即应用欧姆挡,短时碰触两表笔,指针应偏转灵敏。

(2)直流电阻的测量。首先应断开被测电路的电源及连接导线。若带电测量,将损坏仪表;若在路测量,将影响测量结果。

合理选择量程挡位,以指针居中或偏右为最佳。测量半导体器件时,不应选用 R×1 挡和 R×10K 挡。

测量时表笔与被测电路应接触良好;双手不得同时触至表笔的金属部分,以防将人体电阻并入被测电路造成误差。

正确读数并计算出实测值。

切不可用欧姆挡直接测量微安表头、检流计、电池内阻。

(3)电压的测量。测量电压时,表笔应与被测电路并联。

测量直流电压时,应注意极性。若无法区分正、负极,则先将量程选在较高挡位,用表笔轻触电路,若指针反偏,则调换表笔。

合理选择量程。若被测电压无法估计,先应选择最大量程,视指针偏摆情况再作调整。

测量时应与带电体保持安全间距,手不得触至表笔的金属部分。测量高电压时(500∼2 500 V),应戴绝缘手套且站在绝缘垫上使用高压测试笔进行。

(4)电流的测量。测量电流时,应与被测电路串联,切不可并联!

测量直流电流时,应注意极性,合理选择量程。

测量较大电流时,应先断开电源,然后再撤表笔。

(5)注意事项。测量过程中不得换挡。读数时,应三点成一线(眼睛、指针、指针在刻度中的影子)。根据被测对象,正确读取标度尺上的数据。

测量完毕,应将转换开关置空挡或 OFF 挡或电压最高挡。若长时间不用,应取出内部电池。

2. 数字万用表

数字万用表具有测量精度高、显示直观、功能全、可靠性好、小巧轻便以及便于操作等优点。

(1)面板结构与功能。图 10-2 所示为 DT-830 型数字万用表的面板图,包括 LCD 液晶显示器、电源开关、量程选择开关、表笔插孔等。

液晶显示器最大显示值为 1 999,且具有自动显示极性功能。若被测电压或电流的极性为负,则显示值前将带"一"号。若输入超量程时,显示屏左端出现"1"或"一1"的提示字样。

电源开关(POWER)可根据需要,分别置于"ON"(开)或"OFF"(关)状态。测量完毕,应将其置于"OFF"位置,以免空耗电池。数字万用表的电池盒位于后盖的下方,采用 9V 叠层电池。电池盒内还装有熔丝管,以起过载保护作用。旋转式量程开关位于面板中央,用以选择测试功能和量程。若用表内蜂鸣器作通断检查时,量程开关应停放在标有"·)))"符号的位置。

h_{FE} 插口用以测量三极管的 h_{FE} 值时,将其 B,C,E 极对应插入。

　　输入插口是万用表通过表笔与被测量连接的部位,设有"COM""V·Ω""mA""10A"四个插口。使用时,黑表笔应置于"COM"插孔,红表笔依被测种类和大小置于"V·Ω""mA"或"10A"插孔。在"COM"插孔与其他3个插孔之间分别标有最大(MAX)测量值,如10A、200mA、交流750V、直流1 000V。

　　(2)使用方法。测量交、直流电压(ACV,DCV)时,红、黑表笔分别接"V·Ω"与"COM"插孔,旋动量程选择开关至合选位置(200mV,2V,20V,200V,700V或1 000V),红、黑表笔并接于被测电路(若是直流,注意红表笔接高电位端,否则显示屏左端将显示"—")。此时显示屏显示出被测电压数值。若显示屏只显示最高位"1",表示溢出,应将量程调高。

　　测量交、直流电流(ACA,DCA)时,红、黑表笔分别接"mA"(大于200mA时应接"10A")与"COM"插孔,旋动量程选择开关至合适位置(2mA,20mA,200mA或10A),将两表笔串接于被测回路(直流时,注意极性),显示屏所显示的数值即为被测电流的大小。

　　测量电阻时,无须调零。将红、黑表笔分别插入"V·Ω"与"COM"插孔,旋动量程选择开关至合适位置(200,2K,200K,2M,20M),将两笔表跨接在被测电阻两端(不得带电测量!),显示屏所显示数值即为被测电阻的数值。当使用200MΩ量程进行测量时,先将两表笔短路,若该数不为零,仍属正常,此读数是一个固定的偏移值,实际数值应为显示数值减去该偏移值。

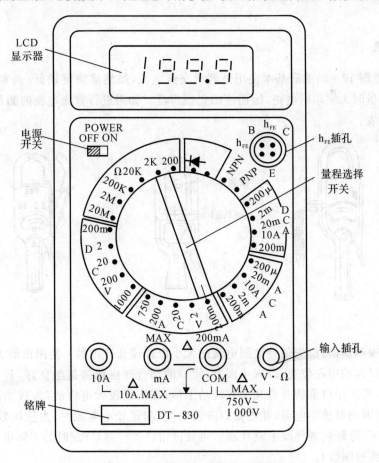

图10-2　DT-830型数字万用表

进行二极管和电路通断测试时,红、黑表笔分别插入"V·Ω"与"COM"插孔,旋动量程开关至二极管测试位置。正向情况下,显示屏即显示出二极管的正向导通电压,单位为 mV(锗管应在 200~300mV 之间,硅管应在 500~800mV 之间);反向情况下,显示屏应显示"1",表明二极管不导通,否则,表明此二极管反向漏电流大。正向状态下,若显示"000",则表明二极管短路;若显示"1",则表明断路。在用来测量线路或器件的通断状态时,若检测的阻值小于 30Ω,则表内发出蜂鸣声以表示线路或器件处于导通状态。

进行晶体管测量时,旋动量程选择开关至"h_{FE}"位置(或"NPN"或"PNP"),将被测三极管依 NPN 型或 PNP 型将 B,C,E 极插入相应的插孔中,显示屏所显示的数值即为被测三极管的"h_{FE}"参数。

进行电容测量时,将被测电容插入电容插座,旋动量程选择开关至"CAP"位置,显示屏所示数值即为被测电荷的电荷量。

(3)注意事项。当显示屏出现"LOBAT"或"←"时,表明电池电压不足,应予更换。

若测量电流时,没有读数,应检查熔丝是否熔断。

测量完毕,应关上电源;若长期不用,应将电池取出。

不宜在日光及高温、高湿环境下使用与存放(工作温度为 0~40℃,湿度为 80%)。使用时应轻拿轻放。

二、钳形表

钳形表(见图 10-3)的最基本使用是测量交流电流,虽然准确度较低(通常为 2.5 级或 5 级),但因在测量时无须切断电路,因而使用仍很广泛。如需进行直流电流的测量,则应选用交直流两用钳形表。

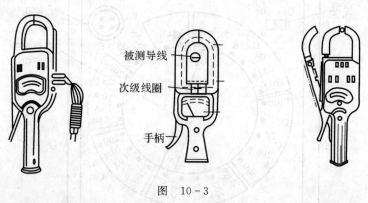

被测导线
次级线圈
手柄

图 10-3

使用钳形表测量前,应先估计被测电流的大小以合理选择量程。使用钳形表时,被测载流导线应放在钳口内的中心位置,以减小误差;钳口的结合面应保持接触良好,若有明显噪声或表针振动厉害,可将钳口重新开合几次或转动手柄;在测量较大电流后,为减小剩磁对测量结果的影响,应立即测量较小电流,并把钳口开合数次;测量较小电流时,为使该数较准确,在条件允许的情况下,可将被测导线多绕几圈后再放进钳口进行测量(此时的实际电流值应为仪表的读数除以导线的圈数)。

使用时,将量程开关转到合适位置,手持胶木手柄,用食指勾紧铁心开关,便于打开铁芯。将被测导线从铁芯缺口引入到铁芯中央,然后放松食指,铁芯即自动闭合。被测导线的电流在铁芯中产生交变磁通,表内感应出电流,即可直接读数。

在较小空间内(如配电箱等)测量时,要防止因钳口的张开而引起相间短路。

2. 注意事项

(1)使用前应检查外观是否良好,绝缘有无破损,手柄是否清洁、干燥。

(2)测量时应戴绝缘手套或干净的线手套,并注意保持安全间距。

(3)测量过程中不得切换挡位。

(4)钳形电流表只能用来测量低压系统的电流,被测线路的电压不能超过钳形表所规定的使用电压。

(5)每次测量只能钳入一根导线。

(6)若不是特别必要,一般不测量裸导线的电流。

(7)测量完毕,应将量程开关置于最大挡位,以防下次使用时,因疏忽大意而造成仪表的意外损坏。

三、兆欧表

1. 选用

兆欧表(见图 10 - 4)的选用主要考虑两个方面:一是电压等级,二是测量范围。

测量额定电压在 500 V 以下的设备或线路的绝缘电阻时,可选用 500 V 或 1 000 V 的兆欧表;测量额定电压在 500 V 以上的设备或线路的绝缘电阻时,可选用 1 000～2 500 V 的兆欧表;测量瓷瓶时,应选用 2 500～5 000 V 的兆欧表。

兆欧表测量范围的选择主要考虑两点:一方面,测量低压电气设备的绝缘电阻时可选用 0～200 MΩ 的兆欧表,测量高压电气设备或电缆时可选用 0～2 000 MΩ兆欧表;另一方面,因为有些兆欧表的起始刻度不是零,而是 1 MΩ 或 2 MΩ,这种仪表不宜用来测量处于潮湿环境中的低压电气设备的绝缘电阻,因其绝缘电阻可能小于 1 MΩ,造成仪表上无法读数或读数不准确。

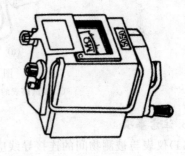

图　10 - 4

2. 正确使用

兆欧表上有 3 个接线柱,两个较大的接线柱上分别标有 E(接地)、L(线路),另一个较小的接线柱上标有 G(屏蔽)。其中,L 接被测设备或线路的导体部分,E 接被测设备或线路的外壳或大地,G 接被测对象的屏蔽环(如电缆壳芯之间的绝缘层上)或不需测量的部分。兆欧表的常见接线方法如图 10 - 5 所示。

(1)测量前,要先切断被测设备或线路的电源,并将其导电部分对地进行充分放电。用兆欧表测量过的电气设备,也须进行接地放电,才可再次测量或使用。

(2)测量前,要先检查仪表是否完好:将接线柱 L,E 分开,由慢到块摇动手柄约 1min,使兆欧表内发电机转速稳定(约 120r/min),指针应指在"∞"处;再将 L,E 短接,缓慢摇动手柄,指针应指在"0"处。

(3)测量时,兆欧表应水平放置平稳。测量过程中,不可用手去触及被测物的测量部分,以防触电。

兆欧表的操作方法如图 10-6 所示。

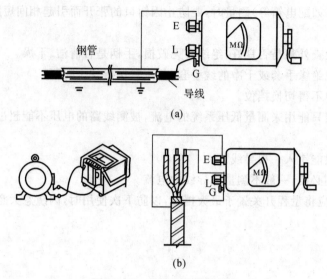

图 10-5　兆欧表的接线方法

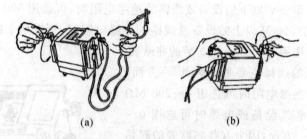

图 10-6　摇表的操作方法

(a)校试摇表的操作方法；　(b)测量时摇表的操作方法

3.注意事项

(1)仪表与被测物间的连接导线应采用绝缘良好的多股铜芯软线,而不能用双股绝缘线或绞线,且连接线间不得绞在一起,以免造成测量数据不准。

(2)手摇发电机要保持匀速,不可忽快忽慢地使指针不停地摆动。

(3)测量过程中,若发现指针为零,说明被测物的绝缘层可能击穿短路,此时应停止继续摇动手柄。

(4)测量具有大电容的设备时,读数后不得立即停止摇动手柄,否则已充电的电容将对兆欧表放电,有可能烧坏仪表。

(5)温度、湿度、被测物的有关状况等对绝缘电阻的影响较大,为便于分析比较,记录数据时应反映上述情况。

项目十一　接地电阻的测量

技能点

·ZC-8型接地电阻测试仪的使用。

 相关知识

一、接地电阻测试要求

(1)交流工作接地,接地电阻不应大于4Ω;

(2)安全工作接地,接地电阻不应大于4Ω;

(3)直流工作接地,接地电阻应按计算机系统具体要求确定;

(4)防雷保护地的接地电阻不应大于10Ω;

(5)对于屏蔽系统如果采用联合接地时,接地电阻不应大于1Ω。

二、接地电阻测试仪

ZC-8型接地电阻测试仪适用于测量各种电力系统、电气设备、避雷针等接地装置的电阻值,亦可测量低电阻导体的电阻值和土壤电阻率。

本仪表工作由手摇发电机、电流互感器、滑线电阻及检流计等组成,全部机构装在塑料壳内,外有皮壳便于携带。附件有辅助探棒导线等,装于附件袋内。其工作原理采用基准电压比较式。

使用前检查测试仪是否完整,测试仪包括以下器件:

(1)ZC-8型接地电阻测试仪一台。

(2)辅助接地棒两根。

(3)导线5m,20m,40m各一根。

三、使用与操作

1.测量接地电阻值时接线方式的规定

仪表上的E端钮接5m导线,P端钮接20m线,C端钮接40m线,导线的另一端分别接被测物接地极E′,电位探棒P′和电流探棒C′,且E′,P′,C′应保持直线,其间距为20m。

(1)测量大于等于1Ω接地电阻时接线图如图11-1所示,将仪表上2个E端钮连结在一起。

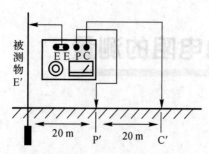

图 11-1 测量大于 1Ω 接地电阻的接线图

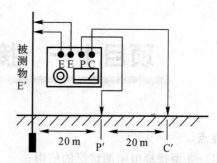

图 11-2 测量小于 1Ω 接地电阻的接线图

(2)测量小于 1Ω 接地电阻时接线图如图 11-2 所示,将仪表上 2 个 E 端钮导线分别连接到被测接地体上,以消除测量时连接导线电阻对测量结果引入的附加误差。

2. 操作步骤

(1)仪表端所有接线应正确无误。

(2)仪表连线与接地极 E′、电位探棒 P′和电流探棒 C′应牢固接触。

(3)仪表放置水平后,调整检流计的机械零位,归零。

(4)将"倍率开关"置于最大倍率,逐渐加快摇柄转速,使其达到 150r/min。当检流计指针向某一方向偏转时,旋动刻度盘,使检流计指针恢复到"0"点。此时刻度盘上读数乘上倍率挡即为被测电阻值。

(5)如果刻度盘读数小于 1 时,检流计指针仍未取得平衡,可将倍率开关置于小一挡的倍率,直至调节到完全平衡为止。

(6)如果发现仪表检流计指针有抖动现象,可变化摇柄转速,以消除抖动现象。

四、注意事项

(1)禁止在有雷电或被测物带电时进行测量。

(2)仪表携带、使用时须小心轻放,避免剧烈震动。

项目十二 常用导线连接训练

技能点

· 塑料硬线绝缘层的剖削。

· 铜芯导线的连接。

· 导线绝缘层的恢复。

 **相关知识**

一、剖削导线绝缘层

可用剥线钳或钢丝钳剖削导线的绝缘层，也可用电工刀剖削塑料硬线的绝缘层。

用电工刀剖削塑料硬线绝缘层时，电工刀刀口在需要剖削的导线上与导线成 45°夹角斜切入绝缘层；然后以 25°角度倾斜推削；最后将剖开的绝缘层折叠并齐根切断。剖削绝缘时不要削伤线芯。

二、铜芯导线的连接

铜芯导线连接应按下面的方法进行：

(1)单股铜芯导线的直线连接方法如图 12－1 所示，先将两线头剖削出一定长度的线芯，清除线芯表面氧化层，将两根芯线成 X 形相交，并互相绞绕 2～3 圈，再扳直两芯线线端，将扳直的两线头分别向两端紧贴另一根芯线缠绕 6 圈，切除余下线头并钳平线头末端。

(2)单股铜芯导线的 T 形分支连接方法如图 12－2 所示，将剖削好的线芯与干线线芯垂直相交，支路线芯根部留出约 3～5mm，然后按顺时针方向在干线线芯上密绕 6～8 圈，用钢丝钳切除余下线芯并钳平线芯末端。

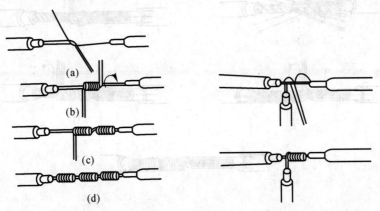

(a)

(b)

(c)

(d)

图 12－1 单股铜芯导线的直线连接　　图 12－2 单股铜芯导线 T 形分支连接

(3)7 股铜芯导线的直线连接方法如图 12-3 所示。首先将两线线端剖削出约 150 mm 长度的线芯,并将靠近绝缘层端部约 1/3 的线芯绞紧,线芯其余部分散开拉直,清除线芯表面氧化层,然后再将线芯整理成伞状,把两只伞状线芯逐根对插,如图 12-3(a)(b)所示。理平两端线芯,把 7 根线芯分成 2,2,3 三组,把第一组 2 根线芯扳起,如图 12-3(c)所示,按顺时针方向紧密缠绕 2 圈后扳平余下线芯,再把第二组的 2 根线芯扳垂直,如图 12-3(d)(e)所示。用第二组线芯压住第一组余下的线芯,按顺时针方向紧密缠绕 2 圈并向右扳平余下线芯,用第三组的 3 根线芯压住余下的线芯,如图 12-3(f)所示,紧密缠绕 3 圈,切除余下的线芯,钳平线端,如图 12-3(g)所示。用同样的方法完成另一边的缠绕,完成 7 股导线的直线连接。

(4)7 股铜芯导线的 T 形分支连接方法如图 12-4 所示。剖削干线和支线的绝缘层,绞紧支线靠近绝缘层 1/8 处的线芯,散开支线线芯的其余部分,拉直并清洁表面,如图 12-4(a)所示。把支线线芯分成 4 根和 3 根两组排齐,用螺钉旋具将干线也分成 4 根和 3 根两组,并将支线中的 4 根组插入干线线芯中间,如图 12-4(b)所示。把留在外面的 3 根组线芯在干线线芯上顺时针方向紧密缠绕 4~5 圈,切除余下线芯并钳平线端。再用 4 根组线芯在干线线芯的另一侧顺时针方向紧密缠绕 3~4 圈,切除余下线芯,钳平线端,如图 12-4(c)(d)所示完成 T 形分支连接。

(5)19 股铜芯导线的连接方法与 7 股导线相似。因其线芯股数较多,在直线连接时,可钳去线芯中间的几根。

(6)接头处的锡焊。导线连接好以后,为增加其机械强度,改善导电性能,还应进行锡焊处理。对于 10 mm^2 及以下的铜芯线接头,可用 150 W 电烙铁进行锡焊;对于 16 mm^2 及以上的铜芯线接头,应采用浇焊法。浇焊处理的方法是:先将焊锡放在化锡锅内高温熔化,将表面处理干净的导线接头置于锡锅上,用勺盛上熔化的锡从上面浇下,如图 12-5 所示。刚开始时,由于接头处温度较低,接头不易沾锡,继续浇锡使接头温度升高、沾锡、直到接头处全部焊牢为止。最后清除表面焊渣,使接头表面光滑。

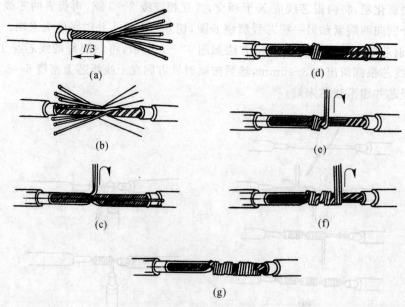

(a)

(d)

(b)

(e)

(c)

(f)

(g)

图 12-3 7 股铜芯导线的直线连接

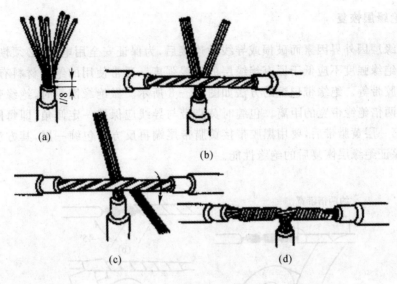

图 12-4　7 股铜芯导线的 T 形分支连接

三、铝芯导线的连接

铝芯导线不宜采用铜芯导线的连接方法,应采用螺栓压接和压接管压接的方法。

螺栓压接法如图 12-6 所示,适用于小负荷铝芯线的连接。

压接管压接法连接适用于较大负荷的多股铝芯导线的连接(也适用于铜芯导线),如图 12-7 所示。

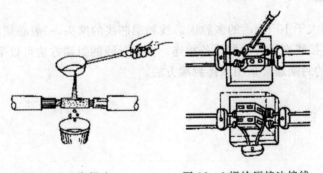

图 12-5　浇焊法　　　　图 12-6 螺栓压接法接线

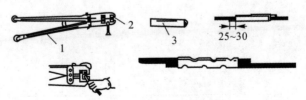

图 12-7　压接管压接法接线

1—压接钳;　2—压模;　3—钳接管

四、导线绝缘层恢复

导线的绝缘层因外界因素而破损或导线做连接后,为保证安全用电,都必须恢复其绝缘。恢复绝缘后的绝缘强度不应低于原有绝缘层的绝缘强度。通常使用的绝缘材料有黄腊带、涤纶薄膜带和黑胶带等。绝缘带包缠的方法如图 12-8 所示。做绝缘恢复时,绝缘带的包缠起点应与线芯有两倍绝缘带宽的距离。包缠时黄腊带与导线应保持一定倾角,即每圈压带宽的 1/2。包缠完第一层黄腊带后,要用黑胶带接黄腊带尾端再反方向包缠一层,其方法与前边的方法相同,以保证绝缘层恢复后的绝缘性能。

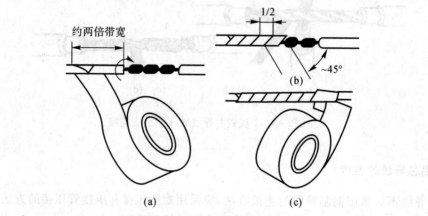

图 12-8   绝缘带的包缠方法

五、导线的封端

对于导线截面大于 $10~\mathrm{mm}^2$ 的多股铜芯线和铝芯线的端头,一般必须用接线端子(俗称线鼻)进行封端,再由接线端子与电器设备相连。铜芯导线的封端方法可以采用锡焊封端或压接封端,而铝芯导线的封端通常采用压接封端方法。

项目十三 电烙铁拆装与锡焊技能训练

技能点
· 手工焊接的基本技能知识。
· 手工拆焊技能。

任务分析

焊接是金属连接的一种基本方法,也是现在在电工维修和电子维修时经常采用的一种方法,它具有连接可靠、导电性能优良的特点,所以了解和掌握这项基本技能对我们的生活和工作也是十分有帮助的。

相关知识

一、焊接

焊接是利用两金属件连接处的加热熔化或加压,或者两者并用,以造成金属原子之间或分子之间的结合,从而使两种金属永久连接的过程。

通常手工焊接用的电烙铁通电电压一般为 220V,常用的标称功率有 20,35,50,75,100,150,200,300W 等。普通电烙铁的结构包括:烙铁头,烙铁心,传热筒,支架。如图 13 - 1 所示。

(1)电烙铁正确使用方法:

焊接前,一般要把焊头的氧化层除去,并用焊剂进行上锡处理,使得焊头的前端经常保持一层薄锡,以防止氧化、减少能耗、导热良好。

电烙铁的握法没有统一的要求,以不易疲劳、操作方便为原则,一般有笔握法和拳握法两种,如图 13 - 2 所示。

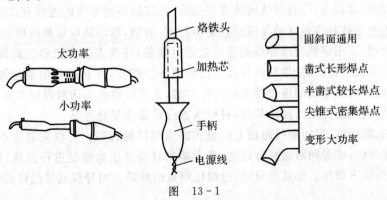

大功率
小功率

烙铁头
加热芯
手柄
电源线

圆斜面通用
凿式长形焊点
半凿式较长焊点
尖锥式密集焊点
变形大功率

图 13-1

用电烙铁焊接导线时,必须使用焊料和焊剂。焊料一般为丝状焊锡或纯锡,常见的剂有松香、焊膏等。

对焊接的基本要求是:焊点必须牢固,锡液必须充分渗透,焊点表面光滑有泽,应防止出现"虚焊""夹生焊"。产生"虚焊"的原因是因为焊件表面未清除干净或焊剂太少,使得焊锡不能充分流动,造成焊件表面挂锡太少,焊件之间未能充分固定;造成"夹生焊"的原因是因为烙铁温度低或焊接时烙铁停留时间太短,焊锡未能充分熔化。

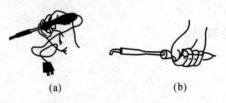

图 13-2 电烙铁的握法

(a)笔握法; (b)拳握法

(2)注意事项:

使用前应检查电源线是否良好,有无被烫伤。

焊接电子类元件(特别是集成块)时,应采用防漏电等安全措施。

当焊头因氧化而不"吃锡"时,不可硬烧。

当焊头上锡较多不便焊接时,不可甩锡,不可敲击。

焊接较小元件时,时间不宜过长,以免因热损坏元件或绝缘。

焊接完毕,应拔去电源插头,将电烙铁置于金属支架上,防止烫伤或火灾的发生。

二、手工电烙铁焊接步骤

(1)对电烙铁进行检测,无误后将其接到220V的交流电源上进行通电预热。

(2)将待焊电线和电路印制板以及焊剂、焊料准备好,等待焊接。

(3)印制板焊接训练:①将准备好的电阻和电容安装到印制板上,用预热好的电烙铁头放到待焊点上进行预热;②在对焊点预热约2s后对准焊点用电烙铁沾取适量的焊剂对焊点进行均匀的涂抹,然后对准焊点送焊料;③待焊料在焊点上已经充分的熔化,并在点上能形成饱满的圆点,使电阻或电容已充分的连接,此时迅速的撤离焊料;④继续对焊点进行短时的加热,待焊点上的焊料恰好覆盖住焊点,形成圆润、饱满的焊点,此时迅速的沿45°方向撤离电烙铁,让焊点上的焊料自然冷却;⑤待焊料充分的冷却后,用工具剪去过长的电阻或电容的管脚。

(4)导线的焊接训练:①将导线的绝缘层去除,并按照不同导线的连接方式进行初步连接;②用预热好的电烙铁对连接好的导线进行初步处理:清洁,然后沾取适量的焊剂对导线的连接处进行搪锡处理;③用烙铁对准导线的连接处进行加热,待焊点温度已经达到焊接时,用左手持焊料对准焊点送焊料;④待焊料在焊点上已经充分的熔化,并且熔化的量足够时,迅速撤离焊料;⑤用电烙铁对准导线的连接处继续进行加热,并用电烙铁头沾取焊料在连接处进行均匀的涂抹;⑥待焊料在连接处已经冷却后,对导线进行绝缘恢复处理。

(5)焊点拆除训练:①印制线路板上的盘式焊点焊件的拆除。可以采取分点拆除法,也可以采取集中拆焊法,或者间断加热拆焊法,要领是先对焊点用电烙铁进行加热,待焊点上的焊料熔化后,趁热拔下焊件。②其他导线、接线柱焊点的拆除。对导线或接线柱的焊点进行充分的加热,待焊料已经熔化后,趁热对焊件进行拆除。

三、练习效果检测

待焊接练习结束后,对焊件进行练习效果检测,检测主要从以下三方面进行。

(1)电气连接是否可靠。在焊点处应为一个合格的短路点,与之相连的各点间的接触电阻值应为零。

(2)是否具有足够的电气强度。良好的焊接应有一定的抗拉、抗震强度,使各焊件在机械上形成一体。

(3)焊点外观的检查。首先要看焊料的润湿情况和焊点的几何形状,然后从焊点的亮度、光泽等方面进行检查。一个良好的焊点,应是明亮、平滑、焊料量充足并形成裙状拉开,焊料与焊盘结合处的轮廓隐约可见,并且无裂纹、针孔、拉尖的现象。

项目十四　示波器的使用

技能点
· 示波器的使用。

相关知识

示波器是用来测量交流电或脉冲电流波的形状的仪器,它的优点是能把非常抽象的、看不见的周期性变化的信号及瞬变的脉冲信号在显示屏上描绘出具体的图像波形(变化规律和幅值的大小),以供观察、研究和分析;利用换能装置,还可以把声、光、热、磁、力、振动、速度等非电量的自然变化过程,变成电信号,以波形显示出来;示波器信号输入端阻抗很高,因此对被测电路影响极小。随着应用领域的扩展,电子示波器的种类也越来越多,但用法大同小异,本节以 YB43020 型双踪示波器为例介绍示波器的结构和使用方法。

一、示波器的结构原理

示波器由示波管、Y 轴偏转系统、X 轴偏转系统、扫描系统及同步系统、电源等部分组成。其结构如图 14-1 所示。

示波管的外壳为一圆筒状的玻璃管、管颈前半部细长,后半部成漏斗形,最后是圆形或矩形的荧光显示屏。玻璃管内抽成真空,管内安装了电子枪和偏转系统。电子枪向屏幕发射电子,发射的电子经聚焦形成电子束,并打到屏幕上。屏幕的内表面涂有荧光物质,这样电子束打中的点就会发出光来。在被测信号的作用下,电子束就好像一支笔的笔尖,可以在屏面上描绘出被测信号的瞬时值的变化曲线。利用示波器能观察各种不同电信号幅度随时间变化的波形曲线,还可以用它测试各种不同信号的电量,如电压、电流、频率、相位差、调幅度等等。

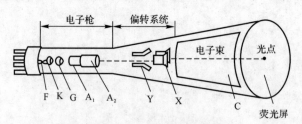

图 14-1　示波器结构图

F—灯丝；　K—阴极；　G—控制栅极；　AI—第一阳极；　A2—第二阳极；

Y—Y 轴偏转板；　X—X 轴偏转板；　C—导电层

二、YB43020 示波器的主要技术指标

其主要技术指标见表 14-1。

表 14 - 1　主要技术指标

项　目		技术指标
垂直系统	偏转系数	5mV/div～5V/div,按 1—2—5 步进,共 11 挡
	频宽	AC:10Hz～20MHz(—3dB)
		DC:0～20MHz(—3db)
	输入阻抗	直接 1±3%MΩ
		经探极 10±5%MΩ
	最大输入电压	400V(DC+AC 峰值)
	工作方式	CH1、CH2、交替、断续、叠加
水平系统	扫描方式	自动、触发、锁定、单次
	扫描时间系数	0.1μs/div～0.2s/div±5%,按 1—2—5 步进,共 20 挡
X_Y 方式	信号输入	X 轴:CH1　　　Y 轴:CH2
	频率响应	AC:10Hz～1MHz(—3dB)
		DC:0～1MHz(—3dB)
触发系统	触发源	CH1、CH2、交替、电源、外
	触发方式	自动、正常,TV—V,TV—H
	最大安全输入电压	400V(DC+AC 峰值)
校正信号	波形	方波
	幅度	$0.5±1\%V_{p-p}$
	频率	1±1%kHz

三、面板装置图及面板控制件作用

面板装置图如图 14 - 2 所示,面板控制件的作用见表 14 - 2。

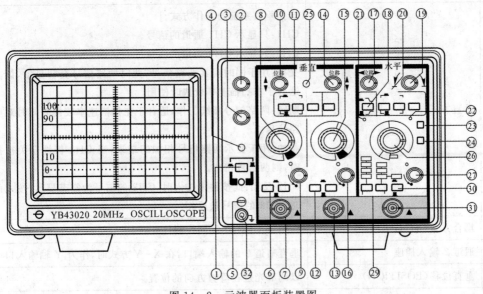

图 14 - 2　示波器面板装置图

表 14 - 2 控制件的作用

序　号	控制件名称	控制件作用
1	电源开关(POWER)	按入此开关,仪器电源接通,指示灯亮
2	亮度(INTENSITY)	光迹亮度调节,顺时针旋转光迹增亮
3	聚焦(FOCUS)	用以调节示波管电子束的焦点,使显示的光点成为细而清晰的圆点
4	光迹旋转(TRACEROTATION)	调节光迹与水平线平行
5	探极校准信号(PROBE ADJUST)	此端口输出幅度为 0.5V 频率为 1kHz 的方波信号,用以校准 Y 轴偏转系数和扫描时间系数
6	耦合方式(AC GND DC)	垂直通道 1 的输入耦合方式选择,AC:信号中的直流分量被隔开,用以观察信号的交流成份;DC:信号与仪器通道直接耦合,当需要观察信号的直流分量或被测信号的频率较低时应选用此方式,GND 输入端处于接地状态,用以确定输入端为零电位时光迹所在位置
7	通道 1 输入插座 CH1(X)	双功能端口,在常规使用时,此端口作为垂直通道 1 的输入口,当仪器工作在 X-Y 方式时此端口作为水平轴信号输入口
8	通道 1 灵敏度选择开关(VOLTS/DIV)	选择垂直轴的偏转系数,从 2mV/div～10V/div 分 12 个挡级调整,可根据被测信号的电压幅度选择合适的挡级
9	微调(VARIABLE)	用以连续调节垂直轴的 CH1 偏转系数,调节范围≥2.5 倍,该旋钮逆时针旋足时为校准位置,此时可根据"VOLTS/DIV"开关度盘位置和屏幕显示幅度读取该信号的电压值
10	垂直位移(POSITION)	用以调节光迹在 CH1 垂直方向的位置。选择垂直系统的工作方式
11	垂直方式	选择垂直系统的工作方式。 CH1:只显示 CH1 通道的信号。 CH2:只显示 CH2 通道的信号。 交替:用于同时观察两路信号,此时两路信号交替显示,该方式适合于在扫描速率较快时使用。 断续:两路信号断续工作,适合于在扫描速率较慢时同时观察两路信号。 叠加:用于显示两路信号相加的结果,当 CH2 极性开关被按入时,则两信号相减。 CH2 反相:此按键未按入时,CH2 的信号为常态显示,按入此键时,CH2 的信号被反相
12	耦合方式(AC GND DC)	作用于 CH2,功能同控制件 6
13	通道 2 输入插座	垂直通道 2 的输入端口,在 X-Y 方式时,作为 Y 轴输入口
14	垂直位移(POSITION)	以调节光迹在垂直方向的位置

续 表

序 号	控制件名称	控制件作用
15	通道 2 灵敏度选择开关	功能同 8
16	微调	功能同 9
17	水平位移 (POSITION)	用以调节光迹在水平方向的位置
18	极性(SLOPE)	用以选择被测信号在上升沿或下降沿触发扫描
19	电平(LEVEL)	用以调节被测信号在变化至某一电平时触发扫描
20	扫描方式(SWEEP MODE)	选择产生扫描的方式。 自动(AUTO):当无触发信号输入时,屏幕上显示扫描光迹,一旦有触发信号输入,电路自动转换为触发扫描状态,调节电平可使波形稳定的显示在屏幕上,此方式适合观察频率在 50Hz 以上的信号。 常态(NORM):无信号输入时,屏幕上无光迹显示,有信号输入时,且触发电平旋钮在合适位置上,电路被触发扫描,当被测信号频率低于 50Hz 时,必须选择该方式。 锁定:仪器工作在锁定状态后,无需调节电平即可使波形稳定的显示在屏幕上。 单次:用于产生单次扫描,进入单次状态后,按动复位键,电路工作在单次扫描方式,扫描电路处于等待状态,当触发信号输入时,扫描只产生一次,下次扫描需再次按动复位按键
21	触发指示	该指示灯具有两种功能指示。当仪器工作在非单次扫描方式时,该灯亮表示扫描电路工作在被触发状态,当仪器工作在单次扫描方式时,该灯亮表示扫描电路在准备状态,此时若有信号输入将产生一次扫描,指示灯随之熄灭
22	扫描扩展指示	在按入"×5"扩展或"交替扩展"后指示灯亮
23	×5 扩展	按入后扫描速度扩展 5 倍
24	交替扩展扫描	按入后,可同时显示原扫描时间和被扩展×5 后的扫描时间(注:在扫描速度慢时,可能出现交替闪烁)
25	光迹分离	用于调节主扫描和扩展×5 扫描后的扫描线的相对位置
26	扫描速率选择开关	根据被测信号的频率高低,选择合适的挡极。当扫描"微调"置校准位置时,可根据度盘的位置和波形在水平轴的距离读出被测信号的时间参数
27	微调	用于连续调节扫描速率,调节范围≥2.5 倍。逆时针旋足为校准位置
28	慢扫描开关	用于观察低频脉冲信号
29	触发源(TRIGGER SOURCE)	用于选择不同的触发源

续 表

序 号	控制件名称	控制件作用
30	AC/DC	外触发信号的耦合方式,当选择外触发源,且信号频率很低时,应将开关置 DC 位置
31	外触发输入插座	当选择外触发方式时,触发信号由此端口输入
32	接地端	机壳接地端

四、示波器使用的方法

1. 安全检查

(1)使用前注意先检查"电源转换开关"是否与市电源相符合。

(2)工作环境和电源电压应满足技术指标中给定的要求。

(3)初次使用本机或久藏后再用,建议先放置通风干燥处几小时后通电 1~2 h 再使用。

(4)使用时不要将本机的散热孔堵塞,长时间连续使用要注意本机的通风情况是否良好,防止机内温度升高而影响本机的使用寿命。

2. 仪器工作状态的检查

初次使用时可按下述方法检查本机的一般工作状态是否正常。

(1)主机的检查。把各有关控制件置于表 14-3 所列作用位置。

(2)接通电源,电源指示灯亮。稍等预热,屏幕中出现光迹,分别调节亮度和聚焦旋钮,使光迹亮度适中、清晰。

(3)通过连接电缆将本机探极校准信号输入至 CH1 通道,调节电平旋钮使波形稳定,分别调节 Y 轴和 X 轴的移位,使波形与图 14-3 中的"补偿适中"相吻合,用同样的方法分别检查 CH2 通道。

表 14-3

控制件名称	作用位置	控制件名称	作用位置
亮度(INTENSITV)	居中	输入耦合	DC
聚焦(FOCUS)	居中	扫描方式(SWEEP MODE)	自动
位移(三只)(POSITION)	居中	触发极性(SLOPE)	
垂直方式(MODE)	CH1	扫描速率(SEC/DIV)	0.5ms
电压衰减(VOLTS/DIV)	0.1V	触发源(TRIGGER SOURCE)	CH1
微调(三只)(VIRIABLE)	逆时针旋足	触发耦合方式(COUPL ING)	AC 常态

(4)探头的检查。探头分别接入两 Y 轴输入接口,将 VOLTS/DIV 开关调至 10 mV 探头衰减置×10 挡,屏幕中应显示补偿适中波形,如图 14-3 所示,如波形有过冲或下塌现象,可用高频螺旋调整探极补偿元件(见图 14-4),使波形最佳。

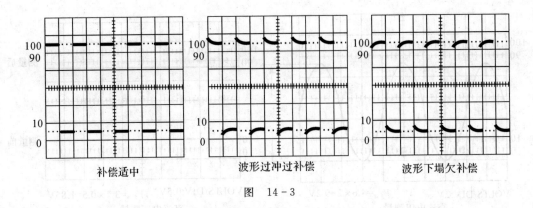

补偿适中　　　　　　波形过冲过补偿　　　　　　波形下塌欠补偿

图　14－3

做完以上工作,证明本机工作状态基本正常,可以进行测试。

调整元件

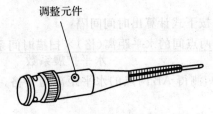

图 14－4　高频螺旋调整探极补偿元件

3.电压、时间的测试

(1)电压测量。在测量时一般把"VOLTS/DIV"开关的微调装置以逆时针方向旋至满度的校准位置,这样可以按"VOLTS/DIV"的指示值直接计算被测信号的电压幅值。由于被测信号一般都含有交流和直流两种成分,因此在测试时应根据下述方法操作。

1)交流电压的测量。当只需测量被测信号的交流成分时,应将 Y 输入耦合方式开关置"AC",调节"VOLTS/DIV"开关,使波形在屏幕中的显示幅度适中,调节"电平旋钮"波形稳定,分别调节 Y 轴和 X 轴位移,使波形显示值方便读取,如图 14－5 所示,根据"VOLTS/DIV"的指示值和波形在垂直方向显示的坐标(DIV),按下式读取:

$$V_{\text{P-P}} = V/\text{DIV} \times H(\text{DIV})$$

V 有效值为

$$V = \frac{V_{\text{P-P}}}{2\sqrt{2}}$$

2)直流电压的测量。当需测量被测信号的直流或含直流成分的电压时,应先将 Y 耦合方式开关置"GND"位置,调节 Y 轴移位使扫描基线在一个合适的位置上,再将耦合方式开关转换到"DC"位置,调节电平使波形同步。根据波形偏移原扫描基线的垂直距离,用上述方法读取该信号的各个电压值。

(2)时间的测量。某信号的周期或该信号任意两点间时间参数的测量,可首先按上述操作方法,使波形获得稳定同步后根据该信号周期或需测量的两点间在水平方向的距离乘"SEC/DIV"开关的指示值获得,当需要观察该信号的某一细节(如快跳变信号的上升或下降时间)时,可将"×5 扩展"按键按入,使显示的距离在水平方向等到 5 倍的扩展,调节 X 轴的位移,使波形处于方便观察的位置,此时测得的时间值应除以 5。

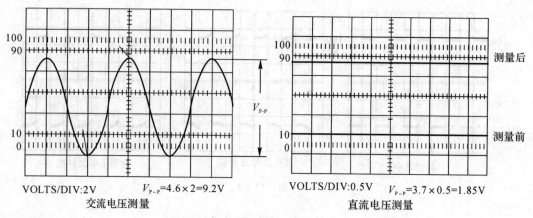

VOLTS/DIV:2V　　　$V_{\text{P-P}}$=4.6×2=9.2V

交流电压测量

VOLTS/DIV:0.5V　　$V_{\text{P-P}}$=3.7×0.5=1.85V

直流电压测量

图　14－5

测量两点间的水平距离,按下式计算出时间间隔:

$$时间间隔(s)=\frac{两点间的水平距离(格)\times 扫描时间系数(时间/格)}{水平扩展系数}$$

例 14－1　在图 14－6 中,测得 AB 两点的水平距离为 8 格,扫描时间系数设置为 2 ms/格,水平扩展为×1,则

$$时间间隔(s)=\frac{8\ 格\times 2ms/格}{1}=16ms$$

例 14－2　在图 14－7 中波形上升沿的 10%处(A)至 90%处(B)的水平距离为 1.8 格,扫速时间置 1μs/格,扫描扩展系数为×5,根据公式计算得

$$上升时间=\frac{1.8\ 格\times 1\mu s/格}{5}=0.36\mu s$$

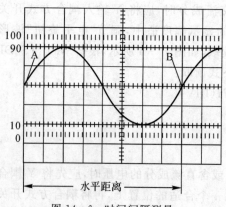

图 14－6　时间间隔测量

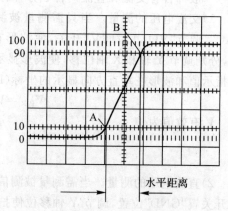

图 14－7　上升时间测量

项目十五　室内配线

技能点
- 室内配线基本原则。
- 电能表的安装。
- 灯具的安装。

任务分析

在进入了电气时代后,电能已经成了人们不可或缺的一种能源,在使用电能时,不可避免的要从电源干线上向室内进行引线,对室内的电线进行配置、安装,为了使装配的线既安全可靠又美观大方,就必须学会如何进行合理的引线和配线。

**相关知识**

一、室内配线的要求

基本原则:电能传输可靠,线路布局合理,整齐美观,安装牢靠。

技术要求:

(1)敷设的导线其额定电压应大于电路的工作电压;

(2)配线时应尽量避免导线有接头,导线的连接处不应受到机械力作用;

(3)明配线敷设时要保持水平或垂直,并有一定的间距;

(4)导线穿越楼板地、墙体时,应有保护装置;

(5)导线通过建筑物的伸缩缝或沉缝时要留有余量;

(6)导线相互交叉时,应在每根导线上加绝缘管,并将套管在导线上固定;

(7)室内电气管线和配电设备与各种管道及建筑物地面应有一定的安全距离。

2. 室内配线

(1)槽板配线。它主要适用于干燥的办公场所,在布线时要一槽一线,它属于明配线路,施工时一般可以分为以下 4 个步骤:①定位画线;②槽板固定;③导线敷设;④固定盖板。

(2)线管配线。它一般适用于公共建筑物及工业厂房等多尘环境,它有明配线和暗配线两种,明配线要求横平竖直,整齐美观;暗配线要求管路短,弯头少;它的安装步骤一般是:①选择线管;②管材加工;③敷设管路;④清管穿线。

(3)护套线配线。它具有防潮、耐酸和防腐蚀等性能,造价低廉,施工步骤一般为:①定位画线;②固定线卡;③敷设导线。

二、电度表的安装

1. 单相电度表的接线

单相电度表共有 4 个接线柱,从左到右按 1,2,3,4 编号。接线方法一般按号码 1,3 接电源进线,2,4 接出线,如图 15-1 所示,称为跳入式(最常用)。也有电度表接线方法按号码 1,2 接电源进线,3,4 接出线,称为顺入式。

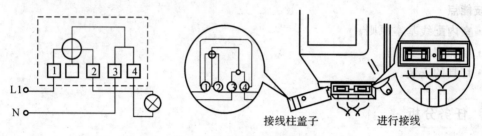

图 15-1 单相电度表接线

对于一个具体的单相电度表,它的接线方法是确定的,在使用说明书上都有说明,一般在接线柱盖上印有接线图。

2. 三相电度表的接线

(1)三相三线制电度表的接线。三相三线制电度表共有 8 个接线柱,其中,1,4,6 是电源相线进线柱;3,5,8 是相线出线接线柱;2,7 两个接线柱可空着,如图 15-2 所示。

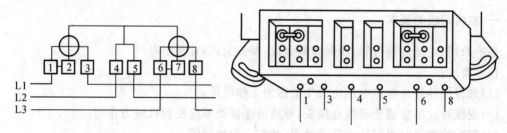

图 15-2 三相三线制电度表接线

(2)三相四线制电度表的接线。三相四线制电度表共有 11 个接线柱,其中,1,4,7 接是电源相线进线柱;3,6,9 是相线出线柱;10,11 分别是电源中性线的进线柱和出线柱;2,5,8 这 3 个接线柱可空着,如图 15-3 所示。电度表实物如图 15-4 所示。

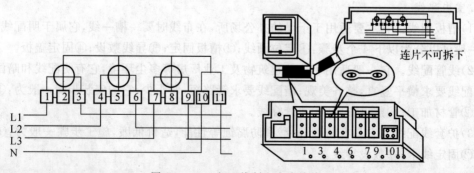

图 15-3 三相四线制电度表接线

图 15－4　电度表

项目十六　网线的制作

技能点
· 网线钳的使用。
· 网线水晶头接线方法。

相关知识

1. 网线制作

第一步：我们首先利用压线钳的剪线刀口剪裁出计划需要使用到的双绞线长度。

第二步：我们需要把双绞线的灰色保护层剥掉，可以利用到压线钳的剪线刀口将线头剪齐，再将线头放入剥线专用的刀口，稍微用力握压线钳慢慢旋转，让刀口划开双绞线的保护胶皮。

把一部分的保护胶皮去掉。在这个步骤中需要注意的是，压线钳挡位离剥线刀口长度通常恰好为水晶头长度，这样可以有效避免剥线过长或过短。若剥线过长看上去肯定不美观，另一方面因网线不能被水晶头卡住，容易松动；若剥线过短，则因有保护层塑料的存在，不能完全插到水晶头底部，造成水晶头插针不能与网线芯线好接触，当然也会影响到了线路的质量。

剥除灰色的塑料保护层之后即可见到双绞线网线的 4 对 8 条芯线，并且可以看到每对的颜色都不同。每对缠绕的两根芯线是由一种染有相应颜色的芯线加上一条只染有少许相应颜色的白色相间芯线组成。4 条全色芯线的颜色为棕色、橙色、绿色、蓝色。每对线都是相互缠绕在一起的，制作网线时必须将 4 个线对的 8 条细导线逐一解开、理顺、扯直，然后按照规定的线序排列整齐。

这里要说明一下的接线标准，其中双绞线的制作方式有两种国际标准，分别为 EIA/TIA568A 以及 EIA/TIA568B。而双绞线的连接方法也主要有两种，分别为直通线缆以及交叉线缆。简单地说，直通线缆就是水晶头两端都同时采用 T568A 标准或者 T568B 的接法，而交叉线缆则是水晶头一端采用 T586A 的标准制作，而另一端则采用 T568B 标准制作，即 A 水晶头的 1，2 对应 B 水晶头的 3，6，而 A 水晶头的 3，6 对应 B 水晶头的 1，2。

T568A 标准描述的线序从左到右依次为

1－绿白（绿色的外层上有些白色，与绿色的是同一组线）
2－绿色
3－橙白（橙色的外层上有些白色，与橙色的是同一组线）
4－蓝色
5－蓝白（蓝色的外层上有些白色，与蓝色的是同一组线）
6－橙色
7－棕白（棕色的外层上有些白色，与棕色的是同一组线）
8－棕色

T568B 标准描述的线序从左到右依次为

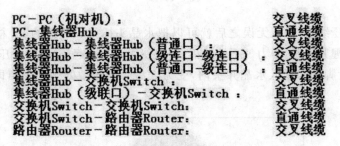

　　1－橙白（橙色的外层上有些白色，与橙色的是同一组线）
　　2－橙色
　　3－绿白（绿色的外层上有些白色，与绿色的是同一组线）
　　4－蓝色
　　5－蓝白（蓝色的外层上有些白色，与蓝色的是同一组线）
　　6－绿色
　　7－棕白（棕色的外层上有些白色，与棕色的是同一组线）
　　8－棕色

　　而在什么情况该做成直通线缆，而交叉线缆又该用在什么场合呢？接下来，为大家简单列举一下。

```
PC－PC（机对机）：                      交叉线缆
PC－集线器Hub：                        直通线缆
集线器Hub－集线器Hub（普通口）：        交叉线缆
集线器Hub－集线器Hub（级连口－级连口）：交叉线缆
集线器Hub－集线器Hub（普通口－级连口）：直通线缆
集线器Hub－交换机Switch：              交叉线缆
集线器Hub（级联口）－交换机Switch：     直通线缆
交换机Switch－交换机Switch：           交叉线缆
交换机Switch－路由器Router：           直通线缆
路由器Router－路由器Router：           交叉线缆
```

　　补充一点，同种设备相连用交叉线，不同设备相连用直通线！
　　（3）我们需要把每对都是相互缠绕在一起的线缆逐一解开。解开后则根据需要接线的规则把几组线缆依次地排列好并理顺，排列的时候应该注意尽量避免线路的缠绕和重叠。把线缆依次排列并理顺之后，由于线缆之前是相互缠绕着的，因此线缆会有一定的弯曲，因此我们应该把线缆尽量扯直并尽量保持线缆平扁。把线缆扯直的方法也十分简单，利用双手抓着线缆然后向两个相反方向用力，并上下扯一下即可。
　　（4）我们把线缆依次排列好并理顺压直之后，应该细心检查一遍，之后利用压线钳的剪线刀口把线缆顶部裁剪整齐，需要注意的是裁剪的时候应该是水平方向插入，否则线缆长度不一样会影响到线缆与水晶头的正常接触。若之前把保护层剥下过多的话，可以在这里将过长的细线剪短，保留的去掉外层保护层的部分约为 15mm，这个长度正好能将各细导线插入到各自的线槽。如果该段留得过长，一来会由于线对不再互绞而增加串扰，二来会由于水晶头不能压住护套而可能导致电缆从水晶头中脱出，造成线路的接触不良甚至中断。
　　裁剪之后，大家应该尽量把线缆按紧，并且应该避免大幅度的移动或者弯曲网线，否则也可能会导致几组已经排列且裁剪好的线缆出现不平整的情况。
　　（5）我们需要做的就是把整理好的线缆插入水晶头内。需要注意的是要将水晶头有塑料弹簧片的一面向下，有针脚的一面向上，使有针脚的一端指向远离自己的方向，有方型孔的一端对着自己。此时，最左边的是第 1 脚，最右边的是第 8 脚，其余依次顺序排列。插入的时候需要注意缓缓地用力把 8 条线缆同时沿 RJ-45 头内的 8 个线槽插入，一直插到线槽的顶端。如图 16-1 所示。
　　在最后压线之前，我们可以从水晶头的顶部检查，看看是否每一组线缆都紧紧地顶在水晶头的末端。

图 16-1

(6)当然就是压线了,确认无误之后就可以把水晶头插入压线钳的 8P 槽内压线了,把水晶头插入后,用力握紧线钳,若力气不够的话,可以使用双手一起压,这样一压的过程使得水晶头凸出在外面的针脚全部压入水晶并头内,受力之后听到轻微的"啪"一声即可。如图16-2所示。

图 16-2

压线之后水晶头凸出在外面的针脚全部压入水晶并头内,而且水晶头下部的塑料扣位也压紧在网线的灰色保护层之上。

2. 网线的测试

先来简单地介绍一下测试仪上的几个接口,这个测试仪可以提供对同轴电缆的 BNC 接口网线以及 RJ-45 接口的网线进行测试。我们把在 RJ-45 两端的接口插入测试仪的两个接口之后,打开测试仪我们可以看到测试仪上的两组指示灯都在闪动。若测试的线缆为直通线缆的话,在测试仪上的 8 个指示灯应该依次为绿色闪过,证明了网线制作成功,可以顺利的完成数据的发送与接收。若测试的线缆为交叉线缆的话,其中一侧同样是依次由 1~8 闪动绿灯,而另外一侧则会根据 3,6,1,4,5,2,7,8 这样的顺序闪动绿灯。若出现任何一个灯为红灯或黄灯,都证明存在断路或者接触不良现象,此时最好先对两端水晶头再用网线钳压一次,再测,如果故障依旧,再检查一下两端芯线的排列顺序是否一样,如果不一样,随便剪掉一端重新按另一端芯线排列顺序制做水晶头。如果芯线顺序一样,但测试仪在重夺后仍显示红色灯或黄色灯,则表明其中肯定存在对应芯线接触不好。此时没办法了,只好先剪掉一端按另一端芯线顺序重做一个水晶头了,再测,如果故障消失,则不必重做另一端水晶头,否则还得把原来的另一端水晶头也剪掉重做,直到测试全为绿色指示灯闪过为止。如图 16 – 3 所示。

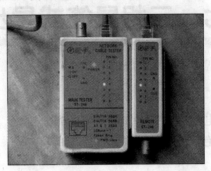

图　16 – 3

项目十七　三相鼠笼式异步电动机

技能点

· 熟悉三相鼠笼式异步电动机的结构和额定值。

· 学习检验异步电动机绝缘情况的方法。

 相关知识

一、原理说明

1. 三相鼠笼式异步电动机的结构

异步电动机是基于电磁原理把交流电能转换为机械能的一种旋转电机。

三相鼠笼式异步电动机的基本结构有定子和转子两大部分。

定子主要由定子铁心、三相对称定子绕组和机座等组成,是电动机的静止部分。三相定子绕组一般有六根引出线,出线端装在机座外面的接线盒内,如图 17-1 所示,根据三相电源电压的不同,三相定子绕组可以接成星形(Y)或三角形(△),然后与三相交流电源相连。

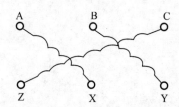

图 17-1　异步电动机定子绕组接线盒

转子主要由转子铁心、转轴、鼠笼式转子绕组等组成,是电动机的旋转部分。小容量鼠笼式异步电动机的转子绕组大都采用铝浇铸而成。

2. 三相鼠笼式异步电动机的铭牌

三相鼠笼式异步电动机的额定值标记在电动机的铭牌上,表 17-1 为本实验装置三相鼠笼式异步电动机铭牌。

表　17-1

型　号	DJ35	电　压	380V/220V	接　法	Y/△
功率	90W	电流	0.48A	转速	1 400r/min
定额	连续				

其中:

(1)功率:额定运行情况下,电动机轴上输出的机械功率。

(2)电压:额定运行情况下,定子三绕组应加的电源线电压值。

(3)接法:定子三相绕组接法,当额定电压为 380V/220V 时,应为 Y/△接法。

(4)电流:额定运行情况下,当电动机输出额定功率时,定子电路的线电流值。

3.三相鼠笼式异步电动机的检查

电动机使用前应做必要的检查。

(1)机械检查。检查引出线是否齐全、牢靠;转子转动是否灵活、匀称、有否异常声响等。

(2)电气检查。

1)用兆欧表检查电机绕组间及绕组与机壳之间的绝缘性能。

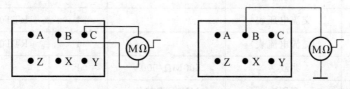

图　17-2

电动机的绝缘电阻可以用兆欧表进行测量。对额定电压 1kV 以下的电动机,其绝缘电阻值最低不得小于 1 000Ω/V,测量方法如图 17-2 所示。一般 500V 以下的中小型电动机最低应具有 0.5MΩ 的绝缘电阻。

2)定子绕组首、末端的判别。异步电动机三相定子绕组的 6 个出线端有 3 个首端和 3 个末端。一般,首端标以 A,B,C,末端标以 X,Y,Z,在接线时如果没有按照首、末端的标记来接,则当电动机启动时磁势和电流就会不平衡,因而引起绕组发热、振动、有噪音,甚至电动机不能启动因过热而烧毁。由于某种原因定子绕组 6 个出线端标记无法辨认,可以通过实验方法来判别其首、末端(即同名端)。方法如下:用万用电表欧姆挡从 6 个出线端确定哪一对引出线是属于同一相的,分别找出三相组,并标以符号,如 A,X;B,Y;C,Z。将其中的任意两相串联,如图 17-3 所示。将控制屏三相自耦调压器手柄置零位,开启电源总开关,按下启动按钮,接通三相交流电源,调节调压器输出,使在相串联两相绕组出线端施以单相低电压 $U = 80 \sim 100$ V,测出第三相绕组的电压。如测得的电压值有一定读数,表示两相绕组的末端与首端相联,如图 17-3(a)所示。反之,如测得的电压近似为零,则两相绕组的末端与末端(或首端与首端)相联,如图 17-3(b)所示。用同样方法可测出第三相绕组的首末端。

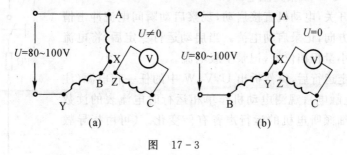

图　17-3

4.三相鼠笼式异步电动机的启动

鼠笼式异步电动机的直接启动电流可达额定电流的 4～7 倍,但持续时间很短,不致引起电机过热而烧坏。但对容量较大的电机,过大的启动电流会导致电网电压的下降而影响其他的负载正常运行。

二、实验用品

本实验用品见表 17-2。

表 17-2

序 号	名 称	型号与规格	数 量	备 注
1	三相异步电动机		1	RTDJ35
2	三相交流电源	380V/220V	1	RTDG-1
3	交流电压表		1	RTT03-1
4	交流电流表		1	RTT03-1
5	兆欧表	500MΩ/500V	1	
6	万用表	MF30 或其他	1	

三、实验内容与步骤

(1)抄录三相鼠笼式异步电动机的铭牌数据,并观察其结构。

(2)用万用表判别定子绕组的首、末端。

(3)用兆欧表测量电动机的绝缘电阻,数据记入表 17-3 中。

表 17-3 绝缘电阻的测量

绕组之间	绝缘电阻/MΩ	绕组对地	绝缘电阻/MΩ
A 相与 B 相		A 相与地	
A 相与 C 相		B 相与地	
B 相与 C 相		C 相与地	

(4)鼠笼式异步电动机的启动。

本实验采用 380V 三相交流电源。

1)合上闸刀开关,电动机直接启动,观察启动瞬间电流冲击情况及电动机旋转方向,记录启动电流。当启动运行稳定后,将电流表量程切换至较小量程档位上,记录空载电流。

2)电动机稳定运行后,突然拆出 U,V,W 中的任一相电源(注意小心操作,以免触电),观测电动机作单相运行时电流表的读数并记录之。再仔细倾听电机的运行声音有何变化。(可由指导教师作示范操作)

3)电动机启动之前先断开 U,V,W 中的任一相,作缺相启动,观测电流表读数,记录之,观测电动机有否启动,再仔细倾听电动机有否发出异常的声响。

4)实验完毕,按控制屏停止按钮,切断实验线路三相电源。

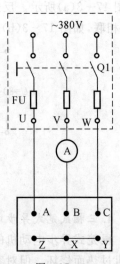

图 17-4

调节调压器输出使输出线电压为 220V,电动机定子绕组接成△接法,按图 17－4 接线。

四、本项目注意事项

(1)本实验系强电实验,接线前(包括改接线路)、实验后都必须断开实验线路的电源,特别改接线路和拆线时必须遵守"先断电,后拆线"的原则。电机在运转时,电压和转速均很高,切勿触碰导电和转动部分,以免发生人身和设备事故。为了确保安全,学生应穿绝缘鞋进入实验室。接线或改接线路必须经指导教师检查后方可进行实验。

(2)启动电流持续时间很短,且只能在接通电源的瞬间读取指针式电流表指针偏转的最大读数,(因指针偏转的惯性,此读数与实际的启动电流数据略有误差),如错过这一瞬间,须将电机停车,待停稳后,重新启动读取数据。

(3)单相(即缺相)运行时间不能太长,以免过大的电流导致电机的损坏。

项目十八　异步电动机点动和自锁控制

技能点

·低压控制电器的接线方法。

·电工识图安装。

 相关知识

一、原理说明

（1）继电-接触控制在各类生产机械中获得广泛的应用，凡是需要进行前后、上下、左右、进退等运动的生产机械，均采用传统典型的正、反转继电-接触控制。

交流电动机继电-接触控制电路的主要设备是交流接触器，其主要构造为：

1）电磁系统——铁心、吸引线圈和短路环。

2）触头系统——主触头和辅助触头，还可按吸引线圈得电前后触头的动作状态，分常开、常闭两类。

3）消弧系统——在切断大电流的触头上装有灭弧罩，以迅速切断电弧。

4）接线端子，反作用弹簧等。

（2）在控制回路中常采用接触器的辅助触头来实现自锁和互锁控制。要求接触器线圈得电后能自动保持动作后的状态，称为是"自锁"，通常用接触器自身的常开触头与启动按钮相并联来实现。这种在同一时间里两个接触器只允许1个工作的控制作用称为"互锁"，通常采用接触器的常闭辅助触点实现电气互锁。为了避免正、反转两个接触器同时得电而造成三相电源短路事故，必须增设互锁控制环节。为操作的方便，也为防止因接触器触头长期大电流的烧蚀而偶发触头粘连后造成的三相电源短路事故，通常在具有正、反转控制的线路中采用既有接触器的常闭辅助触头的电气互锁，又有复合按钮机械互锁的双重互锁的控制环节。

（3）控制按钮通常用以短时通、断小电流的控制回路，以实现近、远距离控制电动机等执行部件的起、停或正、反转控制。按钮是专供人工操作使用，对于复合按钮，其触点的动作规律是：当按下时，其常闭触头先断，常开触头后合；当松手时，则常开触头先断，常闭触头后合。

（4）在电动机运行过程中，应对可能出现的故障进行保护。

采用熔断器作短路保护，当电动机或电器发生短路时，即使熔断熔体，达到保护线路、保护电源的目的。熔体熔断时间与流过的电流关系称为熔断器的保护特性，这是选择熔体的主要依据。

采用热继电器实现过载保护，使电动机免受长期过载之危害。其主要的技术指标是整定电流值，即电流超过此值的20%时，其常闭触头应能在一定时间内断开，切断控制回路，动作后只能由人工进行复位。

(5)在电气控制线路中,最常见故障发生在接触器上。接触器线圈的电压等级通常有220V和380V等,使用时必须认清,切勿疏忽,否则,电压过高易烧坏线圈,电压过低,吸力不够,不易吸合或吸合频繁,这不但会产生很大的噪声,也因此气隙增大,致使电流过大,也易烧坏线圈。此外,在接触器铁心的部分端面嵌装有短路铜环,其作用是为了使铁心吸合牢靠,消除颤动与噪声,若发现短路环脱落或断裂现象,接触器将会产生很大的振动与噪声。

二、项目实施所需器材

本项目实验所需器材见表18-1。

表 18-1

序 号	名 称	型号与规格	数 量	备 注
1	三相交流电源	220 V		
2	三相异步电动动	RTDJ35	1	
3	交流接触器	CJ546-9	1	RTT06
4	复合按钮		2	RTT06
5	热继电器	JR16B-20/30	1	RTT06
6	交流电压表		1	RTT03-1
7	万用电表		1	

三、项目实施

认识各电器的结构、图形符号、接线方法;抄录电动机及各电器铭牌数据;并用万用表 Ω 挡检查各电器线圈、触头是否完好。

鼠笼机接成△接法;实验线路电源接三相自耦调压器输出端 U,V,W,供电线电压为 220V。

1.点动控制

按图 18-1 所示点动控制线路进行安装接线,接线是先接主电路,它是从 220V 三相交流电源的输出端 U,V,W 开始,经接触器 KM 主触头,热继电器 FR 的热元件到电动机 M 的三个线端 A,B,C 的电路,用导线按顺序串联起来。主电路连接完整无误后,再连接控制电路,它是从 220V 三相交流电源某输出端(如 V)开始,经过常开按钮 SB₁、接触器 KM 的线圈、热继电器 FR 的常闭触头到三相交流电源另一输出端(如 W),显然它是对接触器 KM 线圈供电的电路。

接好线路,经指导教师检查后,方可进行通电操作。

(1)开启控制屏电源总开关,按启动按钮,调节调压器输出,使输出线电压为 220V。

(2)按启动按钮 SB₁,对电动机 M 进行点动操作,比较按下 SB₁ 与松开 SB₁ 电动机和接触器的运行情况。

(3)实验完毕,按控制屏停止按钮,切断实验线路三相交流电源。

2.自锁控制电路

按图 18-2 所示自锁线路进行接线,它与图 18-1 所示的不同点在于控制电路中多串联

一只常闭按钮 SB_2,同时在 SB_1 上并联一只接触器 KM 的常开触头,它起自锁作用。

接好线路经指导教师检查后,方可进行通电操作。

(1)按控制屏启动按钮,接通 220V 三相交流电源。

(2)按启动按钮 SB_1,松手后观察电动机 M 是否继续运转。

(3)按停止按钮 SB_2,松手后观察电动机 M 是否停止运转。

(4)按控制屏停止按钮 切断实验线路三相电源,拆除控制回路中自锁触头 KM,再接通三相电源,启动电动机,观察电动机及接触器的运转情况。从而验证自锁触头的作用。

实验完毕,将自耦调压器调回零位,按控制屏停止按钮,切断实验线路的三相交流电源。

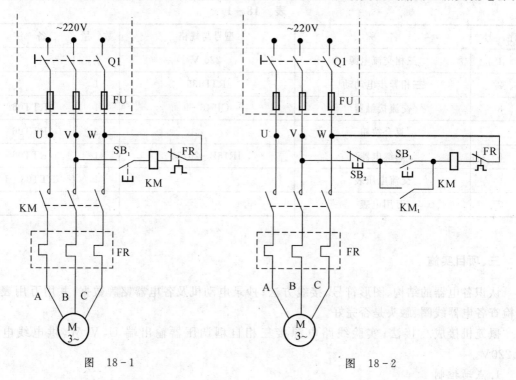

图 18-1　　　　　　　　　　　　　图 18-2

四、项目实施注意事项

(1)接线时合理安排挂箱位置,接线要求牢靠、整齐、清楚、安全可靠。

(2)操作时要大胆、心细、谨慎,不许用手触及各电器元件的导电部分及电动机的转动部分,以免触电及意外损伤。

(3)要观察电器动作情况时,必须在断电情况下小心地摇开挂箱面板,然后再接通电源进行操作与观察。

项目十九 异步电动机正反转控制

技能点：

◎加深对电气控制系统各种保护、自锁、互锁等环节的理解。

◎学会分析、排除继电—接触控制线路故障的方法。

一、原理说明

在鼠笼机正反转控制线路中，通过象序的更换来改变电动机的旋转方向。本实验给出两种不同的正、反转控制线路如图19-1及图19-2所示，具有下述特点。

(1)电气互锁。为了避免接触器 KM_1（正转）、KM_2（反转）同时得电吸合造成三相电源短路，在 KM_1（KM_2）线圈支路中串接有 KM_2（KM_1）常闭触头，它们保证了线路工作时 KM_1，KM_2 不会同时得电（见图19-1），以达到电器互锁目的。

(2)电气和机械双重互锁除电气互锁外，可再采用复合按钮 SB_1 与 SB_2 组成的机械互锁环节（见图19-2），以求线路工作更加可靠。

(3)线路具有短路、过载、失、欠压保护等功能。

二、项目实施所需器材

本项目实施所需器材见表19-1。

表 19-1

序 号	名 称	型号与规格	数 量	备 注
1	三相交流电源	220V		
2	三相异步电动动	RTDJ43	1	
3	交流接触器	CJ46-9	1	RTDJ13
4	复合按钮		2	RTDJ13
5	热继电器	JR16B-20/3D	1	RTDJ13
6	交流电压表		1	RTT03-1
7	万用电表		1	自备

三、项目实施

认识各电器的结构、图形符号、接线方法；抄录电动机及各电器铭牌数据；并用万用表 Ω

挡检查各电器线圈、触头是否完好。

鼠笼机接成 △ 接法；实验线路电源端接三相自耦调压器输出端 U,V,W,供电线电压为 220V。

1. 接触器联锁的正反转控制线路

按图 19-1 所示接线,经指导教师检查后,方可进行通电操作。

(1) 开启控制屏电源总开关,按启动按钮调节调压器输出,使输出线电压为 220V。

(2) 按正向启动按钮 SB$_1$,观察并记录电动机的转向和接触器的运行情况。

(3) 按反向启动按钮 SB$_2$,观察并记录电动机的转向和接触器的运行情况。

(4) 按停止按钮 SB$_3$,观察并记录电动机的转向和接触器的运行情况。

(5) 再按 SB$_2$,观察并记录电动机的转向和接触器的运行情况。

(6) 实验完毕,按控制屏停止按钮,切断三相交流电源。

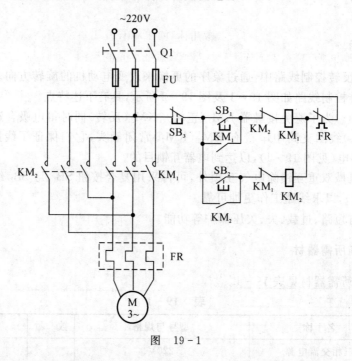

图 19-1

2. 接触器和按钮双重联锁的正反转控制线路

控制电路按图 19-2 所示接线,经指导教师检查后,方可进行操作。

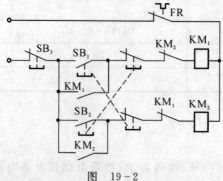

图 19-2

（1）按控制屏启动按钮，接通 220V 三相交流电源。

（2）按正向启动按钮 SB$_1$，电动机正向启动，观察电动机的转向及接触器的动作情况。按停止按钮 SB$_3$，使电动机停转。

（3）按反向启动按钮 SB$_2$，电动机反向启动，观察电动机的转向及接触器的动作情况。按停止按钮 SB$_3$，使电动机停转。

（4）按正向（或反向）启动按钮，电动机启动后，再去按反向（或正向）启动按钮，观察有何情况发生。

（5）电动机停稳后，同时按正、反向两只启动按钮，观察有何情况发生。

（6）失压与欠压保护。

1）按启动按钮 SB$_1$（或 SB$_2$）电动机启动后，按控制屏停止按钮，断开实验线路三相电源，模拟电动机失压（或零压）状态，观察电动机与接触器的动作情况，随后，再按控制屏上启动按钮，接通三相电源，但不按 SB$_1$（或 SB$_2$），观察电动机能否自行启动。

2）重新启动电动机后，逐渐减小三相自耦调压器的输出电压，直至接触器释放，观察电动机是否自行停转。

（7）过载保护。打开热继电器的后盖，电动机启动后，人为地拨动双金属片模拟电动机过载情况，观察电机、电器动作情况。

注意：此项内容，较难操作且危险，有条件可由指导教师作示范操作。

四、故障分析

（1）接通电源后，按启动按钮（SB$_1$ 或 SB$_2$），接触器吸合，但电动机不转，切发出"嗡嗡"声响或电动机能启动，但转速很慢。这种故障来自主回路，大多是一相断线或电源缺相。

（2）接通电源后，按启动按钮（SB$_1$ 或 SB$_2$），若接触器通断频繁，且发出连续的劈啪声或吸合不牢，发出颤动声，此类故障原因可能是：

1）线路接错，将接触器线圈与自身的常闭触头串在一条回路上了。

2）自锁触头接触不良，时通时断。

3）接触器铁心上的短路环脱落或断裂。

4）电源电压过低或与接触器线圈电压等级不匹配。

项目二十　常用电子元器件的识别与检测

电子元器件是在电路中具有独立电气功能的基本元件。元器件在各类电子产品中占有重要地位,特别是一些通用电子元器件,更是电子产品必不可少的基本材料。熟悉和掌握各类元器件的性能、特点和使用等,对电子产品的设计、制造是十分重要的。

任务一　电阻器的识别与检测

一、电阻器参数识别方法

电阻器的主要参数(标称值与允许偏差)要标注在电阻器上,以供识别。电阻器的参数表示方法有直标法、文字符号法、色环法3种。

1. 直标法

直标法是一种常见标注方法,特别是在体积较大(功率大)的电阻器上采用。

它将该电阻器的标称阻值和允许偏差,型号、功率等参数直接标在电阻器表面,如图20-1所示。在3种表示方法中,直标法使用最为方便。

2. 文字符号法

文字符号法和直标法相同,也是直接将有关参数印制在电阻体上。文字符号法,将5.7kW电阻器标注成5k7,其中k既作单位,又作小数点。文字符号法中,偏差通常用字母表示,如图20-2(a)所示。此电阻器,阻值为5.7kW,偏差为±1%。图20-2图(b)所示为碳膜电阻,阻值为1.8kW,偏差为±20%,其中用级别符号Ⅱ表示偏差。

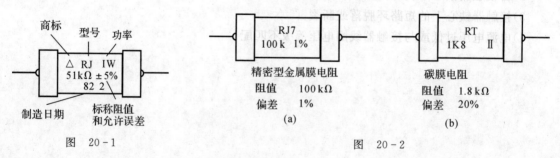

图　20-1

图　20-2

3. 色标法

色标法是用不同颜色的色环在电阻器表面标出阻值和误差,一般分为以下两种标法。

(1)两位有效数字的色标法。普通电阻器是用4条色环表示电阻器的参数。从左到右观察色环的颜色,第一、第二色环表示阻值,第三色环表示倍率,第四色环表示允许误差。

(2)三位有效数字的色标法。一般用于精密仪器,表示方法与意义和两位相同,不同之处为前三位表示阻值。

图 20-3(a)中用四色环表示标称阻值和允许偏差,其中,前 3 条色环表示此电阻的标称阻值,最后一条表示它的偏差。

图 20-3(b)中色环颜色依次黄、紫、橙、金,则此电阻器标称阻值为 $47×10^3Ω=47kΩ$,偏差±5%。

图 20-3(c)中电阻器的色环颜色依次为蓝、灰、金、无色(即只有 3 条色环),则电阻器标称阻值为 $68×10^{-1}Ω=6.8Ω$,偏差±20%。

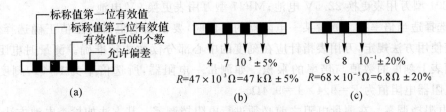

图 20-3 四色环电阻表示法

图 20-4(a)所示为五色环表示法,精密电阻器用 5 条色环表示标称阻值和允许偏差。通常五色环电阻识别方法与四色环电阻一样,只是比四色环电阻器多一位有效数字。

图 20-4(b)中电阻器的色环颜色依次是棕、紫、绿、银、棕,其标称阻值为

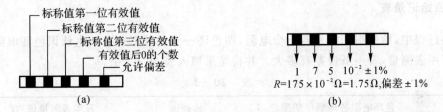

图 20-4 五色环电阻表示法

无金色也无银色的色环电阻叫精确电阻。电阻的色环颜色与数值对比见表 20-1。

表 20-1 电阻的色环颜色与数值对照表

颜 色	有效数字	倍乘数	每次允许误差
黑	0	10^0	
棕	1	10^1	
红	2	10^2	
橙	3	10^3	
黄	4	10^4	
绿	5	10^5	
蓝	6	10^6	
紫	7	10^7	
灰	8	10^8	
白	9	10^9	
金		10^{-1}	±5%
银		10^{-2}	±10%

二、电阻器的检测

1.测量前的准备工作

(1)检查万用表电池。方法如下:将挡位旋钮依次置于电阻挡 R×1W 挡和 R×10K 挡,然后将红、黑测试笔短接。旋转调零电位器,观察指针是否指向零。

如 R×1W 挡,指针不能回零,则更换万用表的 1.5V 电池。如 R×10W 挡,指针不能回零,则 U201 型万用表更换 22.5V 电池;MF47 型万用表更换 9V 电池。

(2)选择适当倍率挡。测量某一电阻器的阻值时,要依据电阻器的阻值正确选择倍率挡,按万用表使用方法规定,万用表指针应在刻度的中心部分读数才较准确。测量时电阻器的阻值是万用表上刻度的数值与倍率的乘积。如测量一电阻器,所选倍率为 R×1,刻度数值为 9.4,该电阻器电阻值为 R=9.4×1=9.4Ω。

(3)电阻挡调零。在测量电阻之前必须进行电阻挡调零。其方法如检查电池方法一样,在测量电阻时,每更换一次倍率挡后,都必须重新调零。

2.测量电阻

测量电阻器时,要注意不能用手同时捏着表笔和电阻器两引出端,以免人体电阻影响测量的准确性。

附:原始记录表

实验过程中,给每组同学发若干个电阻,四色环—五色环都有。学生认识色环电阻的标称值并用万用表测量,看一下误差有多大。并将结果填入表 20-2 中。

表 20-2

序 号	色环电阻各环顺序的颜色					标称电阻值/Ω	万用表测量值/Ω	
	第1环	第2环	第3环	第4环	第5环		用 R× 挡位或量程	测量值
1								
2								
3								
4								
5								
6								

任务二 电容器的识别与检测

电容器是储能元件,在两端加上电压以后,极板间的电介质即处于电场之中。储存电荷的能力用电容量表示。电容器用于耦合、旁路、滤波、谐振等电路中。

一、电容器型号命名方法

电容器型号命名方法如图 20-5 所示。

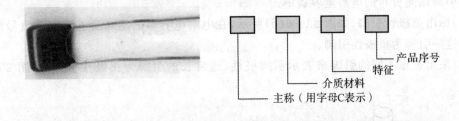

主称（用字母C表示）
介质材料
特征
产品序号

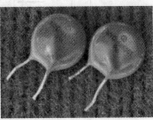

图 20-5　常见几种电容器

二、电容器的容量值标注方法

这种方法是国际电工委员会推荐的表示方法。具体内容是：用 2～4 位数字和一个字母表示标称容量，其中数字表示有效数值，字母表示数值的单位。字母有时既表示单位也表示小数点。如：

$33m = 33 \times 10^3 \mu F = 3\ 300 \mu F$，　$47n = 47 \times 10^{-3} \mu F = 0.047 \mu F$，　$3\mu 3 = 3.3 \mu F$

$5n9 = 5.9 \times 10^3 pF = 5\ 900 pF$，　$2p2 = 2.2 pF$，　$\mu 22 = 0.22 \mu F$

这种方法是用 1～4 位数字表示，容量单位为 pF。如数字部分大于 1 时，单位为皮法，当数字部分大于 0 小于 1 时，其单位为微法（μF）。如 3 300 表示 3 300 皮法（pF），680 表示 680 皮法（pF），7 表示 7 皮法（pF），0.056 表示 0.056 微法（μF）。

一般用三位数表示容量的大小，前面两位数字为电容器标称容量的有效数字，第三位数字表示有效数字后面零的个数，它们的单位是 pF。如：

$102 = 10 \times 10^2 pF = 1\ 000 pF$，　$221 = 22 \times 10^1 pF = 220 pF$

$224 = 22 \times 10^4 pF = 220\ 000 pF = 0.22 \mu F$，　$473 = 47 \times 10^3 pF = 47\ 000 pF = 0.047 \mu F$

色码表示法是用不同的颜色表示不同的数字，其颜色和识别方法与电阻色码表示法一样，单位为 pF。

电容器容量误差的表示法有以下两种：

一种是将电容量的绝对误差范围直接标志在电容器上，即直接表示法，如 $2.2 \pm 0.2 pF$。

另一种方法是直接将字母或百分比误差标志在电容器上。字母表示的百分比误差是：D 表示 $\pm 0.5\%$；F 表示 $\pm 0.1\%$；G 表示 $\pm 2\%$；J 表示 $\pm 5\%$；K 表示 $\pm 10\%$；M 表示 $\pm 20\%$；N 表示 $\pm 30\%$；P 表示 $\pm 50\%$。如电容器上标有 334K 则表示 $0.33 \mu F$，误差为 $\pm 10\%$；如电容器上标有 103P 表示这个电容器的容量变化范围为 $0.01 \sim 0.02 \mu F$，P 不能误认为是单位 pF。

三、有极性电解电容器的引脚极性的表示方式

(1)采用不同的端头形状来表示引脚的极性,如图20-6(b)(c)所示,这种方式往往出现在两根引脚轴向分布的电解电容器中。

(2)标出负极性引脚,如图20-6(d)所示,在电解电容器的绝缘套上画出像负号的符号,以表示这一引脚为负极性引脚。

(3)采用长短不同的引脚来表示引脚极性,通常长的引脚为正极性引脚,如图20-6(a)所示。

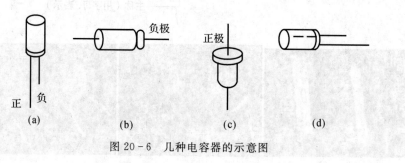

图20-6 几种电容器的示意图

四、电容器检测方法

在一般条件下可用万用表检测电容器的质量和好坏。方法如下:

(1)容量大的固定电容器可用万用表的欧姆挡(R×100 或 R×1k 挡)测量电容器两端,表针应向右摆动,然后回到"∞"附近。

(2)如果表针最后指示值不为"∞",表明电容器有漏电现象。

(3)如果测量时表针指示为"0",不向回摆,表明该电容短路。

(4)如果测量时表针根本不动,表明电容器失去容量。

(5)电解电容极性的判别:先测量电解电容的漏电阻值,在对调红黑表笔测量第二个漏电阻值,最后比较两次测量结果,漏电阻值较大的一次,黑表笔一端为电解电容正极。

附:原始记录表

发给每组同电容若干个,极性电容及无极性电容,要求学生识别极性电容及无极性电容,电容量的大小及耐压。极性电容要判断正负极。并用万用表判断电容的好坏,将结果填入表20-3中。

表 20-3

序号	电容器型号	电容有无极性	电容容量	电容耐压值	用万用表什么档位测量	电容的好坏
1						
2						
3						
4						

任务三　半导体二极管的识别与检测

一、二极管符号

二极管符号为 D,VD,ZD,如图 20-7 所示。

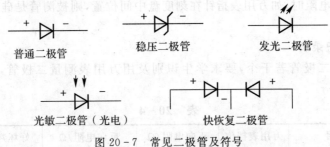

图 20-7　常见二极管及符号

二、识别方法

二极管的识别很简单,小功率二极管的 N 极(负极),在二极管中大多采用一种色圈标出来,有些二极管也用二极管专用符号标志为"P""N"来确定二极管极性的,发光二极管的正负极可从引脚长短来识别,长脚为正,短脚为负。

三、二极管的测试方法

1. 检测小功率晶体二极管

(1)判别正、负电极。

1)观察外壳上的符号标记。通常在二极管的外壳上标有二极管的符号,带有三角形箭头的一端为正极,另一端是负极。

2)观察外壳上的色点。在点接触二极管的外壳上,通常标有极性色点(白色或红色)。一般标有色点的一端即为正极。还有的二极管上标有色环,带色环的一端则为负极。

3)以阻值较小的一次测量为准,黑表笔所接的一端为正极,红表笔所接的一端则为负极。

(2)检测最高反向击穿电压。对于交流电来说,因为不断变化,因此最高反向工作电压也就是二极管承受的交流峰值电压。

2. 检测双向触发二极管

将万用表置于相应的直流电压挡。测试电压由兆欧表提供。测试时,摇动兆欧表,用同样的方法测出 VBR 值。最后将 VBO 与 VBR 进行比较,两者的绝对值之差越小,说明被测双向触发二极管的对称性越好。

3. 变容二极管的检测

将万用表红、黑表笔对调测量,变容二极管的两引脚间的电阻值均应为无穷大。如果在测量中,发现万用表指针向右有轻微摆动或阻值为零,说明被测变容二极管有漏电故障或已经击穿损坏。

4.单色发光二极管的检测

在万用表外部附接一节能 1.5V 干电池,将万用表置 R×10 或 R×100 挡。这种接法就相当于给予万用表串接上了 1.5V 的电压,使检测电压增加至 3V(发光二极管的开启电压为 2V)。检测时,用万用表两表笔轮换接触发光二极管的两管脚。若管子性能良好,必定有一次能正常发光,此时,黑表笔所接的为正极,红表笔所接的为负极。

5.判断硅管与锗管

测二极管正向电阻时,如万用表指针在刻度盘中间位置,则被测管是硅管;如指针在刻度盘右侧,则为锗管。

附:原始数据记录表

每组同学发给二极管若干个,要求学生识别及用万用表测量二极管,并将结果填入表 20-4中。

表 20-4

序 号	型 号	万用表挡位	正向电阻/Ω	反向电阻/Ω	好坏判断	硅/锗管
1						
2						
3						
4						
5						
6						
7						
8						

任务四 半导体三极管的识别与检测

一、三极管的识别

三极管有 3 个电极,即 b,c,e,其中 c 为集电极(输入极)、b 为基极(控制极)、e 为发射极(输出极)。三极管实物图,如图 20-8 所示。

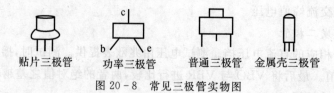

图 20-8 常见三极管实物图

二、三极管的分类

按极性划分为两种:一种是 NPN 型,是目前最常用的一种,另一种是 PNP 型。按材料分为两种:一种是硅三极管,目前是最常用的一种;另一种是锗三极管,以前这种三极管用的多。

按工作频率划分为两种:一种是低频三极管,主要用于工作频率比较低的地方;另一种是高频三极管,主要用于工作频率比较高的地方。按功率分为三种:一种是小功率三极管,它的输出功率小些;一种是中功率三极管,它的输出功率大些;另一种是大功率三极管,它的输出功率可以很大,主要用于大功率输出场合。按用途分为两种:放大管和开关管。

三、三极管的组成

三极管由 3 块半导体构成,对于 NPN 型三极管由两块 N 型和一块 P 型半导体构成,如图 20 - 9(a)所示,P 型半导体在中间,两块 N 型半导体在两侧,各半导体所引出的电极如图所示。在 P 型和 N 型半导体的交界面形成两个 PN 结,在基极与集电极之间的 PN 结称为集电结,在基极与发射极之间的 PN 结称为发射结。图 20 - 9(b)所示为 PNP 型三极管结构示意图,它用两块 P 型半导体和一块 N 型半导体构成。

四、三极管在电路中的工作状态

三极管有 3 种工作状态:截止状态、放大状态、饱和状态。当三极管用于不同目的时,它的工作状态是不同的。

(1)截止状态:当三极管的工作电流为零或很小时,即 $I_B = 0$ 时,I_C 和 I_E 也为零或很小,三极管处于截止状态。

(2)放大状态:在放大状态下,$I_C = \beta I_B$,其中 β(放大倍数)的大小是基本不变的(放大区的特征)。有一个基极电流就有一个与之相对应的集电极电流。

(3)饱和状态:在饱和状态下,当基极电流增大时,集电极电流不再增大许多,当基极电流进一步增大时,集电极电流几乎不再增大。

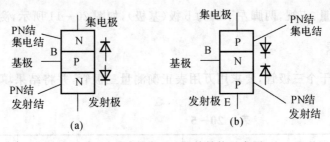

图 20 - 9 两种类型三极管结构示意图

五、三极管的作用

1. 电流放大

三极管是一个电流控制器件,它用基极电流 I_B 来控制集电极电流 I_C 和发射极电流 I_E,没有 I_B 就没有 I_C 和 I_E,只要有一个很小的 I_B,就有一个很大的 I_C。在放大电路中,就是利用三极管的这一特性来放大信号的。

2. 开关作用

当三极管做开关时,工作在截止、饱和两个状态。

在三极管开关电路中,三极管的集电极和发射极之间相当于一个开关,当三极管截止时它的集电极和发射之间的内阻很大,相当于开关的断开状态;当三极管饱和时它的集电极和发射极之间内阻很小，相当于开关的接通状态。

导通状态的工作条件：$U_B > U_E$，且$U_{BE} \geqslant 0.7V$，CE结内阻很小，此时电流可以从集电极经CE结流向发射极。

截止状态的工作条件：$U_{BE} < 0.7V$，时，也就是基极没有电流时，CE结内阻很大，此时CE结没有电流流过。

六、三极管的测量

三极管的极性及管型判断：

把万用表打到蜂鸣二极管挡，首先用红笔假定三极管的一只引脚为b极，再用黑笔分别触碰其余两只引脚，如果测得两次读数相差不大，且都在600左右，则表明假定是对的，红笔接的就是b极，而且此管为NPN型管。c，e极的判断，在两次测量中黑笔接触的引脚，读数较小的是c极，读数较大的是e极。红笔接b极，当测得的两极数值都不在范围内，则按PNP型管测。PNP型管的判断只须把红黑表笔调换即可，测量方法同上。如图20-10所示。

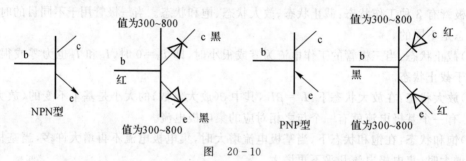

图 20-10

贴片三极管测量：正视，两脚左下脚为b极（基极），如图20-11所示，测量方法同上。

附：原始记录表

给每组学生若干个三极管，要求用万用表正确测量三极管，并将结果填入表20-5中。

图 20-11

表 20-5

序　号	三级管型号	NPN/PNP	万用表挡位	好/坏	E,B,C的判断
1					
2					
3					
4					

任务五　集成电路的识别与检测

1. 集成电路引脚的识别

集成电路的引脚较多，如何正确识别集成电路的引脚则是使用中的首要问题。现在介绍几种常用集成电路引脚的排列形成。

圆形结构的集成电路和金属壳封装的半导体三极管差不多,只不过体积大、电极引脚多。这种集成电路引脚排列方式为:从识别标记开始,沿顺时针方向依次为1,2,3,…,如图20-12(a)所示。

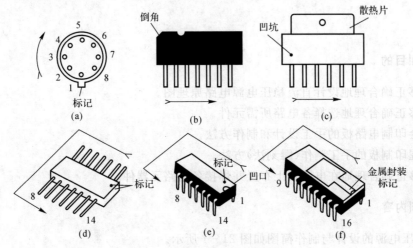

图 20-12 集成电路引脚排列图

单列直插型集成电路的识别标记,有的用倒角、有的用凹坑。这类集成电路引脚的排列方式也是从标记开始,从左向右依次为1,2,3,…,如图20-12(b)(c)所示。

扁平型封装的集成电路多为双列型,这种集成电路为了识别管脚,一般在端面一侧有一个类似引脚的小金属片,或者在封装表面上有一色标或凹口作为标记。其引脚排列方式是:从标记开始,沿逆时针方向依次为1,2,3,…,如图20-12(d)所示。但应注意,有少量的扁平封装集成电路的引脚是顺时针排列的。

双列直插式集成电路的识别标记多为半圆形凹口,有的用金属封装标记或凹坑标记。这类集成电路引脚排列方式也是从标记开始,沿逆时针方向依次为1,2,3,…,如图20-12(e)(f)所示。

2.集成电路的质量判别

集成电路装入整机线路板后,若出现故障,一般检查判断方法有以下3种。

(1)用万用表欧姆挡测量集成电路各引脚对地的电阻,然后与标准值比较,从中发现问题。

(2)用万用表在线测量各引脚对地的电压值,在集成电路供电电压符合规定的情况下,如有不符合标准电压值的引脚,再查其外围元件,如无损坏和失效,则可认为是集成电路的问题。

(3)用示波器将其波形和标准波进行比较,从中发现问题。此法是用同型号的集成块进行替换试验,这是见效最快的一种方法。

项目二十一　直流稳压电源的设计与制作

一、实训目的

(1)能够正确合理地设计直流稳压电源电路原理图。

(2)能够正确合理地选择各电路所需元件。

(3)学会印制电路板的手工设计和制作方法。

(4)掌握印制板的手工制作(雕刻法)方法。

(5)能够正确合理地在电路板上布置并焊接各电路元器件。

二、实训内容

直流稳压电源的设计与制作简图如图 21-1 所示。

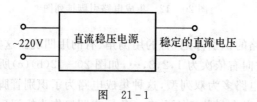

图　21-1

三、直流稳压电源的设计

直流稳压电源的组成框图如图 21-2 所示。直流稳压电源的原理图如图 21-3 所示。

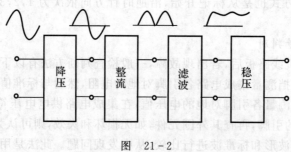

图　21-2

1. 电源变压器的结构、使用方法及选用

(1)电源变压器的结构。

1)铁芯:500W 以下的小型变压器铁芯一般用 0.35~0.50mm 的冷轧硅钢片或热轧硅钢片交错叠装而成。常见的形状有芯式口型、芯式斜口型、壳式 E 型、壳式 F 型、环型变压、C 型等,如图 21-4 所示。

2)初级线圈:两输入端接 220V 交流电。

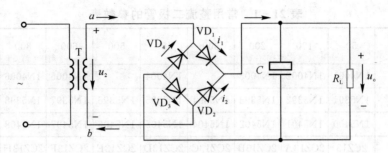

图 21-3　直流稳压电源的原理图

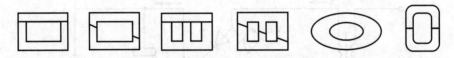

图 21-4　变压器铁芯形状图

3)次级线圈:两输出端接桥式整流电路。

4)骨架与绝缘纸:骨架一般用硬塑、胶木等压铸而成,有单槽、双槽和多槽的。绝缘纸一般用 0.05mm 厚绝缘纸作层间绝缘,用 4 层 0.12mm 厚的电缆纸作初、次级绝缘,最外层用 2 层 0.12mm 厚电缆纸作绝缘。

(2)电源变压器的使用。

1)根据两线圈的导通情况,用万用表区分两线圈的连接端。

2)根据两线圈直流电阻的大小或线径的粗细区分。用万用表测量并记录初、次级线圈的直流电阻阻值。

初级线圈:匝数多,线径细,直流电阻大。

次级线圈:匝数少,线径粗,直流电阻小。

次级线圈接 220V 交流电,初级线圈接输出端,会烧毁二极管和变压器。

2.桥式整流电路中二极管的连接方法及选用

(1)桥式整流电路中二极管的连接方法。桥式整流电路中两输入连接点为二极管不同极性连接点,桥式整流电路中两输出连接点为二极管相同极性连接点。二极管相同负极连接点为直流电源正极,二极管相同正极连接点为直流电源负极。

注意事项:桥式整流电路中若有任一只二极管反接,则会出现短路现象。例如图 21-5 所示,二极管 VT_3 反接,当电流由 b 端经二极管 VT_3、VT_4 流入 a 端时,会出现短路现象。

(2)整流电路中整流二极管的选用(电容滤波)。

最大整流电流:$I_{FM} > 0.78 I_0$;

最高反向工作电压:$U_{RM} > \sqrt{2} U_2$。

常用的整流二极管的参数见表 21-1。

3.滤波电解电容器的使用及选用

(1)使用:铝电解电容器为有极性电容,使用时不能反接使用。

(2)选用:$U_{CM} > \sqrt{2} U_2$,　$C > (3 \sim 5) \dfrac{T}{2 R_L}$。

表 21-1 常用整流二极管的参数表

电流/A ＼ 耐压/V	50	100	200	300	400	500	600	800	1 000
1	1N4001	1N4002	1N4003		1N4004		1N4005	1N4006	1N4007
1.5	1N5391	1N5392	1N5393	1N5394	1N5395	1N5396	1N5397	1N5398	1N5399
3	1N5400	1N5401	1N5402	1N5404	1N5405	1N5406	1N5407	1N5408	1N5409
5	2CZ13	2CZ13A	2CZ13B	2CZ13C	2CZ13D	2CZ13E	2CZ13F	2CZ13H	

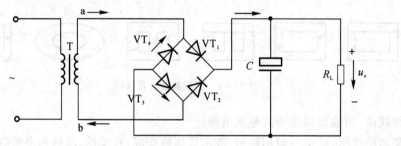

图 21-5 二极管 VT_3 反接示意图

4.稳压电路分析

本实验所选择的稳压器是 CW317 三端可调稳压器,其基本应用原理如图 21-6 所示。

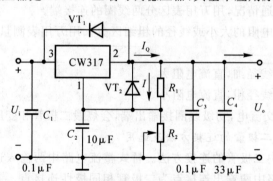

图 21-6 CW317 三端可调稳压器的基本应用原理图

(1)三端可调输出集成稳压器。

1)典型产品型号命名:CW117/217/317 系列(正电源);CW137/237/337 系列(负电源)。

2)工作温度:CW117(137)——— $-55 \sim 150℃$;CW217(237)——— $-25 \sim 150℃$;CW317(337)——— $0 \sim 125℃$。

3)基准电压 1.25V。

4)输出电流。

L 型——输出电流 100 mA。

M 型——输出电流 500 mA。

最大——输出电流 500 mA。

CW117 内部结构和基本应用电路,如图 21-7 所示。

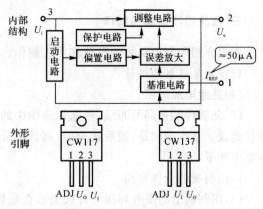

图 21-7　CW117 内部结构和基本应用电路图

$$U_{REF} = 1.25 \text{ V}$$

$$I_{REF} \approx 50 \ \mu A$$

使 U_{REF} 很稳定。

$$U_O = \frac{U_{REF}}{R}(R_1 + R_2) + I_{REF}R_2 \approx$$
$$1.25(1 + R_2/R_1)$$

静态电流 I_Q(约 10 mA) 从输出端流出,R_L 开路时流过 R_1。

$$R_1 = U_{REF}/I_Q = 125 \ \Omega$$

当 $R_2 = 0 \sim 2.2 \text{ k}\Omega$ 时,$U_O = 1.25 \sim 24$ V。

(2)电阻器的选用。普通电阻器的标称阻值,见表 21-2。

表 21-2　普通电阻器的标称阻值

E24 允许偏差 20%	E12 允许偏差 10%	E6 允许偏差 5%	E24 允许偏差 20%	E12 允许偏差 10%	E6 允许偏差 5%
1.0 1.1	1.0	1.0	3.3 3.6	3.3	3.3
1.2 1.3	1.2		3.9 4.3	3.9	
1.5 1.6	1.5	1.5	4.7 5.1	4.7	4.7
1.8 2.0	1.8		5.6 6.2	5.6	
2.2 2.4	2.2	2.2	6.8 7.5	6.8	6.8
2.7 3.0	2.7		8.2 9.1	5.2	

(3)发光二极管的选用。几种发光二极管的主要参数见表 21-3。

表 21-3　几种发光二极管的主要参数

发光颜色	型号规格	工作电压 V	工作电流 mA	极限电流 mA	发光波长 mm	正负标志
绿色	BT-101 BT-102	1.8~2.1	3~10	50	5 650	长脚或细脚为正
红色	BT-201 BT-202	1.7~2.2	3~10	50	6 750	长脚或细脚为正

三、直流稳压电源的制作

下面介绍印制电路板的设计和手工制作。

1. 印制电路板的设计

（1）熟悉电原理图。

（2）元器件的布局与布线：根据原理图中的信号流程，按照各元器件的实际尺寸，进行合理布局走线。基本原则是：前后级分明，高低频分离，小功率与大功率要分开，走线要尽量短。具体要求如下：

1）印制板的元件布局。

（a）印制板上的所有焊接元件应安放在底板不焊接的一面。

（b）板面上的元件尽可能按电原理图顺序排列整齐紧凑，以缩短引线。

（c）对于一些笨重或体积大的元件，如变压器、继电器、大电容等，可安装在辅助板上，利用紧固件将它们固定。

（d）元器件布局应尽量减小相互间的电磁场感应。

（e）发热元件应放在有利于散热的位置，必要时可加散热器或单独放置。

2）印制板上的布线。

（a）公共地线布置在最边缘，便于将印刷电路板安装在机壳上，也便于与机壳地线相接。

（b）印制板上每级电路的地线应自成封闭回路，使本级地电流在本级范围内流通，减少级间地电流耦合。

（c）单面印制电路板上的导线不能交叉，必须交叉走线时可使用裸铜线在背面跨接。要注意使高频线、管子各电极的引线输入输出线短而直，并避免相互平行。双面板时，两面印制线应避免相互平行，以减小导线间的寄生耦合，最好成垂直布置或斜交。

（d）为了便于外接，可将印制板的一端或多端做成插头形式，为了减小平行导线之间的寄生耦合，输入信号与输出信号之间用地线隔开，信号线与电源线之间的距离应远些。

3）印制导线、接点的图形和有关尺寸。

（a）印制导线的宽度应根据电流大小来确定，一般为 1.5mm 或 2mm，导线间距不小于 1mm。

（b）印制接点是指印制在安装孔周围的金属部分，供焊接元件引线或跨接线用。接点尺寸取决于安装孔的尺寸。

（c）印制导线不应有急剧的弯曲和尖角，在有导线分支时，分支处应圆滑。

（d）为了增加焊接元件与印制板基板的粘贴强度，必须将导线的焊接点加宽成圆环形。

4）安装孔距及元器件间距。有些元器件如普通电阻器、电容器等，具有较长或折弯的引脚，它们的焊接孔距设计具有一定的伸缩性，此类元器件的安装孔距称为软尺寸。而大功率管、多波段开关、继电器等元器件，其引脚短且不折弯。这些元器件的安装尺寸有严格的要求，称为硬尺寸，设计硬尺寸元器件孔距时，必须注意提高精度。常用碳膜、金属膜电阻安装跨距见表 21-4，常用电解电容器安装跨距见表 21-5。

表 21-4　常用碳膜、金属膜电阻安装跨距

功率/W	1/8	1/4	1/2	1	2
最佳跨距/(mm/in)	10/0.4	10/0.4	15/0.6	17.5/0.7	25/1.0
最大跨距/(mm/in)	15/0.6	15/0.6	25/1.0	30/1.2	35/1.4

表 21-5　常用电解电容器安装跨距

电容直径/mm	4	5	6	8	10.13	16.18
最佳跨距/mm	1.5	2	2.5	3.5	5	7.5

5)印制导线宽度及间距。印制导线的宽度由工作电流决定。通过电流越大,印制导线应当越宽,一般不小于 1mm 为宜。公共地线则根据条件许可,越宽越好。

印制导线的间距由工作电压决定。工作电压越大,导线的间距越大,可参考表 21-6 决定。

表 21-6　印制导线间距最大允许工作电压

导线间距/mm	0.5	1	1.5	2	3
工作电压/V	50	200	300	500	700

6)引线孔径及焊盘外径。焊接线路板时,焊盘直径根据引线孔的大小而定,具体参考值见表 21-7。

表 21-7　圆形焊盘最小允许孔径

引线孔径/mm	0.5	0.6	0.8	1.0	1.2	1.6	2.0
最小焊盘直径/mm	1.5	1.7	2	2.5	3.0	3.5	4.0

(a)根据原理图,画出所有元器件布局草图。

(b)根据布局草图,在元件面定出各元器件引脚位置。

(c)根据原理图,完成各焊盘间的连线。

(d)进一步整理各元器件布局和走线草图。

2.印制板的手工制作(雕刻法)

(1)下料。按实际尺寸将敷铜板剪裁成型。

(2)敷图。将用坐标纸设计好的印制图敷于铜箔面上,并粘贴固定。

(3)冲点。按引脚孔位置用尖冲头一一冲点、定位。注意冲击力度,用力过猛易损坏敷铜板,用力过轻,则影响定位、钻孔。

(4)钻孔。引脚孔定位冲点后,再一一按引脚孔直径要求钻孔,每一成孔均为焊盘环内径。

(5)连线。按印制版图要求在焊接面连线。

(6)分割。用刻刀将焊盘和印制导线以外的铜箔切割分离开来。

(7)修补。将焊盘和印制导线修刻成型。

（8）表面处理。用水沙纸擦去毛刺和敷铜表面的氧化层和油污。

（9）涂助焊剂。将助焊剂均匀地涂在表面处理过的印制板上，既可以助焊，又能保护敷铜面，防止氧化锈蚀。

四、实训考核

完成情况考核评分表（见表 21-8）。

表 21-8　直流稳压电源的设计与制作考核评分表

评分内容	评分标准	配 分	得 分
安装设计	绘制电路图不正确	20	
线路的安装	元件布置不合理，扣 5 分；变压器、电阻、电容、二极管（包括发光二极管）和稳压器等型号的选择不正确，每处扣 5 分；电气元件损坏，每个扣 10 分；电气元件正负极焊反，每个扣 10 分；焊缝不符合焊接要求，每处扣 2 分	40	
通电试验	输出的直流稳压电源电压不符合要求的，每通电 1 次扣 10 分，扣完 20 分为止	20	
团结协作	小组成员分工协作不明确扣 5 分；成员不积极参与扣 5 分	10	
安全文明生产	违反安全文明操作规程扣 5～10 分	10	
项目成绩合计			
开始时间		结束时间	所用时间

附 录

附录 A　集成电路

集成电路命名方法见表 A-1。

表 A-1　国产半导体集成电路型号命名法（GB 3430—82）

第零部分		第一部分		第二部分	第三部分		第四部分	
用字母表示器件符合国家标准		用字母表示器件的类型		用阿拉伯数字和字母表示器件的系列品种代号	用字母表示器件的工作温度范围		用字母表示器件的封装形式	
符号	意义	符号	意义		符号	意义	符号	意义
C	中国制造	T	TTL		C	0～70℃	W	陶瓷封装
		H	HTL		E	−48～75℃	B	塑料封装
		E	ECL		R	−55～85℃	F	全密封扁平
		C	CMOS		M	−55～125℃	D	陶瓷直插
		F	线性放大器				P	塑料直插
		D	音响、电视电路				J	黑陶瓷扁平
		W	稳压器				K	金属菱形
		J	接口电路				T	金属圆形
		B	非线性电路					
		M	存储器					
		μ	微型电路					

附录 B　常用集成电路引脚排列

B-1　集成运算放大器如图 B-1 和图 B-2 所示。

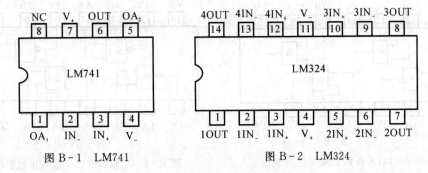

图 B-1　LM741　　　　　　　　图 B-2　LM324

B-2　集成比较器如图 B-3 和图 B-4 所示。

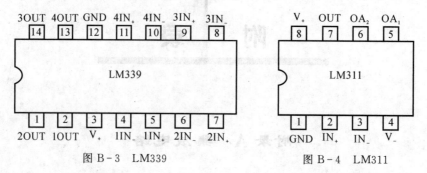

图 B-3　LM339　　　　　　　　图 B-4　LM311

B-3　集成功率放大器如图 B-5 和图 B-6 所示。

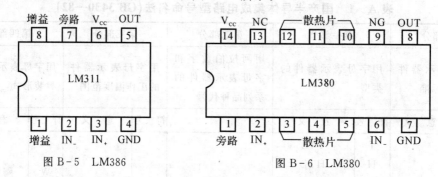

图 B-5　LM386　　　　　　　　图 B-6　LM380

B-4　555 时基电路如图 B-7 和图 B-8 所示。

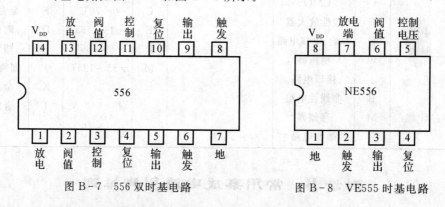

图 B-7　556 双时基电路　　　　　图 B-8　VE555 时基电路

B-5　74 系列 TTL 集成电路如图 B-9～图 B-18 所示。

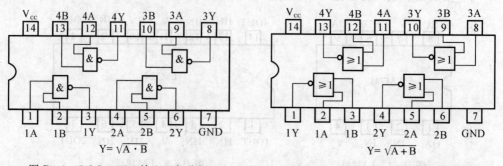

$Y = \overline{A \cdot B}$　　　　　　　　　　$Y = \overline{A + B}$

图 B-9　74LS00 四 2 输入正与非门　　　图 B-10　74LS02 四 2 输入正或非门

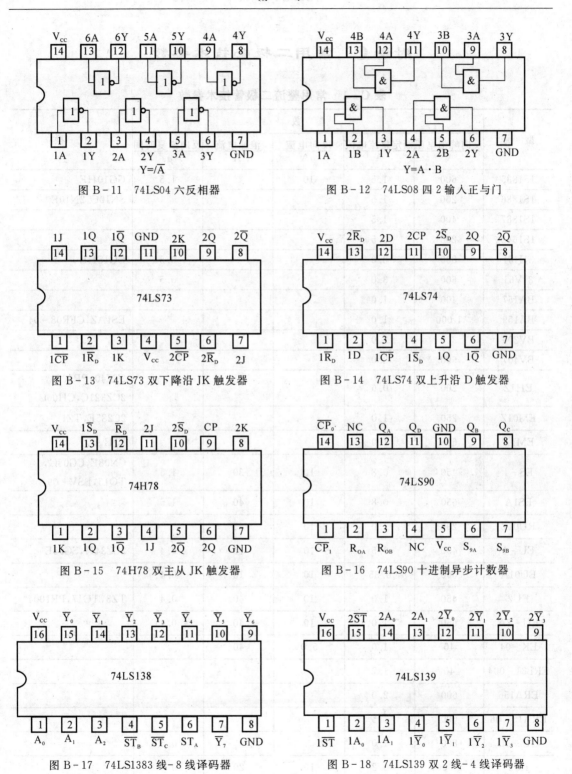

图 B-11　74LS04 六反相器

图 B-12　74LS08 四 2 输入正与门

图 B-13　74LS73 双下降沿 JK 触发器

图 B-14　74LS74 双上升沿 D 触发器

图 B-15　74H78 双主从 JK 触发器

图 B-16　74LS90 十进制异步计数器

图 B-17　74LS1383 线-8 线译码器

图 B-18　74LS139 双 2 线-4 线译码器

附录 C 常用二极管技术参数

表 C-1 常用整流二极管技术参数

型　号	参　数					代　换
	反向峰值电压 V	额定整流电流 A	反向电流 μA	浪涌电流 A	反向恢复时间 μs	
1S1835	600	1.5	10		1.5	GG10HE
1S1886	200	1.5				SN10C,2N10E
1S1887	400	1.5				
1S1642	200	0.5				
3JH61	800	3.0			0.5	GG15HB
3JV61	600	3.0			0.5	
BA157	400	1.0				
BA159	1 000	1.0				ES1AZ,CFR08-04
BV206	300	2.0				
BV407	600	2.0				
EH1Z	200	0.6				2CZ40,PR1003, 2CZ321C,CH06C
EM01Z	250	1.0				2C285E,TZ1
EM1A	650	1.0				EH1A
ES-1	450	0.8	10	30	1.5	CN08E,CG08G, TQ15,BSV-09
ES1A	650	0.8	10	40	1.5	
RU01Z	200	1.0	10	45		
EU-1	450	0.5	10	15	0.4	2CZ34H,SG05E
EU01A	600	0.35	10	15	0.4	
EU2	450	1.0	10	40	0.4	TZ3,TG17,PR1004
EU-3A	650	1.0	10	40	0.4	
EK-04	40	1.0	5.0	40		
ERB81-004	40	1.7				
ERA156	600	2.0				
ERA15-06	600	1.5				
GU-3B	800	1.0			0.5	
RC2	2 000	0.2	10	20	0.8	
RC-2	2 000	0.2	10	20	0.8	

续 表

型 号	参 数					代 换
	反向峰值电压 V	额定整流电流 A	反向电流 μA	浪涌电流 A	反向恢复时间 μs	
RU2	650	1.0	10	20	0.4	2CZ317C, CFR10-06
RU-3A	650	1.0	10	20	0.4	
RM2	400	1.2				
RM2C	1 000	1.2		100	20	
RGP10D	200	1.0	5	30	150ns	
RGP10J	600	1.0	5	30	250ns	GG10HA
RU-4B	850	3.0	10		0.4	BA159,GG30KB
RB156	650	1.5				RM156
R02A	800	1.5	10	80		2CZ37,CZ12H
RH1Z	200	0.6			4	2CZ321C,2CZ40
RH1S	850	0.6			1.5	CN061,2CZ36
RH1A	600	0.6				2CZ318G,PR1005
RH-DX0220-CEZZ	600	2.0				
RH-DX0224-CEZZ	800	1.0				
RH-DX0226-CEZZ	1 000	1.0				
RMZC	1 000	1.2	10	100	20	
S5295G	400	1.0			1.5	
S5295J	600	1.0			1.5	
SLB01-02	200	2.0				
SS1.5J4	400	1.5	1.3	70		
SS2J4	400	2.0	2.0	100		
SS3J4	400	3.0	5.0	200		
TVR-2D	200	1.0				
TVR-4J	600	1.0	10	100	20	2CZ313B
TVR4X	1 000	1.2	10	100	20	GZ12N
TVSRU2	600	1				2CZ321
TVSRC2	2 000	0.2				CFR10-06,RU2,2CZ317G
TVSRM1ZM	400	1.5	5	50		RC2,BSRC2,TG19CFR02-02D
TVSRM-15RC	50	2				
U05C	200	2.5	3	30		DH15R,CB20-10R
U05E	400	2.5	3	40		

续 表

型 号	参 数					代 换
	反向峰值电压 V	额定整流电流 A	反向电流 μA	浪涌电流 A	反向恢复时间 μs	
U05G	600	2.5	3	40		
U05J	800	2.5	5	50		
V06C	500	2.5		50	6.0	
V09C	300	2.5	10	5	0.4	2CZ201,BSV06C,BHV06C
V11N	1 500	0.5			1.0	DHV09C,TG1
V09E-4	500	0.8	2	25	0.4	GC06QD,CZ2349A
V19E-4	500	0.8	10	30	0.2	CG10FD,T68,CG09E-4
MI15RC	1 100	2.0				GG10FB,TG9,CC10E
MI15SC	1 100	2.5				
W06A-4	50	0.75	50	20	3	
W06A	100	0.75	50	20	3	CDR08-01
JVR2D	200	1.0				CN08A,SN10A
JVR4J	600	1.2				

表 C-2 常用稳压二极管技术数据

型 号	最大耗散功率/W	额定电压/V	最大工作电流/mA	可代换型号
1N708	0.25	5.6	40	BWA54,2CW28-5.6V
1N709	0.25	6.2	40	2CW55/B,BWA55/E
1N710	0.25	6.8	36	2CW55A,2CW105-6.8V
1N711	0.25	7.5	30	2CW56A,2CW28-7.5V, 2CW106-7.5V
1N712	0.25	8.2	30	2CW57/B,2CW106-8.2V
1N713	0.25	9.1	27	2CW58A/B,2CW74
1N714	0.25	10	25	2CW18,2CW59/A/B
1N715	0.25	11	20	2CW76,2DW12FBS31-12
1N716	0.25	12	20	2CW61/A,2CW77/A
1N717	0.25	13	18	2CW62/A,2DW12G
1N718	0.25	15	16	2CW112-15V,2CW8/A
1N719	0.25	16	15	2CW63/A/B,2DW12H
1N720	0.25	19	13	2CW20B,2CW64/B,2CW64-18

续　表

型　号	最大耗散功率/W	额定电压/V	最大工作电流/mA	可代换型号
1N721	0.25	20	12	2CW65－20,2DW12I,BWA65
1N722	0.25	22	11	2CW20C,2DW12J
1N723	0.25	24	10	WCW116,2DW13A
1N724	0.25	27	9	2CW20D,2CW68,BWA68/D
1N725	0.40	30	13	2CW120－30V
1N726	0.40	33	12	2CW119－33V
1N727	0.40	36	11	2CW119－36V
1N728	0.40	39	10	2CW119－39V
1N748	0.50	3.8～4.0	125	HZ4B2
1N752	0.50	5.2～5.7	80	HZ6A
1N753	0.50	5.8～6.1	80	2CW132
1N754	0.50	6.3～6.8	70	H27A
1N755	0.50	7.1～7.3	60	HZ7.5EB
1N757	0.50	8.9～9.3	52	HZ9C
1N962	0.50	9.5～11	45	2CW137
1N963	0.50	11～11.5	40	2CW138,HZ12A－2
1N964	0.50	12～12.5	40	HZ12C－2,MA1130TA
1N969	0.50	21～22.5	20	RD245B
1N4240A	1	10	100	2CW108－10V,2CW109,2DW5
1N4724A	1	12	76	2DW6A,2CW110－12V
1N4728	1	3.3	270	2CW101－3V3
1N4729	1	3.6	252	2CW101－3V6
1N4729A	1	3.6	252	2CW101－3V6
1N4730A	1	3.9	234	2CW102－3V9
1N4731	1	4.3	217	2CW102－4V3
1N4731A	1	4.3	217	2CW102－4V3
1N4732/A	1	4.7	193	2CW102－4V7
1N4733/A	1	5.1	179	2CW103－5V1
1N4734/A	1	5.6	162	2CW103－5V6
1N4735/A	1	6.2	146	1W6V2,2CW104－6V2
1N4736/A	1	6.8	138	1W6V8,2CW104－6V8

续　表

型　号	最大耗散功率/W	额定电压/V	最大工作电流/mA	可代换型号
1N4737/A	1	7.5	121	1W7V5,2CW105 - 7V5
1N4738/A	1	8.2	110	1W8V2,2CW106 - 8V2
1N4739/A	1	9.1	100	1W9V1,2CW107 - 9V1
1N4740/A	1	10	91	2CW286 - 10V,B653 - 10
1N4741/A	1	11	83	2CW109 - 11V,2DW6
1N4742/A	1	12	76	2CW110 - 12V,2DW6A
1N4743/A	1	13	69	2CW111 - 13V,2DW6B,BWC114D
1N4744/A	1	15	57	2CW112 - 15V,2DW6D
1N4745/A	1	16	51	2CW112 - 16V,2DW6E
1N4746/A	1	18	50	2CW113 - 18V,1W18V
1N4747/A	1	20	45	2CW114 - 20V,BCW115E
1N4748/A	1	22	41	2CW115 - 22V,1W22V
1N4749/A	1	24	38	2CW116 - 24V,1W24V
1N4750/A	1	27	34	2CW117 - 27V,1W27V
1N4751/A	1	30	30	2CW118 - 30V,1W20V,2DW19F
1N4752/A	1	33	27	2CW119 - 33V,1W33V
1N4753	0.5	36	13	2CW120 - 36V,1/2W36V
1N4754	0.5	39	12	2CW121 - 39V,1/2W39V
1N4755	0.5	43	12	2CW122 - 43V,1/2W43V
1N4756	0.5	47	10	2CW123 - 47V,1/2W47V
1N4757	0.5	51	9	2CW124 - 51V,1/2W51V
1N4758	0.5	56	8	2CW125 - 56V,1/2W56V
1N4759	0.5	62	8	2CW124 - 62V,1/2W62V
1N4760	0.5	68	7	2CW125 - 68V,1/2W68V
1N4761	0.5	75	6.7	2CW126 - 75V,1/2W75V
1N4762	0.5	82	6	2CW126 - 75V,1/2W82V
1N4763	0.5	91	5.6	2CW127 - 82V,1/2W91V
1N4764	0.5	100	5	2CW128 - 91V,1/2W100V
1N5226/A	0.5	3.3	138	2CW51 - 3V3,2CW5226
1N5227/A/B	0.5	3.6	126	2CW51 - 3V6,2CW5227
1N5228/A/B	0.5	3.9	115	2CW52 - 3V9,2CW5228

续 表

型 号	最大耗散功率/W	额定电压/V	最大工作电流/mA	可代换型号
1N5229/A/B	0.5	4.3	106	2CW52-4V3,2CW52229
1N5230/A/B	0.5	4.7	97	2CW53-4V7,2CW5230
1N5231/A/B	0.5	5.1	89	2CW53-5V1,2CW5231
1N5232/A/B	0.5	5.6	81	2CW103-5.6,2CW5232
1N5233/A/B	0.5	6	76	2CW104-6V,2CW5233
1N5234/A/B	0.5	6.8	73	2CW104-6.2V,2CW5234
1N5235/A/B	0.5	6.8	67	2CW105-6.8V,2CW5235

参 考 文 献

[1]　王炳勋.电工实训教程.北京:机械工业出版社,1999.

[2]　曾祥福.电工技能与训练.北京:高等教育出版社,1994.

[3]　机械工业局.电工测量.北京:机械工业出版社,1999.

[4]　赵清.电工识图.北京:电子工业出版社,1998.

[5]　伍时和.数字电子技术基础.北京:清华大学出版社,2009.

[6]　高建新,等.电子技术实验与实训.北京:机械工业出版社,2006.

[7]　赵淑范,等.电子技术实验与课程设计.北京:清华大学出版社,2006.

[8]　孙淑艳.电子技术实践教学指导书.北京:中国电力出版社,2005.

[9]　国兵.电子电工技术实训教程.天津:天津大学出版社,2008.

[10]　沈翔.电子电工技术.北京:化学工业出版社,2010.

[11]　郝屏.环境工程电子电工技术.北京:化学工业出版社,2013.